以专家的高度
给您面对面的指导和帮助

建筑工程施工临时结构设计指南

马瑞强【主编】

人民交通出版社

内 容 提 要

本书以工程实例为主，对模板、脚手架、基坑支护等临时结构设计进行了全面介绍，以帮助读者能够快速掌握临时结构的设计和计算方法。

本书可供建筑工程施工现场技术人员参考使用。

图书在版编目（CIP）数据

建筑工程施工临时结构设计指南/马瑞强主编. —北京：人民交通出版社，2008.6
ISBN 978-7-114-07091-4

Ⅰ.建... Ⅱ.马... Ⅲ.建筑工程-工程施工-结构设计-指南 Ⅳ.TU7-62 TU318-62

中国版本图书馆 CIP 数据核字（2008）第 048771 号

书　　名：建筑工程施工临时结构设计指南
著 作 者：马瑞强
责任编辑：陈志敏
出版发行：人民交通出版社
地　　址：(100011)北京市朝阳区安定门外外馆斜街 3 号
网　　址：http://www.ccpress.com.cn
销售电话：(010)85285838，85285995
总 经 销：北京中交盛世书刊有限公司
经　　销：各地新华书店
印　　刷：北京鑫正大印刷有限公司
开　　本：787×960　1/16
印　　张：12.5
字　　数：212 千
版　　次：2008 年 6 月　第 1 版
印　　次：2008 年 6 月　第 1 次印刷
书　　号：ISBN 978-7-114-07091-4
印　　数：0001－3000 册
定　　价：30.00 元

前 言

临时结构在建筑工程施工中占有重要的地位，模板工程、脚手架工程和基坑工程是建筑施工的工具，是完成各项建筑施工任务的重要手段。

本书对模板工程、脚手架工程和基坑工程进行了重点介绍，并按照国家现行的标准规范，给出了相应的计算实例，以方便读者尽快掌握临时结构设计计算的方法。在实例中作者针对读者容易出错之处或难点，进行了点评，以期帮助读者尽快掌握临时结构设计的方法，并用于实际工程施工中。

本书各个章节的内容，虽经编者进行了认真的编写，以尽可能地保证计算的精确性，但限于结构的复杂性，计算理论的不完整性，以及编者自身水平的限制，读者对本书任何内容的使用或参考，均须经过读者自己的严格分析和计算，并不能因引用或参考本书的任何内容，而使编者或出版者承担任何相应的或连带的责任。

限于编者的水平，不当甚至错误之处在所难免，请读者把相关信息发送到编者的电子信箱：amacn@hotmail. com，以便共同讨论提高。

编者

2008. 5

目　录

第一章　临时结构基础知识

第一节　与荷载相关的术语

1. 永久荷载(permanent load)

在结构使用期间，其值不随时间变化，或其变化与平均值相比可以忽略不计，或其变化是单调的并能趋于限值的荷载。

2. 可变荷载(variable load)

在结构使用期间，其值随时间变化，且其变化与平均值相比不可以忽略不计的荷载。

3. 偶然荷载(accidental load)

在结构使用期间不一定出现，一旦出现，其值很大且持续时间很短的荷载。

4. 荷载代表值(representative values of a load)

设计中用以验算极限状态所采用的荷载量值，例如标准值、组合值、频遇值和准永久值。

5. 设计基准期(design reference period)

为确定可变荷载代表值而选用的时间参数。

6. 标准值(characteristic value/nominal value)

荷载的基本代表值，为设计基准期内最大荷载统计分布的特征值(例如均值、众值、中值或某个分位值)。

7. 组合值(combination value)

对可变荷载，使组合后的荷载效应在设计基准期内的超越概率，能与该荷载单独出现时的相应概率趋于一致的荷载值；或使组合后的结构具有统一规定的可靠指标的荷载值。

8. 频遇值(frequent value)

对可变荷载，在设计基准期内，其超越的总时间为规定的较小比率或超越频率为规定频率的荷载值。

9. 准永久值(quasi-permanent value)

对可变荷载,在设计基准期内,其超越的总时间约为设计基准期一半的荷载值。

10. 荷载设计值(design value of a load)

荷载代表值与荷载分项系数的乘积。

11. 荷载效应(load effect)

由荷载引起结构或结构构件的反应,例如内力、变形和裂缝等。

12. 荷载组合(load combination)

按极限状态设计时,为保证结构的可靠性而对同时出现的各种荷载设计值的规定。

13. 基本组合(fundamental combination)

承载能力极限状态计算时,永久作用和可变作用的组合。

14. 偶然组合(accidental combination)

承载能力极限状态计算时,永久作用、可变作用和一个偶然作用的组合。

15. 标准组合(characteristic/nominal combination)

正常使用极限状态计算时,采用标准值或组合值为荷载代表值的组合。

16. 频遇组合(frequent combination)

正常使用极限状态计算时,对可变荷载采用频遇值或准永久值为荷载代表值的组合。

17. 准永久组合(quasi-permanent combination)

正常使用极限状态计算时,对可变荷载采用准永久值为荷载代表值的组合。

18. 基本雪压(reference snow pressure)

雪荷载的基准压力,一般按当地空旷平坦地面上积雪自重的观测数据,经概率统计得出50年一遇最大值确定。

19. 基本风压(reference wind pressure)

风荷载的基准压力,一般按当地空旷平坦地面上10m高度处10min平均的风速观测数据,经概率统计得出50年一遇最大值确定的风速,应考虑相应的空气密度。

20. 地面粗糙度(terrain roughness)

风在到达结构物以前吹越过2km范围内的地面时,描述该地面上不规则障碍物分布状况的等级。

第二节　结构上的荷载

结构上的荷载分为下列 3 类：

(1)永久荷载，如结构自重、土压力、预应力等。

(2)可变荷载，如楼面活荷载、屋面活荷载和积灰荷载、吊车荷载、风荷载、雪荷载等。

(3)偶然荷载，如爆炸力、撞击力等。

建筑结构设计时，对不同荷载应采用不同的代表值。

对永久荷载应采用标准值作为代表值。

对可变荷载应根据设计要求，采用标准值、组合值、频遇值或准永久值作为代表值。

对偶然荷载应按建筑结构使用的特点确定其代表值。

一、重力荷载

地球上一定高度范围内的物体均会受到地球引力的作用而产生重力，该重力导致的荷载则称为重力荷载，主要包括结构自重力、土的自重力、雪荷载、车辆重力、屋面和楼面活荷载等。

结构的自重力是由地球引力产生的组合结构的材料重力。一般而言，可以根据结构的材料种类、材料体积和材料重度计算结构自重力(式 1-1)。结构自重力一般按照均匀分布的原则计算。在施工阶段，构件在吊装运输或悬臂施工时引起的结构内力，有可能大于正常设计荷载产生的内力，因此，在施工阶段验算构件的强度和稳定时，构件重力应乘以适当的动力系数。

$$G_k = \gamma V \tag{1-1}$$

式中：G_k——构件的自重力(kN)；

γ——构件材料的重度(kN/m^3)；

V——构件的体积，一般按照设计尺寸确定(m^3)。

常见材料和构件的重度见《建筑结构荷载规范》(GB 50009—2001)附录 A。

式(1-1)适用于一般建筑结构、桥梁结构及地下结构等各构件自重力的计算，但要注意土木工程中结构各构件的材料重度可能不同，计算结构自重力时可将结构人为地划分为许多基本构件，然后叠加即得到结构总自重力式(1-2)。

$$G=\sum_{i=1}^{n}\gamma_i V_i \tag{1-2}$$

式中：G——结构总自重力(kN)；

n——组成结构的基本构件数；

γ_i——第 i 个基本构件的重度(kN/m^3)；

V_i——第 i 个基本构件的体积(m^3)。

二、风荷载

垂直于建筑物表面上的风荷载标准值，按下述公式计算。

(1)当计算主要承重结构时

$$w_k=\beta_z\mu_s\mu_z w_0 \tag{1-3}$$

式中：w_k——风荷载标准值(kN/m^2)；

β_z——高度 z 处的风振系数；

μ_s——风荷载体型系数；

μ_z——风压高度变化系数；

w_0——基本风压(kN/m^2)。

(2)当计算围护结构时

$$w_k=\beta_{gz}\mu_s\mu_z w_0 \tag{1-4}$$

式中：β_{gz}——高度 z 处的阵风系数。

基本风压按《建筑结构荷载规范》(GB 50009—2001)给出的 50 年一遇的风压采用，但不得小于 $0.3kN/m^2$。

全国风荷载图见图 1-1。

三、计算实例

某高层建筑，位于济南市郊区，框架结构，采用扣件式双排钢管脚手架施工，钢管规格为 $\phi 48\times 3.5mm$，脚手架搭设高度 50m，搭设尺寸为立杆纵距 $L_a=1.5m$，立杆横距 $L_b=1.2m$，步距 $h=1.8m$，连墙杆设置为二步三跨。

要求计算：

(1)脚手架用密目安全立网(网目密度不低于 2 000 目/$100cm^2$)全封闭；

(2)脚手架敞开式，两种情况，离地面 5m 及 50m 高度风荷载标准值。

解：(1)全封闭脚手架

查“全国基本风压分布图”，可知济南地区基本风压 $w_0=0.35kN/m^2$。

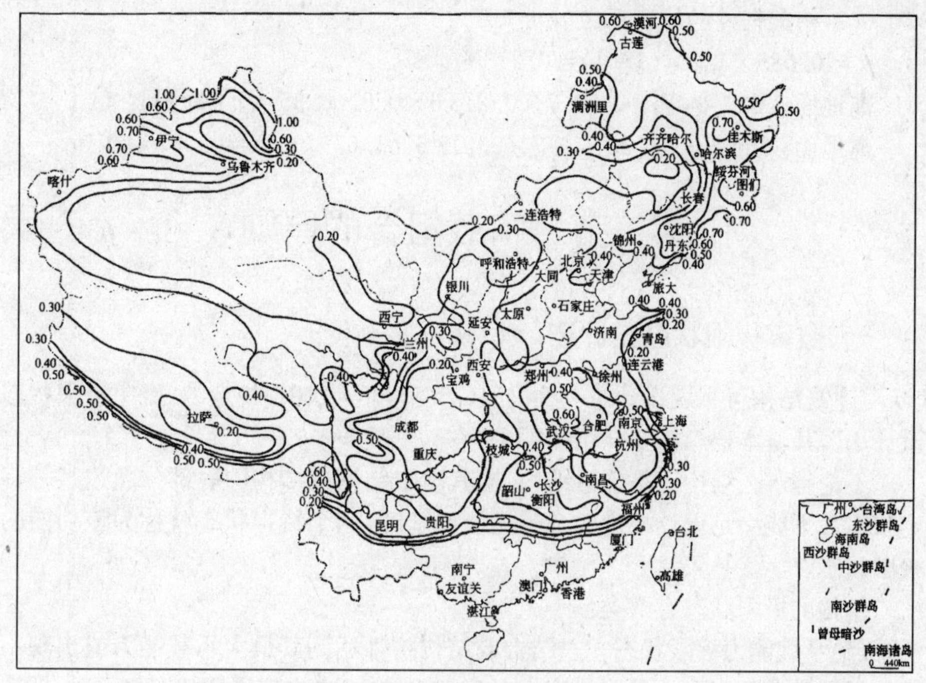

图 1-1 全国风荷载图

查《建筑结构荷载规范》(GB 50009—2001)表 7.2.1，大城市郊区，地面粗糙度 B 类，离地面 5m 高度 $\mu_z=1.0$，50m 高度 $\mu_z=1.67$。

背靠建筑物为框架结构，偏于安全计算，取挡风系数 $\varphi=1.0$，$\mu_s=1.3\varphi=1.3$。

β_z 根据《建筑施工扣件式钢管脚手架安全技术规范》(JGJ 130—2001)取 0.7。

离地面 5m 高度处，$w_k=0.7\times1.3\times1.0\times0.35=0.3185\text{kN/m}^2$；

离地面 50m 高度处，$w_k=0.7\times1.3\times1.67\times0.35=0.5319\text{kN/m}^2$。

(2)敞开式脚手架

基本风压及风压高度变化系数同全封闭脚手架。

由《建筑施工扣件式钢管脚手架安全技术规范》附录 A 表 A-3，查得挡风系数 $\varphi=0.089$。

由《建筑结构荷载规范》(GB 50009—2001)表 7.3.1 第 32 项，由 $n=2$(双排)，$L_b/h=1.2/1.8<1$，$\varphi<0.1$，查得 $\eta=1$。

查《建筑结构荷载规范》表 7.3.1 第 36 项，$w_0d_2=0.35\times0.0482=0.0008$

<0.002，桁架杆件的体型系数 $\mu_s=1.2$。

$\mu_z=0.089\times1.2\times(1+1)=0.2136$

离地面5m高度处，$w_k=0.7\times0.2136\times0.8\times0.35=0.0419\text{kN/m}^2$；

离地面50m高度处，$w_k=0.7\times0.2136\times1.67\times0.35=0.0874\text{kN/m}^2$。

第三节　荷载组合的原则

一、概率极限状态设计法

《建筑结构可靠度设计统一标准》(GB 50068—2001)规定的“概率极限状态设计法”，其基本概念简要介绍如下。

不论是永久结构还是临时结构，当其整个结构或结构的一部分超过某一特定状态而不能满足设计规定的某一功能要求时，这个特定状态就称为该功能的极限状态。

结构的极限状态有两类：

(1)承载能力极限状态——结构或结构构件达到其最大承载能力或出现不适于继续承载的变形的极限状态。对于工程结构，当出现下列状态之一时，即认为超过了承载能力极限状态。

①整个结构或结构的一部分作为刚体失去平衡(如倾覆等)；

②结构构件或连接因材料强度被超过而破坏(包括疲劳破坏)，或因出现过度的塑性变形而不适于继续承载；

③结构转变为机动体系；

④结构或构件丧失稳定(如压屈等)。

(2)正常使用极限状态——结构或构件达到正常使用或耐久性能的某项规定限值的极限状态。对于工程结构，当出现下列状态之一时，即认为超过了正常使用极限状态。

①影响正常使用或外观的变形；

②影响正常使用或耐久性能的局部损坏(包括裂缝)；

③影响正常使用的振动；

④影响正常使用的其他特定状态。

对于建筑脚手架结构(包括使用脚手架材料组装的支撑架)来说，由于对构架杆配件的质量和缺陷都作了规定，且在出现正常使用极限状态时会有明显的征兆和发展过程，故而有时间采取相应措施而不会出现突发性事故。因此，在脚手架设计时一般不考虑正常使用极限状态，而主要考虑其承载能力极限状态。

在上述4种承载能力极限状态中，倾覆问题可通过加强结构的整体性和附墙拉结来解决(对拉结件进行抗水平力作用的计算)；转变为机动体系的问题也可用合理的构造(如加设适量的斜杆和剪刀撑)来解决而不必计算。因此，应考虑的是强度和稳定的计算。而脚手架整体或局部丧失稳定破坏是脚手架破坏的主要危险所在，因而是最主要的设计计算项目。

对于结构的各种极限状态，均应规定或给予明确的标志或限值，即给定或预先规定用以度量结构的可靠度的可靠指标。

结构在规定的时间内和规定的条件下完成预定功能(即设计要求)的概率，称为结构的可靠度。它是结构可靠性的概率度量，并采用以概率理论为基础的极限状态设计方法确定。在各种因素的影响下，结构完成预定功能的能力不能事先确定，只能用概率来描述，这是从统计数学出发的、比较科学的方法。

I级——重要建筑物，破坏后果很严重。

II级——一般建筑物，破坏后果严重。

III级——次要建筑物，破坏后果不严重。

脚手架结构的安全等级一般可以采用III级，但对于比较高大、重载的脚手架，结构的安全等级宜采用II级。

二、荷载组合

建筑结构设计应根据使用过程中在结构上可能同时出现的荷载，按承载能力极限状态和正常使用极限状态分别进行荷载(效应)组合，并应取各自的最不利的效应组合进行设计。

对于承载能力极限状态，应按荷载效应的基本组合或偶然组合进行荷载(效应)组合。

$$\gamma_0 S \leqslant R \tag{1-5}$$

式中：γ_0——结构重要性系数；

S——荷载效应组合的设计值；

R——结构构件抗力的设计值。

对于基本组合，荷载效应组合的设计值 S 应从下列组合值中取最不利值确定：

1)由可变荷载效应控制的组合

$$S=\gamma_G S_{Gk}+\gamma_{Q1} S_{Q1k}+\sum_{i=2}^{n}\gamma_{Qi}\psi_{ci}S_{Qik} \tag{1-6}$$

式中：γ_G——永久荷载的分项系数；

γ_{Qi}——第 i 个可变荷载的分项系数，其中 γ_{Q1} 为可变荷载 Q_1 的分项系数；

S_{Gk}——按永久荷载标准值 G_k 计算的荷载效应值；

S_{Qik}——按可变荷载标准值 Q_{ik} 计算的荷载效应值，其中 S_{Q1k} 为诸可变荷载效应中起控制作用者；

ψ_{ci}——可变荷载 Q_i 的组合值系数；

n——参与组合的可变荷载数。

2)由永久荷载效应控制的组合

$$S=\gamma_G S_{Gk}+\sum_{i=1}^{n}\gamma_{Qi}\psi_{ci}S_{Qik} \tag{1-7}$$

3)基本组合的荷载分项系数

(1)永久荷载的分项系数

①当其效应对结构不利时

对由可变荷载效应控制的组合，应取 1.2；

对由永久荷载效应控制的组合，应取 1.35；

②当其效应对结构有利时

一般情况下应取 1.0；

对结构的倾覆、滑移或漂浮验算，应取 0.9。

(2)可变荷载的分项系数

一般情况下应取 1.4；

对标准值大于 4kN/m^2 的工业房屋楼面结构活荷载应取 1.3。

对于偶然组合，荷载效应组合的设计值宜按下列规定确定：偶然荷载的代表值不乘分项系数；与偶然荷载同时出现的其他荷载可根据观测资料和工程经验采用适当的代表值。

依据《建筑结构荷载规范》(GB 50009—2001)和《建筑结构可靠度设计统一标准》(GB 50068—2001)的规定，对于承载能力极限状态荷载效应的基本组合，按下列设计表达式中最不利值确定。

由可变荷载效应控制的组合

$$\gamma_0(\gamma_G S_{Gk}+\gamma_{Q1}S_{Q1k}+\sum_{i=2}^{n}\psi_{ci}\gamma_{Qi}S_{Qik})\leqslant R \tag{1-8}$$

由永久荷载效应控制的组合

$$\gamma_0(\gamma_G S_{Gk}+\sum_{i=1}^{n}\psi_{ci}\gamma_{Qi}S_{Qik})\leqslant R \tag{1-9}$$

式中：γ_0——结构重要性系数，按下列情况取值：

对安全等级为一级或设计使用年限为 100 年及以上的结构构件，不应小于 1.1；对安全等级为二级或设计使用年限为 50 年的结构构件，不应小于 1.0；对安全等级为三级或设计使用年限为 5 年的结构构件，不应小于 0.9。

对设计使用年限为 25 年的结构构件，各类材料结构设计规范可根据各自情况确定结构重要性系数 γ_0 的取值。

γ_G——永久荷载分项系数，

当其效应对结构不利时，对式(1-8)应取 1.2，对式(1-9)应取 1.35；

当其效应对结构有利时，一般情况下应取 1.0，对结构的倾覆、滑移或漂浮验算，应取 0.9。

S_{Gk}——按永久荷载标准值计算的荷载效应值；

S_{Qik}、S_{Q1k}——第 i 个和第 1 个可变荷载的效应，设计时应把效应最大的可变荷载取为第一个；如果何者效应最大不明确，则需把不同的可变荷载作为第一个来比较，找出最不利组合。

γ_{Qi}、γ_{Q1}——第 i 个和第 1 个可变荷载的分项系数，一般情况下应取 1.4；对标准值大于 $4kN/m^2$ 的工业房屋楼面结构的活荷载应取 1.3；

ψ_{ci}——第 i 个可变荷载的组合值系数，应分别按《建筑结构荷载规范》(GB 50009—2001)各章的规定采用；

n——参与组合的可变荷载数。

对于一般排架、框架结构，可采用下列简化的极限状态设计表达式：

$$\gamma_0(\gamma_G S_{Gk}+\psi\sum_{i=1}^{n}\gamma_{Qi}S_{Qik})\leqslant R \tag{1-10}$$

式中，ψ 一般情况下可取 $\psi=0.90$，当只有一个可变荷载时，取 $\psi=1.0$。

对于偶然组合，极限状态设计表达式宜按下列原则确定：偶然作用的代表值不乘以分项系数；与偶然作用同时出现的可变荷载，应根据观测资料和工程经验采用适当的代表值。具体的设计表达式及各种系数，应符合专门规范的规定。

对于正常使用极限状态，结构构件应按建筑结构可靠度设计统一标准的规定分别采用荷载效应的标准组合、频遇组合和准永久组合进行设计，使变形、裂缝等荷载效应的设计值符合下式的要求：

$$S_{Gk}+S_{Q1k}+\sum_{i=2}^{n}\psi_{ci}S_{Qik}\leqslant C \tag{1-11}$$

式中：C——设计中对变形裂缝等规定的相应限值。

对于钢结构，一般只考虑荷载的标准组合而且只验算变形值，因此，上式中的荷载效应值可以直接用变形值代替，从而写成如下形式：

$$\upsilon_{Gk}+\upsilon_{Q1k}+\sum_{i=2}^{n}\psi_{ci}\upsilon_{Qik}\leqslant[\upsilon] \tag{1-12}$$

第二章　模板工程

混凝土结构的模板工程，是混凝土结构构件施工的重要工具。无论是现浇混凝土结构还是预制混凝土结构施工，采用先进的模板技术，对于提高工程质量、加快施工速度、提高劳动生产率、降低工程成本和实现文明施工，都具有十分重要的意义。

模板的安装支设必须符合下列规定：

(1)模板及其支架应具有足够的承载能力、刚度和稳定性，能可靠地承受所浇筑混凝土的重量、侧压力及施工荷载。

(2)要保证工程结构和构件各部分形状尺寸和相互位置的正确。

(3)构造简单，装拆方便，并便于钢筋的绑扎和安装，符合混凝土的浇筑及养护等工艺要求。

(4)模板的拼(接)缝应严密，不得漏浆。

(5)清水混凝土工程及装饰混凝土工程所使用的模板，应满足设计要求的效果。

第一节　概　　述

一、组合式模板

组合式模板，是现代模板技术中具有通用性强、装拆方便、周转次数多的一种“以钢代木”的模板，用它进行现浇钢筋混凝土结构施工，可事先按设计要求组拼成梁、柱、墙、楼板的大型模板，整体吊装就位，也可采用散装散拆方法。

55 型组合钢模板又称组合式定型小钢模，是目前使用较广泛的一种通用型组合模板。

(一)部件组成

组合钢模板的部件，主要由钢模板、连接件和支承件三部分组成。

1. 钢模板

钢模板采用 Q235 钢材制成，钢板厚度 2.5mm，对于≥400mm 宽面钢模板的钢板厚度应采用 2.75mm 或 3.0mm。主要包括平面模板、阴角模板、阳角模板、连接角模等。

2. 连接件

连接件由 U 形卡、L 形插销、钩头螺栓、紧固螺栓、扣件、对拉螺栓等组成。

对拉螺栓的规格和性能，见表 2-1。

对拉螺栓的规格和性能　　表 2-1

螺栓直径(mm)	螺纹内径(mm)	净面积(mm^2)	容许拉力(kN)
M12	10.11	76	12.90
M14	11.84	105	17.80
M16	13.84	144	24.50
T12	9.50	71	12.05
T14	11.50	104	17.65
T16	13.50	143	24.27
T18	15.50	189	32.08
T20	17.50	241	40.91

扣件容许荷载，见表 2-2。

扣 件 容 许 荷 载　　表 2-2

项　目	型　号	容 许 荷 载(kN)
碟形扣件	26 型	26
	18 型	18
"3"形扣件	26 型	26
	12 型	12

3. 支承件

(1)钢楞

主要用于支承钢模板并加强其整体刚度。钢楞的材料有 Q235 圆钢管、矩形钢管、内卷边槽钢、轻型槽钢、轧制槽钢等，可根据设计要求和供应条件选用。

常用各种型钢钢楞的规格和力学性能，见表 2-3。

常用各种型钢钢楞的规格和力学性能　　表 2-3

规　格　(mm)		截面积 A	重量	截面惯性矩 I_x	截面最小抵抗矩 W_x
		(cm^2)	(kg/m)	(cm^4)	(cm^3)
圆钢管	$\phi48\times3.0$	4.24	3.33	10.78	4.49
	$\phi48\times3.5$	4.89	3.84	12.19	5.08
	$\phi51\times3.5$	5.22	4.10	14.81	5.81

续上表

规　格　(mm)		截面积 A (cm²)	重量 (kg/m)	截面惯性矩 I_x (cm⁴)	截面最小抵抗矩 W_x (cm³)
矩形钢管	□60×40×2.5	4.57	3.59	21.88	7.29
	□80×40×2.0	4.52	3.55	37.13	9.28
	□100×50×3.0	8.64	6.78	112.12	22.42
轻型槽钢	[80×40×3.0	4.50	3.53	43.92	10.98
	[100×50×3.0	5.70	4.47	88.52	12.20
内卷边槽钢	□80×40×15×3.0	5.08	3.99	48.92	12.23
	□100×50×20×3.0	6.58	5.16	100.28	20.06
轧制槽钢	[80×43×5.0	10.24	8.04	101.30	25.30

(2)柱箍

用于直接支承和夹紧各类柱模的支承件，可根据柱模的外形尺寸和侧压力的大小来选用。

(3)梁卡具

一种将大梁、过梁等钢模板夹紧固定的装置，并承受混凝土侧压力，采用Q235钢材制成。

(二) 施工设计

模板的强度和刚度验算，应按照下列要求进行：

(1)模板承受的荷载参见原《混凝土结构工程施工及验收规范》(GB 50204—92)的有关规定进行计算。

(2)组成模板结构的钢模板、钢楞和支柱应采用组合荷载验算其刚度，其容许挠度应符合表2-4的规定。

钢模板及配件的容许挠度(mm)　　表2-4

部件名称	容许挠度	部件名称	容许挠度
钢模板的面积	1.5	柱箍	$b/500$
单块钢模板	1.5	桁架	$L/1\,000$
钢楞	$L/500$	支承系统累计	4.0

注：L为计算跨度，b为柱宽。

(3)模板所用材料的强度设计值，应按国家现行规范的有关规定取用。并应根据模板的新旧程度、荷载性质和结构不同部位，乘以系数1.0～1.18。

(4)采用矩形钢管与内卷边槽钢的钢楞，其强度设计值应按现行《冷弯薄壁型钢结构技术规范》(GB 50018—2002)有关规定取用，不应提高。

(5)当验算模板及支承系统在自重与风荷载作用下抗倾覆的稳定性时，抗倾覆系数不应小于1.15。风荷载应根据现行国家标准《建筑结构荷载规范》(GB 50009—2001)的有关规定取用。

二、散支散拆胶合板模板

混凝土模板用的胶合板有木胶合板和竹胶合板。

胶合板用作混凝土模板具有以下优点：

(1)板幅大，自重轻，板面平整。既可减少安装工作量，节省现场人工费用，又可减少混凝土外露表面的装饰及磨去接缝的费用。

(2)承载能力大，特别是经表面处理后耐磨性好，能多次重复使用。

(3)材质轻，厚18mm的木胶合板，单位面积重量为50kg，模板的运输、堆放、使用和管理等都较为方便。

(4)保温性能好，能防止温度变化过快，冬期施工有助于混凝土的保温。

(5)锯截方便，易加工成各种形状的模板。

(6)便于按工程的需要弯曲成型，用作曲面模板。

(7)用于清水混凝土模板，最为理想。

目前在全国各地的现浇混凝土结构施工中，胶合板模板已经被广泛使用。

(一)木胶合板模板

木胶合板按材种分类可分为软木胶合板(材种为马尾松、黄花松、落叶松、红松等)及硬木胶合板(材种为椴木、桦木、水曲柳、黄杨木、泡桐木等)。

从耐水性能划分，胶合板分为4类：

I类——具有高耐水性，耐沸水性良好，所用胶黏剂为酚醛树脂胶黏剂(PF)，主要用于室外；

II类——耐水防潮胶合板，所用胶黏剂为三聚氰胺改性脉醛树脂胶黏剂(MUF)，可用于高潮湿条件和室外；

III类——防潮胶合板，胶黏剂为脉醛树脂胶黏剂(OF)，用于室内；

IV类——不耐水，不耐潮，用血粉或豆粉黏合，近年已停产。

混凝土模板用的木胶合板属具有高耐气候性、耐水性的I类胶合板，胶黏剂为酚醛树脂胶，主要用克隆、阿必东、柳安、桦木、马尾松、云南松、落叶松等树种加工。

1. 构造和规格

(1)构造

模板用的木胶合板通常由5、7、9、11层等奇数层单板经热压固化而胶合成型。相邻层的纹理方向相互垂直,通常最外层表板的纹理方向和胶合板板面的长向平行,因此,整张胶合板的长向为强方向,短向为弱方向,使用时必须加以注意。

(2)规格

我国模板用木胶合板的规格尺寸,见表2-5。

模板用木胶合板规格尺寸 表2-5

厚度(mm)	层　数	宽度(mm)	长度(mm)
12	至少5层	915	1 830
15	至少7层	1 220	1 830
18		915	2 135
		1 220	2 440

2. 胶合性能及承载力

(1)胶合性能

模板用胶合板的胶黏剂主要是酚醛树脂。此类胶黏剂胶合强度高,耐水、耐热、耐腐蚀等性能良好,其突出的是耐沸水性能及耐久性优异。也有采用经化学改性的酚醛树脂胶。

评定胶合性能的指标主要有两项:

胶合强度——为初期胶合性能,指的是单板经胶合后完全粘牢,有足够的强度;

胶合耐久性——为长期胶合性能,指的是经过一定时期,仍保持胶合良好。

上述两项指标可通过胶合强度试验、沸水浸渍试验来判定。

专业标准《混凝土模板用胶合板》(ZBB 70006—88)中,对混凝土模板用木胶合板的胶合强度规定,见表2-6。

模板用胶合板的胶合强度指标值 表2-6

树　种	胶合强度(单个试件指标值)(N/mm^2)	树　种	胶合强度(单个试件指标值)(N/mm^2)
桦木	≥1.00	柳安、拟赤杨	≥0.70
克隆、阿必东、马尾松、云南松、荷木、枫香	≥0.80		

施工单位在购买混凝土模板用胶合板时，首先要判别是否属于Ⅰ类胶合板，即判别该批胶合板是否采用了酚醛树脂胶或其他性能相当的胶黏剂。如果受试验条件限制，不能做胶合强度试验时，可以用沸水煮小块试件快速简单判别。方法是从胶合板上锯截下 20mm 见方的小块，放在沸水中煮 0.5～1h。用酚醛树脂作为胶黏剂的试件煮后不会脱胶，而用脉醛树脂作为胶黏剂的试件煮后会脱胶。

(2)承载力

木胶合板的承载能力与胶合板的厚度、静弯曲强度以及弹性模量有关，表 2-7 为我国林业部规定的《混凝土模板用胶合板》(ZBB 70006—88)标准。

模板用胶合板纵向弯曲强度和弹性模量指标 表 2-7

树　种	弹性模量(N/mm^2)	静弯曲强度(N/mm^2)
柳安	3.5×10^3	25
马尾松、云南松、落叶松	4.0×10^3	30
桦木、克隆，阿必东	4.5×10^3	35

《钢框胶合板模板技术规程》(JGJ 96—95)规定了混凝土模板用胶合板的主要技术性能，见表 2-8。

胶合板的静曲强度标准值和弹性模量(N/mm^2) 表 2-8

厚度(mm)	静曲强度标准值		弹性模量		备　注
	平行向	垂直向	平行向	垂直向	
12	≥25.0	≥16.0	≥8 500	≥4 500	1. 强度设计值＝强度标准值/1.55 2. 弹性模量应乘以 0.9 的系数
15	≥23.0	≥15.0	≥7 500	≥5 000	
18	≥20.0	≥15.0	≥6 500	≥5 200	
21	≥19.0	≥15.0	≥6 000	≥5 400	

注：1. 平行向指平行于胶合板表板的纤维方向；垂直向指垂直于胶合板表板的纤维方向。

2. 当立柱或拉杆直接支在胶合板上时，胶合板的剪切强度标准值应大于 $1.2N/mm^2$。

(二)竹胶合板模板

我国竹材资源丰富，且竹材具有生长快、生产周期短(一般 2～3 年成材)的特点。另外，一般竹材顺纹抗拉强度为 $18N/mm^2$，为松木的 2.5 倍，红松的 1.5 倍；横纹抗压强度为 $6\sim8N/mm^2$，是杉木的 1.5 倍，红松的 2.5 倍；静弯曲强度为 $15\sim16N/mm^2$。因此，在我国木材资源短缺的情况下，以竹材为原料，制作混凝土模板用竹胶合板，具有收缩率小，膨胀率和吸水率低，以及承载能力大的特点，是一种具有发展前途的新型建筑模板。

1.组成和构造

混凝土模板用竹胶合板，其面板与芯板所用材料既有不同，又有相同。不同的材料是芯板将竹子劈成竹条(称竹帘单板)，宽14～17mm，厚3～5mm，在软化池中进行高温软化处理后，作烤青、烤黄、去竹衣及干燥等进一步处理。竹帘的编织可用人工或编织机编织。面板通常为编席单板，做法是竹子劈成蔑片，由编工编成竹席。表面板采用薄木胶合板。这样既可利用竹材资源，又可兼有木胶合板的表面平整度。

为了提高竹胶合板的耐水性、耐磨性和耐碱性，经试验证明，竹胶合板表面进行环氧树脂涂面处理的耐碱性较好，进行瓷釉涂料涂面的综合效果最佳。

2.规格和性能

(1)规格

我国国家标准(竹编胶合板)(GB 13123—91)规定竹胶合板的规格见表2-9、表2-10。

竹胶合板长、宽规格　　表2-9

长度(mm)	宽度(mm)	长度(mm)	宽度(mm)
1 830	915	2 440	1 220
2 000	1 000	3 000	1 500
2 135	915	—	—

竹胶合板厚度与层数对应关系　　表2-10

层　数	厚度(mm)	层　数	厚度(mm)
2	1.4～2.5	14	11.0～11.8
3	2.4～3.5	15	11.8～12.5
4	3.4～4.5	16	12.5～13.0
5	4.5～5.0	17	13.0～14.0
6	5.0～5.5	18	14.0～14.5
7	5.5～6.0	19	14.5～15.3
8	6.0～6.5	20	15.5～16.2
9	6.5～7.5	21	16.5～17.2
10	7.5～8.2	22	17.5～18.0
11	8.2～9.0	23	18.0～19.5
12	9.0～9.8	24	19.5～20.0
13	9.0～10.8		

混凝土模板用竹胶合板的厚度常为 12mm、15mm、18mm。

(2)性能

由于各地所产竹材的材质不同，同时又与胶黏剂的胶种、胶层厚度、涂胶均匀程度以及热固化压力等生产工艺有关，因此，竹胶合板的物理力学性能差异较大，其弹性模量变化范围为$(2\sim10)\times10^3\mathrm{N/mm^2}$。一般认为，密度大的竹胶合板，相应的静弯曲强度和弹性模量值也高。

三、模板设计计算程序

对于有杆件组成的脚手架结构来讲，虽然它是建筑施工的临时结构，但是它和建筑结构具有很大的类似性。从使用的要求看，其功能主要是承受施工中出现的各种荷载，因此，在临时结构的计算中，应遵循与建筑结构设计计算一致的步骤。

(1)按照工程的需要绘出临时结构的平、立、剖面图，给出主要受力平面的结构计算简图。

(2)计算在结构上的荷载。在计算中做到不重复、不漏项，正确地取值和使用计算公式。

(3)进行结构分析。

(4)进行强度的验算。结构设计的过程，其实就是在拟定了较为合理的方案之后，按照现行的规范、规程进行验算、调整，直到符合实际情况、经济合理的过程。

第二节　梁木模板计算示例

编制依据： 由某建筑工程设计有限公司设计的商业楼施工图 由本施工单位编制的商业楼工程施工组织设计 《建筑施工扣件式钢管脚手架安全技术规范》(JGJ 130—2001) 《混凝土结构工程施工及验收规范》(GB 50204—2002) 《混凝土结构设计规范》(GB 50010—2002)	模板计算中应该简单明了地写出编制依据，以便他人核查
工程概况： 本工程中小截面梁截面尺寸：梁截面宽度 $B=250\mathrm{mm}$，梁截面高度 $H=500\mathrm{mm}$。	工程概况简单明了地写出与本模板支架设计计算相关的内容即可

续上表

<table>
<tr><td>梁模板计算内容：
1. 计算梁面板的强度、抗剪和挠度
2. 计算梁底木方的强度、抗剪和挠度
3. 计算梁侧面板的强度、抗剪和挠度
4. 计算梁侧对拉螺栓</td><td>梁模板设计计算的主要内容</td></tr>
<tr><td>中小截面梁侧模板计算示例</td><td></td></tr>
<tr><td>一、梁模板基本参数
梁截面宽度 $B=250$mm，梁截面高度 $H=500$mm，H 方向对拉螺栓 1 道，对拉螺栓直径 14mm，对拉螺栓在垂直于梁截面方向距离（即计算跨度）600mm。梁模板使用的木方截面 50mm×100mm，梁模板截面侧面木方距离 300mm。梁底模面板厚度 $h=18$mm，弹性模量 $E=6\,000\text{N/mm}^2$，抗弯强度 $[f]=15\text{N/mm}^2$。如图 2-1。
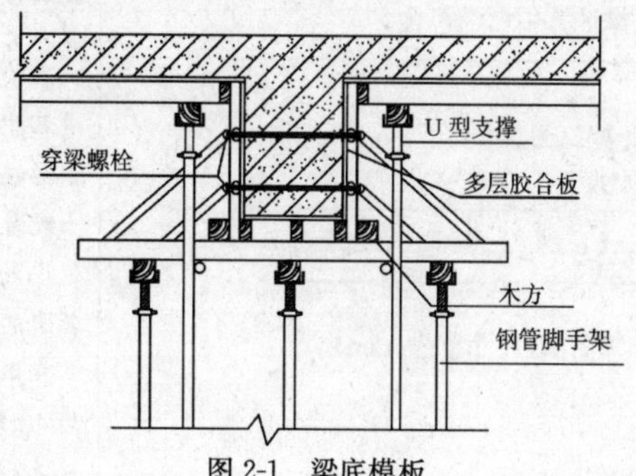

图 2-1 梁底模板</td><td>模板设计的参数信息应简明地写出与设计计算相关信息，如脚手架参数、荷载参数、楼板参数、木方参数和计算简图</td></tr>
<tr><td>二、梁模板荷载标准值计算
模板自重力＝0.34kN/m²；钢筋自重力＝1.5kN/m³；混凝土自重力＝24kN/m³；施工荷载标准值＝2.5kN/m²。
强度验算要考虑新浇混凝土侧压力和倾倒混凝土时产生的荷载设计值；挠度验算只考虑新浇混凝土侧压力产生的荷载标准值。
新浇混凝土侧压力取下面两式中的较小值：
$$F=0.22\gamma_c t\beta_1\beta_2\sqrt{v}$$
$$F=\gamma_c H$$
式中：γ_c——混凝土的重度，取 24kN/m³；
t——新浇混凝土的初凝时间，为 0 时（表示无资料）取 200/(T+15)，取 5.714h；
T——混凝土的入模温度，取 20℃；
v——混凝土的浇筑速度，取 2.5m/h；
H——混凝土侧压力计算位置处至新浇混凝土顶面总高度，取 1.2m；
β_1——外加剂影响修正系数，取 1.0；
β_2——混凝土坍落度影响修正系数，取 0.85。</td><td>在计算新浇混凝土侧压力时，须注意取两个公式计算的较小值
计算时应注意，强度计算的时候使用荷载设计值，挠度计算的时候使用荷载标准值，不能混淆或颠倒，导致错误的计算结果</td></tr>
</table>

续上表

<table>
<tr><td>根据公式计算的新浇混凝土侧压力标准值 $F_{1k}=28.8kN/m^2$，
实际计算中采用新浇混凝土侧压力标准值 $F_{1k}=28.8kN/m^2$，
倒混凝土时产生的荷载标准值 $F_{2k}=6.0kN/m^2$。</td><td>T——混凝土的入模温度，取 20℃；
v——混凝土的浇筑速度，取 2.5m/h 等数值，此例中是根据本工程的情况取定的，读者在进行设计的时候必须按照实际工程的情况，取实际的数值，不可盲目照搬，导致错误</td></tr>
<tr><td>三、梁底模板木楞计算
梁底木方的计算在脚手架梁底支撑计算中已经包含。</td><td>此处可以不计算，在脚手架梁底支撑计算中考虑</td></tr>
<tr><td>四、梁模板侧模计算
梁侧模板按照三跨连续梁计算，计算简图 2-2 如下：
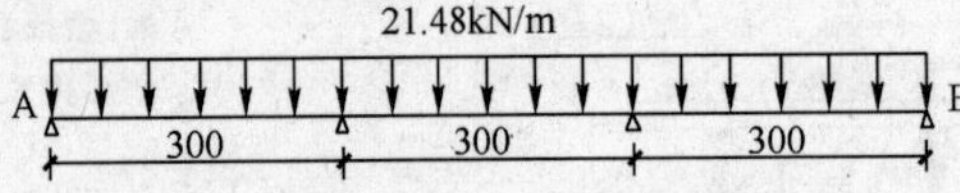

图 2-2　梁侧模板计算简图(尺寸单位：mm)
1. 抗弯强度计算
$$f=M_{max}/W<[f]$$
式中：f——梁侧模板的抗弯强度计算值(N/mm^2)；
M_{max}——计算的最大弯矩 (kN·m)；
q——作用在梁侧模板的均布荷载(N/mm)；
$$q=(1.2\times28.8+1.4\times6.0)\times0.5=21.48N/mm$$
$$M_{max}=0.1ql^2$$
最大弯矩计算公式 $M_{max}=-0.1\times21.48\times0.3^2=-0.193kN\cdot m$
$$f=0.193\times10^6/27\,000=7.16N/mm^2$$
梁侧模面板抗弯计算强度小于 $15N/mm^2$，满足要求。
2. 抗剪计算
最大剪力的计算公式　$Q=0.6ql$
截面抗剪强度必须满足　$T=3Q/2bh<[T]$
其中，最大剪力 $Q=0.6\times0.3\times21.48=3.866kN$
截面抗剪强度计算值　$T=3\times3\,866/(2\times500\times18)=0.644N/mm^2$
截面抗剪强度设计值　$[T]=1.4N/mm^2$
面板的抗剪强度满足要求。</td><td>在使用公式计算的过程中，必须注意单位的统一，否则，就会出现计算结果过大或过小的情况，引起计算者的误判
在做完每一步计算后，应给出是否满足规范、规程要求的判断，满足要求后，再进行下一步计算
强度计算一般设计者均会进行认真细致的计算，但往往会对挠度等正常使用极限状态缺乏必要的计算，认为正常使用极限状态不重要，其实有时候，正是由于模板支架工程在设计中未对正常使用极限状态(挠度等)引起足够的重视，造成如漏浆、尺寸偏差过大等质量通病</td></tr>
</table>

续上表

3. 挠度计算 最大挠度计算公式 $$\upsilon_{max}=0.677\frac{ql^4}{100EI}$$ 其中，$q=28.8\times0.5=14.4$N/mm 三跨连续梁均布荷载作用下的最大挠度 $\upsilon_{max}=0.677\times14.4\times300^4/(100\times6\,000\times243\,000)=0.542$mm 梁侧模板的挠度计算值：$\upsilon=0.542$mm，小于$[\upsilon]=300/250$mm，满足要求。	
五、穿梁螺栓计算 计算公式　$N=[N]=fA$ 式中：N——穿梁螺栓所受的拉力； A——穿梁螺栓有效面积（mm^2）； f——穿梁螺栓的抗拉强度设计值，取170N/mm^2。 穿梁螺栓承受最大拉力 $N=(1.2\times28.8+1.4\times6.0)\times0.5\times0.6/1=12.89$kN 穿梁螺栓直径为14mm，穿梁螺栓有效直径为11.84mm，穿梁螺栓有效面积为$A=105mm^2$；穿梁螺栓最大容许拉力值　$[N]=17.80$kN，穿梁螺栓强度满足要求。穿梁螺栓的布置距离为侧龙骨的计算间距600mm；每个截面布置1道穿梁螺栓。	在进行穿梁螺栓计算的时候，必须注意A为穿梁螺栓有效面积，即螺栓螺纹处的横截面面积，不是非螺纹处的面积，否则会出现错误的计算结果
大截面梁侧模板计算示例	接下来是大截面梁侧模板计算的示例
一、梁侧模板基本参数 计算断面宽度1 000mm，高度1 600mm，两侧楼板高度200mm。模板面板采用组合小钢模，小钢模主要类型宽度600mm板面厚度3mm。外龙骨间距400mm，外龙骨采用双槽钢[5号槽钢。对拉螺栓布置3道，在断面内水平间距400mm+400mm+400mm，断面跨度方向间距400mm，直径20mm。如图2-3所示。 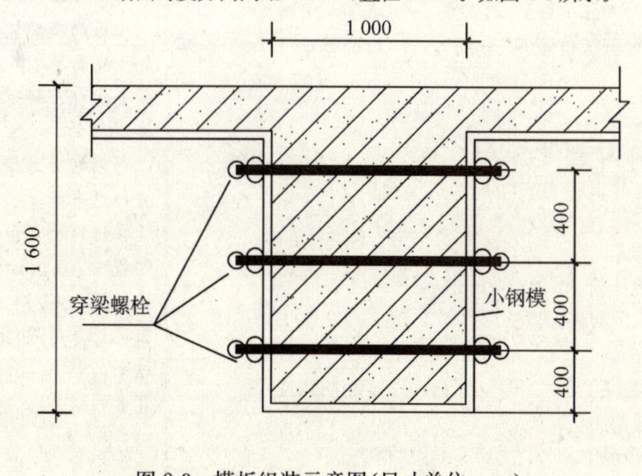 图2-3　模板组装示意图（尺寸单位：mm）	模板设计应简明地写出与设计计算相关的信息

续上表

二、梁侧模板荷载标准值计算 强度验算要考虑新浇混凝土侧压力和倾倒混凝土时产生的荷载设计值;挠度验算只考虑新浇混凝土侧压力产生荷载标准值。 新浇混凝土侧压力取下面两式中的较小值: $F=0.22\gamma_c t\beta_1\beta_2\sqrt{v}$ $F=\gamma_c H$ 式中:γ_c——混凝土的重度,取24kN/m³; t——新浇混凝土的初凝时间,为0时(表示无资料)取200/(T+15),取5.714h; T——混凝土的入模温度,取20℃; v——混凝土的浇筑速度,取2.5m/h; H——混凝土侧压力计算位置处至新浇混凝土顶面总高度,取1.2m; β_1——外加剂影响修正系数,取1.0; β_2——混凝土坍落度影响修正系数,取0.85。 根据公式计算的新浇混凝土侧压力标准值$F_{1k}=28.8\text{kN/m}^2$, 实际计算中采用新浇混凝土侧压力标准值$F_{1k}=50\text{kN/m}^2$, 倒混凝土时产生的荷载标准值$F_{2k}=4.0\text{kN/m}^2$。	在计算新浇混凝土侧压力时,须注意取两个公式计算的较小值 计算时应注意,强度计算的时候使用荷载设计值,挠度计算的时候使用荷载标准值,不能混淆或颠倒,导致错误的计算结果 T——混凝土的入模温度,取20℃; v——混凝土的浇筑速度,取2.5m/h等数值,此例中是根据本工程的情况取定的,读者在进行设计的时候必须按照实际工程的情况,取实际的数值,不可盲目照搬,导致错误
三、梁侧模板面板的计算 面板为受弯结构,需要验算其抗弯强度和刚度。模板面板的按照简支梁计算。面板的计算宽度取小钢模宽度0.6m。 荷载计算值　$q=1.2\times50\times0.6+1.4\times4.0\times0.6=39.36\text{kN/m}$ 面板的截面惯性矩I和截面抵抗矩W分别为:$W=13.02\text{cm}^3$,$I=58.87\text{cm}^4$。 1.抗弯强度计算 $f=M/W<[f]$ 式中:f——面板的抗弯强度计算值(N/mm²); M——面板的最大弯距(N·mm); W——面板的净截面抵抗矩; $[f]$——面板的抗弯强度设计值,取215N/mm²。 $M=0.125ql^2$ 式中:q——荷载设计值(kN/m)。 经计算得$M=0.125\times(1.2\times30+1.4\times2.4)\times0.4\times0.4=0.787\text{kN}\cdot\text{m}$ 经计算得到面板抗弯强度计算值 $f=0.787\times1\,000\times1\,000/13\,020=60.461\text{N/mm}^2$	模板面板按照简支梁计算,是偏于安全的计算方法 面板的截面惯性矩I和截面抵抗矩W,是查找相应规范的表格获得的,当然也可以利用材料力学中相关公式来计算 在使用公式计算的过程中,必须注意单位的统一,否则,就会出现计算结果过大或过小的情况,引起计算者的误判

续上表

面板的抗弯强度验算 $f<[f]$，满足要求。 2. 挠度计算 $$\upsilon=5ql^4/384EI<[\upsilon]=l/400$$ 面板最大挠度计算值 $$\upsilon=5\times30\times400^4/(100\times206\,000\times588\,700)=0.317\text{mm}$$ 面板的最大挠度小于 400/400=1mm，满足要求。	在做完每一步计算后，应给出是否满足规范、规程要求的判断，满足要求后，再进行下一步计算 强度计算一般设计者均会进行认真细致的计算，但往往会对挠度等正常使用极限状态缺乏必要的计算，认为正常使用极限状态不重要，其实有时候，正是由于模板支架工程在设计中未对正常使用极限状态（挠度等）引起足够的重视，造成如漏浆、尺寸偏差过大等质量通病
四、梁侧模板龙骨的计算 外龙骨承受内龙骨传递的荷载，按照集中荷载下的三跨连续梁计算。计算简图 2-4 如下： 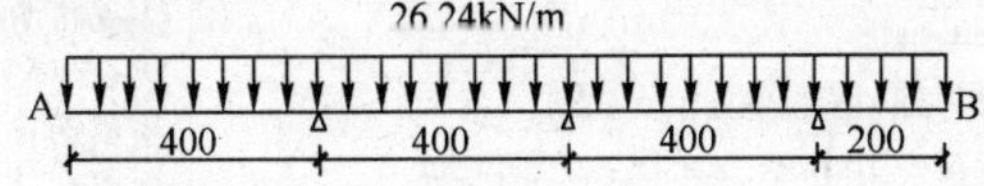 图 2-4　外龙骨计算简图（尺寸单位：mm） 外龙骨的内力图（图 2-5、图 2-7）和变形图（图 2-6）如下： 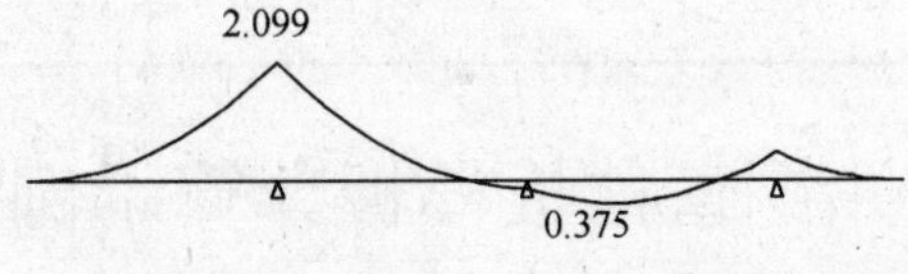 图 2-5　外龙骨弯矩图（kN・m） 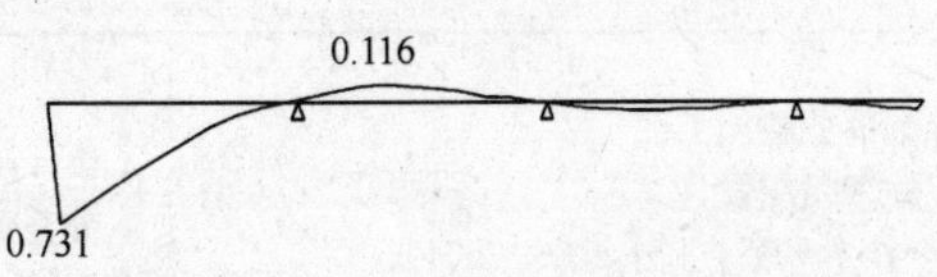 图 2-6　外龙骨变形图（mm）	外龙骨按照简支梁计算，在计算的时候，必须选取模板中最不利的地方进行计算 连续梁的弯矩、剪力和挠度的计算，可以查找相应的力学手册，得到计算简图和最大数值 外龙骨的截面惯性矩 I 和截面抵抗矩 W，是查找相应规范的表格获得的，当然也可以利用材料力学中相关公式来计算

续上表

<table>
<tr><td>
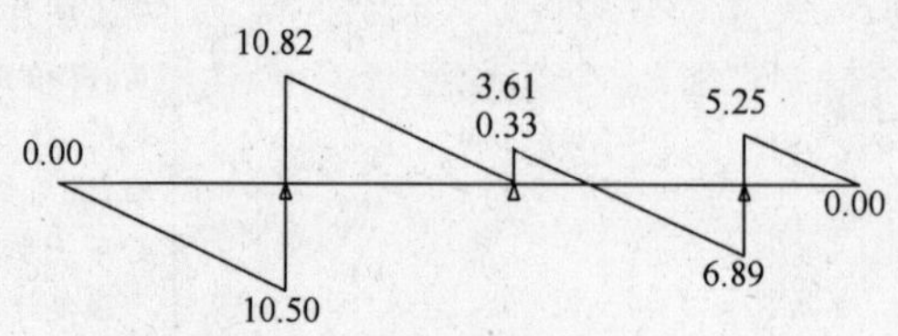

图 2-7　外龙骨剪力图（kN）

经过计算得到最大弯矩 $M=2.099\text{kN}\cdot\text{m}$
经过计算得到最大支座力 $F=21.32\text{kN}$
经过计算得到最大变形 $\upsilon=0.7\text{mm}$
外龙骨的截面力学参数为
截面抵抗矩 $W=20.8\text{cm}^3$
截面惯性矩 $I=52.0\text{cm}^4$
1. 外龙骨抗弯强度计算
抗弯计算强度　$f=2.099\times10^6/1.05/20\,800=96.11\text{N/mm}^2$
外龙骨的抗弯计算强度小于 215N/mm^2，满足要求。
2. 外龙骨挠度计算
最大变形 $\upsilon=0.7\text{mm}$
外龙骨的最大挠度小于 400/400=1mm，满足要求。
</td><td>在使用公式计算的过程中，必须注意单位的统一，否则，就会出现计算结果过大或过小的情况，引起计算者的误判
在做完每一步计算后，应给出是否满足规范、规程要求的判断，满足要求后，再进行下一步计算</td></tr>
<tr><td>五、对拉螺栓的计算
$$N<[N]=fA$$
式中：N——对拉螺栓所受的拉力；
A——对拉螺栓有效面积（mm^2）；
f——对拉螺栓的抗拉强度设计值，取 170N/mm^2。
对拉螺栓的直径 20mm，有效直径 17mm，有效面积 $A=225\text{mm}^2$。
对拉螺栓最大容许拉力值　$[N]=38.25\text{kN}$
对拉螺栓所受的最大拉力　$N=21.32\text{kN}$
对拉螺栓强度验算满足要求。</td><td>在进行穿梁螺栓计算的时候，必须注意 A 为穿梁螺栓有效面积，即螺栓螺纹处的横截面面积，不是非螺纹处的面积，否则会出现错误的计算结果</td></tr>
</table>

第三节　扣件钢管楼板模板计算示例

<table>
<tr><td>编制依据：
由某建筑工程设计有限公司设计的商业楼施工图
由本施工单位编制的商业楼工程施工组织设计
《建筑施工扣件式钢管脚手架安全技术规范》(JGJ 130—2001)
《混凝土结构工程施工及验收规范》(GB 50204—2002)
《混凝土结构设计规范》(GB 50010—2002)</td><td>模板计算中应该简单明了地写出编制依据，以便他人核查</td></tr>
</table>

续上表

<table>
<tr><td>

楼板模板计算内容：

1. 计算楼板面板的强度、抗剪和挠度
2. 计算楼板底木方的强度、抗剪和挠度
3. 板底支撑钢管计算
4. 楼板强度的计算

</td><td>楼板模板设计计算的主要内容</td></tr>
<tr><td>

模板支架的计算参照《建筑施工扣件式钢管脚手架安全技术规范》(JGJ 130—2001)。

模板支架搭设高度为4.0m，搭设尺寸为：立杆的纵距 $b=1.2$m，立杆的横距 $l=1.2$m，立杆的步距 $h=1.5$m。楼板支撑架立面如图2-8所示。

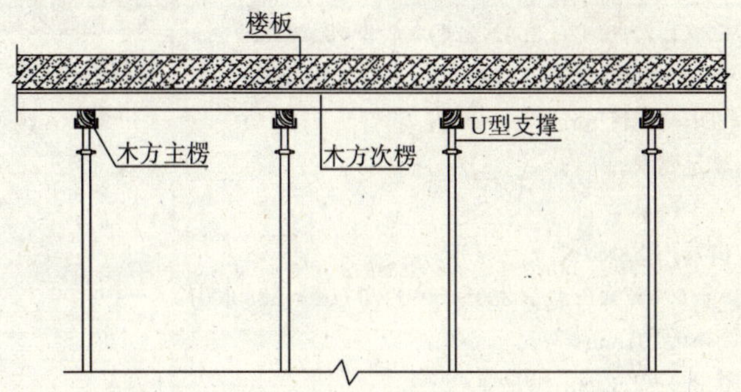

图2-8 楼板支撑架立面简图

采用的钢管类型为 $\phi48\times3.5$mm。

</td><td></td></tr>
<tr><td>

一、模板面板计算

面板为受弯结构，需要验算其抗弯强度和刚度。模板面板按照三跨连续梁计算。

静荷载标准值 $q_{1k}=25\times0.2\times1.2+0.35\times1.2=6.42$kN/m

可变荷载标准值 $q_{2k}=(2.0+1.0)\times1.2=3.6$kN/m

面板的截面惯性矩 I 和截面抵抗矩 W 分别为：

$$W=120\times1.8\times1.8/6=64.8\text{cm}^3$$

$$I=120\times1.8\times1.8\times1.8/12=58.32\text{cm}^4$$

1. 抗弯强度计算

$$f=M/W<[f]$$

式中：f——面板的抗弯强度计算值(N/mm²)；

M——面板的最大弯距(N·mm)；

W——面板的净截面抵抗矩；

$[f]$——面板的抗弯强度设计值，取15N/mm²；

</td><td>本示例中，模板面板按照三跨连续梁进行计算，下面在计算弯矩和挠度的时候，可以查取力学手册中关于连续梁的表格，得到相应公式中的计算系数</td></tr>
</table>

续上表

<table>
<tr><td>

$$M=0.1ql^2$$

式中：q——荷载设计值(kN/m)；

经计算得到

$$M=0.1\times(1.2\times6.42+1.4\times3.6)\times0.3\times0.3=0.115\text{kN}\cdot\text{m}$$

经计算得到面板抗弯强度计算值

$$f=0.115\times1\,000\times1\,000/64\,800=1.77\text{N/mm}^2$$

面板的抗弯强度验算 $f<[f]$，满足要求。

2.抗剪计算（可以不计算）

$$T=3Q/2bh<[T]$$

其中，最大剪力　$Q=0.6\times(1.2\times6.42+1.4\times3.6)\times0.3=2.294\text{kN}$

截面抗剪强度计算值　$T=3\times2\,294/(2\times1\,200\times18)=0.159\text{N/mm}^2$

截面抗剪强度设计值　$[T]=1.4\text{N/mm}^2$

抗剪强度验算 $T<[T]$，满足要求。

3.挠度计算

$$\upsilon=0.677ql^4/100EI<[\upsilon]=l/250$$

面板最大挠度计算值　$\upsilon=0.677\times6.42\times300^4/(100\times6\,000\times583\,200)=0.101\text{mm}$

面板的最大挠度小于 300/250=1.2mm，满足要求。

</td><td>本示例中，模板面板按照三跨连续梁进行计算，下面在计算弯矩和挠度的时候，可以查取力学手册中关于连续梁的表格，得到相应公式中的计算系数</td></tr>
<tr><td>

二、模板支撑木方的计算

木方按照均布荷载下连续梁计算。

1.荷载的计算

(1)钢筋混凝土板自重荷载(kN/m)　$q_{11}=25\times0.2\times0.3=1.5\text{kN/m}$

(2)模板的自重线荷载(kN/m)　$q_{12}=0.35\times0.3=0.105\text{kN/m}$

(3)可变荷载为施工荷载与振捣混凝土时产生的荷载。

经计算得到，可变荷载标准值　$q_{2k}=(1.0+2.0)\times0.3=0.9\text{kN/m}$

静荷载　$q_1=1.2\times1.5+1.2\times0.105=1.926\text{kN/m}$

可变荷载　$q_2=1.4\times0.9=1.26\text{kN/m}$

2.木方的计算

按照三跨连续梁计算，最大弯矩考虑为静荷载与可变荷载的计算值最不利分配的弯矩和，计算公式如下：

均布荷载　$q=3.823/1.200=3.186\text{kN/m}$

最大弯矩　$M=0.1ql^2=0.1\times3.19\times1.20\times1.20=0.459\text{kN}\cdot\text{m}$

最大剪力　$Q=0.6\times1.2\times3.186=2.294\text{kN}$

最大支座力　$N=1.1\times1.2\times3.186=4.206\text{kN}$

</td><td>木方的抗弯计算根据实际情况，一般按照连续梁进行计算

计算中必须分清荷载标准值和设计值，并带入合理的荷载分项系数。一般施工荷载与振捣混凝土时产生的荷载是控制荷载，分项系数取1.4</td></tr>
</table>

续上表

木方的截面惯性矩 I 和截面抵抗矩 W 分别为： $W=5\times8\times8/6=53.33\text{cm}^3$ $I=5\times8\times8\times8/12=213.33\text{cm}^4$ (1)木方抗弯强度计算 抗弯计算强度　$f=0.459\times10^6/53\,333.3=8.6\text{N/mm}^2$ 木方的抗弯计算强度小于 13.0N/mm^2，满足要求。 (2)木方抗剪计算 最大剪力　$Q=0.6ql$ 截面抗剪强度　$T=3Q/2bh<[T]$ 截面抗剪强度计算值　$T=3\times2\,294/(2\times50\times80)=0.86\text{N/mm}^2$ 截面抗剪强度设计值　$[T]=1.6\text{N/mm}^2$ 木方的抗剪强度满足要求。 (3)木方挠度计算 最大变形　$\upsilon=0.677\times1.605\times1\,200^4/(100\times9\,500\times2\,133\,333.5)$ $=1.112\text{mm}$ 木方的最大挠度小于 $1\,200/250=4.8\text{mm}$，满足要求。	木方的抗弯计算根据实际情况，一般按照连续梁进行计算 计算中必须分清荷载标准值和设计值，并带入合理的荷载分项系数。一般施工荷载与振捣混凝土时产生的荷载是控制荷载，分项系数取1.4
三、板底支撑钢管计算 横向支撑钢管计算 横向支撑钢管按照集中荷载作用下的连续梁计算。集中荷载 P 取木方支撑传递力。计算简图 2-9 如下： 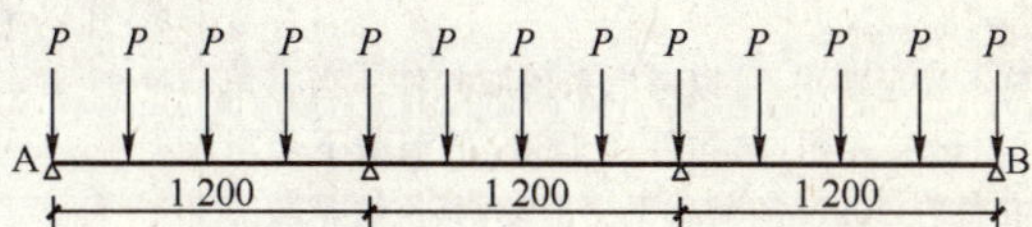 图 2-9　支撑钢管计算简图(尺寸单位：mm) 支撑钢管的内力图(图 2-10、图 2-12)和变形图(图 2-11)如下： 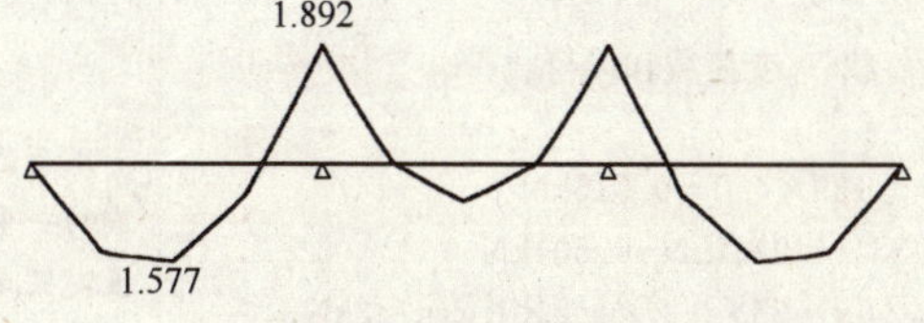 图 2-10　支撑钢管弯矩图(kN·m) 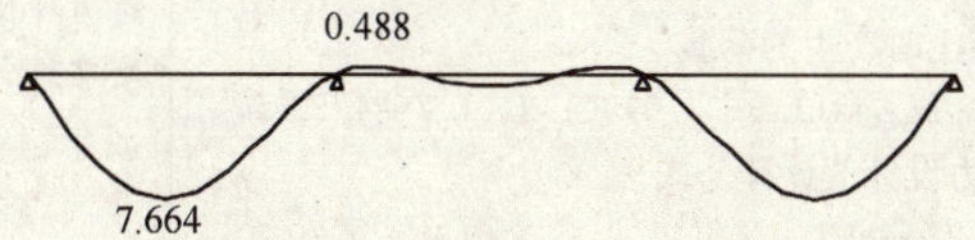 图 2-11　支撑钢管变形图(mm)	支撑钢管的抗弯计算强度大于 205N/mm^2，不满足要求。在不改变钢管尺寸的情况下，使之满足要求的最好方法是，减少支撑点之间的距离，即增加支撑点，按照 4 跨或 5 跨连续梁进行计算，直至满足要求为止

续上表

<table>
<tr><td>

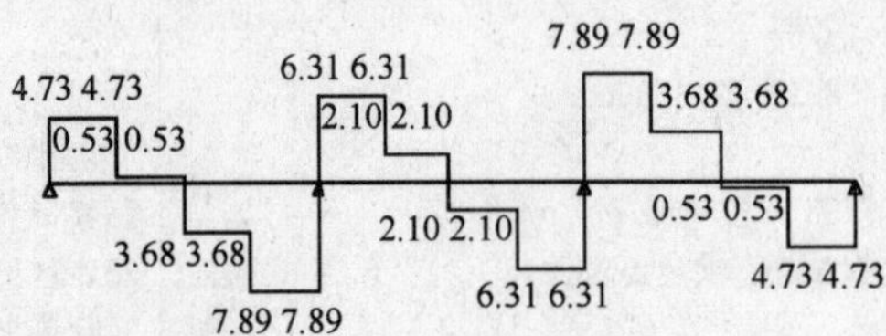

图 2-12　支撑钢管剪力图(kN)

经过连续梁的计算得到

最大弯矩　$M_{max}=1.892\text{kN}\cdot\text{m}$

最大变形　$\upsilon_{max}=7.664\text{mm}$

最大支座力　$Q_{max}=18.399\text{kN}$

抗弯计算强度　$f=1.892\times10^6/5\,080=372.54\text{N/mm}^2$

支撑钢管的抗弯计算强度大于 205N/mm^2，不满足要求；

支撑钢管的最大挠度小于 1 200/150=8mm 与 10mm，满足要求。

</td><td>支撑钢管的抗弯计算强度大于 205N/mm^2，不满足要求。在不改变钢管尺寸的情况下，使之满足要求的最好方法是，减少支撑点之间的距离，即增加支撑点，按照 4 跨或 5 跨连续梁进行计算，直至满足要求为止</td></tr>
<tr><td>

四、扣件抗滑移的计算

纵向或横向水平杆与立杆连接时，扣件的抗滑承载力按照下式计算

$$R\leqslant R_c$$

式中：R_c——扣件抗滑承载力设计值，取 8.0kN；

R——纵向或横向水平杆传给立杆的竖向作用力设计值。

计算中 R 取最大支座反力，$R=18.4\text{kN}$。

单扣件抗滑承载力的设计计算不满足要求，可以考虑采用双扣件。当直角扣件的拧紧力矩达 40～65N·m 时，试验表明：单扣件在 12kN 的荷载下会滑动，其滑承载力可取 8.0kN；双扣件在 20kN 的荷载下会滑动，其抗滑承载力可取 12.0kN。

</td><td>单扣件抗滑承载力的设计计算不满足要求，可以考虑采用双扣件</td></tr>
<tr><td>

五、模板支架荷载标准值(立杆轴力)

作用于模板支架的荷载包括静荷载、可变荷载和风荷载。

1. 静荷载标准值包括以下内容

(1)脚手架的自重荷载　$N_{G1}=0.129\times4.0=0.516\text{kN}$

(2)模板的自重荷载　$N_{G2}=0.35\times1.2\times1.2=0.504\text{kN}$

(3)钢筋混凝土楼板自重荷载　$N_{G3}=25\times0.2\times1.2\times1.2=7.2\text{kN}$

经计算得到，静荷载标准值　$N_{Gk}=N_{G1}+N_{G2}+N_{G3}=8.22\text{kN}$

2. 可变荷载为施工荷载与振捣混凝土时产生的荷载

经计算得到，可变荷载标准值　$N_{Qk}=(1.0+2.0)\times1.2\times1.2=4.32\text{kN}$

3. 不考虑风荷载时，立杆的轴向压力设计值计算公式

$$N=1.2N_{Gk}+1.4N_{Qk}$$

</td><td>风荷载也是可变荷载的一种，只是在模板支架的计算中，有考虑和不考虑风荷载的两种情况，所以此处单列出风荷载</td></tr>
</table>

续上表

六、立杆的稳定性计算 不考虑风荷载时,立杆的稳定性计算公式 $$\sigma=\frac{N}{\varphi A}\leqslant[f]$$ 式中:N——立杆的轴心压力设计值,$N=15.91$kN; φ——轴心受压立杆的稳定系数,由长细比 l_0/i 查附录C得到; i——计算立杆的截面回转半径,$i=1.58$cm; A——立杆净截面面积,$A=4.89\text{cm}^2$; W——立杆净截面抵抗矩,$W=5.08\text{cm}^3$; σ——钢管立杆抗压强度计算值 (N/mm^2); $[f]$——钢管立杆抗压强度设计值,$[f]=205\text{N/mm}^2$; l_0——计算长度 (m)。 如果完全参照《建筑施工扣件式钢管脚手架安全设计规范》 $$l_0=k\mu h$$ 式中:k——计算长度附加系数,取值为1.155; μ——计算长度系数,参照《建筑施工扣件式钢管脚手架安全设计规范》表5.3.3,$\mu=1.75$; h——立杆步距。 计算结果:$\sigma=165.09\text{N/mm}^2$,立杆的稳定性计算 $\sigma<[f]$,满足要求。	稳定性计算是钢结构最重要的计算内容之一。所有的受压、压弯或拉弯钢构件,都存在失稳的可能。常常稳定性是钢结构构件设计计算的控制因素,构件的强度反而常常不是控制因素 φ——轴心受压立杆的稳定系数,由长细比 l_0/i 查《建筑施工扣件式钢管脚手架安全设计规范》的附录C得到;其他式中的各个参数是查附录B钢管截面特性得到的
七、楼板强度的计算 1.楼板强度计算说明 验算楼板强度时按照最不利状态考虑,楼板的跨度取4.5m,楼板承受的荷载按照均布荷载考虑。 宽度范围内配筋 HRB335 级钢筋,$f_y=300\text{N/mm}^2$,配筋面积 $A_s=2\,700\text{mm}^2$。 板的截面尺寸为 $b\times h=4\,500\text{mm}\times200\text{mm}$,截面有效高度 $h_0=180\text{mm}$。 按照楼板每5天浇筑一层,所以需要验算5天、10天、15天的承载能力是否满足荷载要求。 2.计算楼板混凝土5天的强度是否满足承载力要求 楼板计算长边4.5m,短边4.5×1.0=4.5m, 楼板计算范围内摆放4×4排脚手架,将其荷载转换为计算宽度内均布荷载。 第2层楼板所需承受的荷载为 $$q=1\times1.2\times(0.35+25\times0.2)+1\times1.2\times(0.52\times4\times4/4.5/4.5)+1.4\times(2.0+1.0)=11.11\text{kN/m}^2$$ 计算单元板带所承受均布荷载 $q=4.5\times11.11=49.99$kN/m 板带所需承担的最大弯矩按照四边固接双向板计算 $$M_{\max}=0.051\,3ql^2=0.051\,3\times49.99\times4.5^2=51.93\text{kN}\cdot\text{m}$$	楼板强度必须要验算,这将涉及到何时可以拆除模板支架,涉及到建筑结构的安全 在计算中必须使用新规范中的参数和计算公式

续上表

验算楼板混凝土强度的平均气温为15℃，查温度、龄期对混凝土强度影响曲线得到，5天后混凝土强度达到48.3%，C40混凝土强度近似等效为C19.3。 混凝土抗压强度设计值　$f_c=9.27\text{N/mm}^2$ 则可以得到矩形截面相对受压区高度： $\xi=A_s f_y/bh_0 f_c=2\,700\times300/(4\,500\times180\times9.27)=0.11$ 查表得到钢筋混凝土受弯构件正截面抗弯能力计算系数为 $\alpha_s=0.104$ 此层楼板所能承受的最大弯矩为： $M_1=\alpha_s bh_0^2 f_c=0.104\times4\,500\times180^2\times9.3\times10^{-6}=141\text{kN}\cdot\text{m}$ 结论：由于$\sum M_i=141\text{kN}\cdot\text{m}>M_{max}=51.93\text{kN}\cdot\text{m}$ 所以第5天以后的各层楼板强度之和足以承受以上楼层传递下来的荷载。 第2层以下的模板支撑可以拆除。	楼板强度必须要验算，这将涉及到何时可以拆除模板支架，涉及到建筑结构的安全 在计算中必须使用新规范中的参数和计算公式

第四节　柱模板设计计算示例

编制依据： 由某建筑工程设计有限公司设计的商业楼施工图 由本施工单位编制的商业楼工程施工组织设计 《建筑施工扣件式钢管脚手架安全技术规范》(JGJ 130—2001) 《混凝土结构工程施工及验收规范》(GB 50204—2002) 《混凝土结构设计规范》(GB 50010—2002)	模板计算中应该简单明了地写出编制依据，以便他人核查
工程概况： 本工程中小截面柱截面尺寸：柱断面长度$b=400\text{mm}$；柱断面宽度$h=400\text{mm}$。采用胶合板作为柱子模板的面板。	工程概况简单明了地写出与本模板支架设计计算相关的内容即可
柱模板计算内容： 1. 计算柱侧面板的强度、抗剪和挠度 2. 计算柱侧木方的强度、抗剪和挠度 3. 计算柱侧对拉螺栓	柱模板设计计算的主要内容

续上表

一、中小断面柱模板基本参数 柱断面长度 $b=400mm$；柱断面宽度 $h=400mm$；如图 2-13 所示。 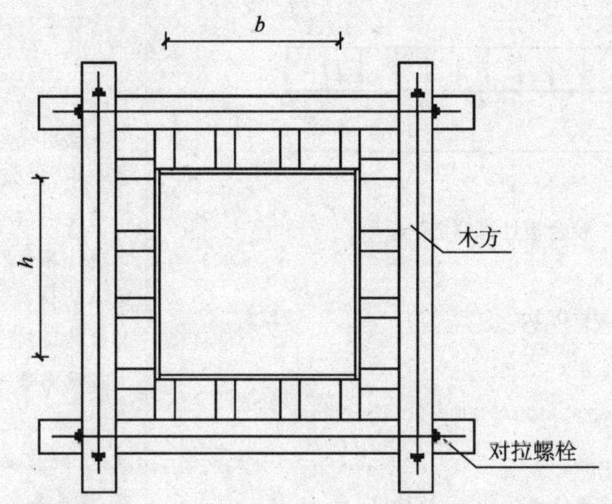 图 2-13　柱模板示意图	
二、荷载标准值计算 强度验算要考虑新浇混凝土侧压力与倾倒混凝土时产生的荷载；挠度验算只考虑新浇混凝土侧压力。 新浇混凝土侧压力取下面两式中的较小值： $F=0.22\gamma_c t\beta_1\beta_2\sqrt{v}$ $F=\gamma_c H$ 式中：γ_c——混凝土重度，取 $24kN/m^3$； t——新浇混凝土的初凝时间，为 0 时(表示无资料)取 $200/(T+15)$，取 5.714h； T——混凝土的入模温度，取 20℃； v——混凝土的浇筑速度，取 2.5m/h； H——混凝土侧压力计算位置处至新浇混凝土顶面总高度，取 3m； β_1——外加剂影响系数，取 1； β_2——混凝土坍落度影响修正系数，取 0.85。 根据公式计算的新浇混凝土侧压力标准值　$F_{1k}=40.547kN/m^2$， 实际计算中采用的新浇混凝土压力标准值　$F_{1k}=40kN/m^2$， 倾倒混凝土时产生的荷载标准值　$F_{2k}=3kN/m^2$。	在计算新浇混凝土侧压力时，须注意取两个公式计算的较小值 T——混凝土的入模温度，取 20℃； v——混凝土的浇筑速度，取 2.5m/h 等数值，此例中是根据本工程的情况取定的，读者在进行设计的时候必须按照实际工程的情况，取实际的数值，不可盲目照搬，导致错误

续上表

三、胶合板侧模验算

胶合板面板(取长边),按三跨连续梁计算,跨度即为木方间距,计算简图2-14如下:

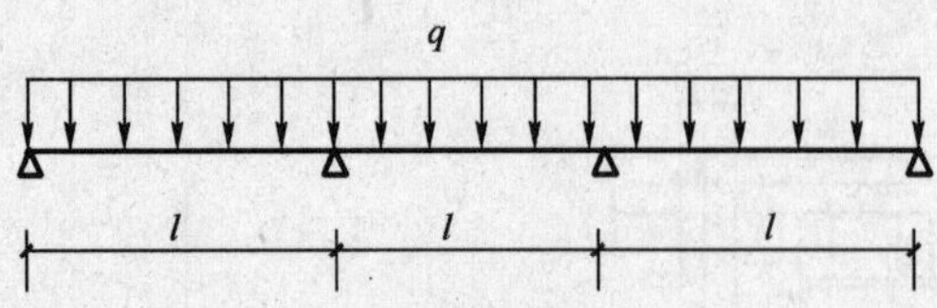

图 2-14　胶合板计算简图

1.侧模抗弯强度验算

$$M=0.1ql^2$$

式中:q——强度设计荷载(kN/m);

$$q=(1.2\times40+1.4\times3)\times400/1\,000=20.88\text{kN/m}$$

l——木方间距,取 $l=300\text{mm}$;

经计算得 $M=0.1\times20.88\times(300/1\,000)^2=0.188\text{kN}\cdot\text{m}$

胶合板截面抵抗矩 $W=b\times h^2/6=400\times18^2/6=21\,600\text{mm}^3$

$$\sigma=M/W=0.188\times10^6/21\,600=8.7\text{N/mm}^2$$

胶合板的计算强度小于 15N/mm^2,所以满足要求。

2.侧模抗剪强度验算

$$\tau=3V/2bh$$

式中:V——剪力。

$V=0.6\times q\times l=0.6\times(1.2\times40+1.4\times3)\times400\times300/10^6=3.758\text{kN}$

经计算得　$\tau=3\times3.758\times10^3/(2\times400\times18)=0.783\text{N/mm}^2$

胶合板的计算抗剪强度小于 1.4N/mm^2,所以满足要求。

3.侧模挠度验算

$$\upsilon=0.677qa^4/(100EI)$$

式中:q——强度设计荷载(kN/m);

$$q=40\times400/1\,000=16\text{kN/m}$$

a——木方间距,取 $a=300\text{mm}$;

E——弹性模量,取 $E=6\,000\text{N/mm}^2$;

I——侧模截面的惯性矩。

$$I=b\times h^3/12=400\times18^3/12=194\,400\text{mm}^4$$

经计算得 $\upsilon=0.677\times16\times300^4/(100\times6\,000\times194\,400)=0.75\text{mm}$

最大允许挠度$[\upsilon]=l/250=300/250=1.2\text{mm}$

胶合板的计算挠度 υ 小于允许挠度$[\upsilon]$,所以满足要求。

在使用公式计算的过程中,必须注意单位的统一,否则,就会出现计算结果过大或过小的情况,引起计算者的误判

在做完每一步计算后,应给出是否满足规范、规程要求的判断,满足要求后,再进行下一步计算

强度计算一般设计者均会进行认真细致的计算,但往往会对挠度等正常使用极限状态缺乏必要的计算,认为正常使用极限状态不重要,其实有时候,正是由于模板支架工程在设计中未对正常使用极限状态(挠度等)引起足够的重视,造成如漏浆、尺寸偏差过大等质量通病

续上表

四、木方验算

木方按简支梁计算，跨度近似取柱子边长 a，支座反力即为螺栓(钢筋)对拉拉力，计算简图 2-15 如下：

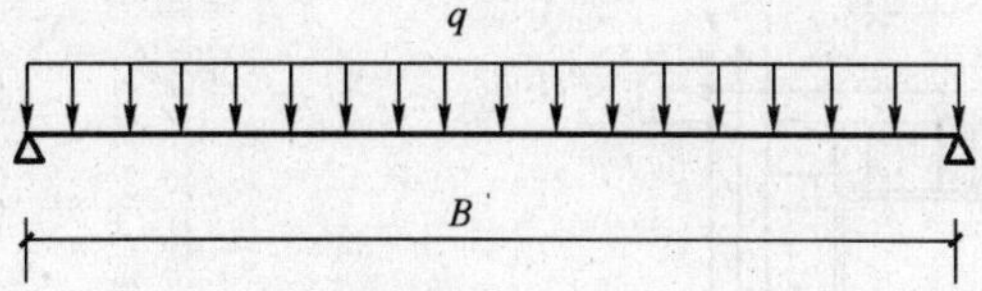

图 2-15　木方计算简图

1.木方抗弯强度验算

$$M=qB^2/8$$

式中：q——强度设计荷载(kN/m)；

$$q=(1.2\times40+1.4\times3)\times300/1\,000=15.66\text{kN/m}$$

B——截面长边的长度，取 $B=400$mm。

经计算得 $M=15.66\times(400/1\,000)^2/8=0.313\text{kN}\cdot\text{m}$

木方截面抵抗矩 $W=b\times h^2/6=50\times80^2/6=53\,333.333\text{mm}^3$

$$\sigma=M/W=0.313\times10^6/53\,333.333=5.869\text{N/mm}^2$$

木方的计算强度小于 13N/mm^2，所以满足要求。

2.木方抗剪强度验算

$$\tau=3V/2bh$$

式中：V——剪力。

$V=0.5qB=0.5\times(1.2\times40+1.4\times3)\times300\times400/10^6=3.132\text{kN}$

经计算得　$\tau=3\times3.132\times10^3/(2\times50\times80)=1.175\text{N/mm}^2$

木方的计算强度小于 1.6N/mm^2，所以满足要求。

3.木方挠度验算

$$\upsilon=5qB^4/(384EI)$$

式中：q——设计荷载(kN/m)；

$$q=40\times300/1\,000=12\text{kN}\cdot\text{m}$$

B——柱截面长边的长度，取 $B=400$mm；

E——弹性模量，取 $E=9\,500\text{N/mm}^2$；

I——木方截面惯性矩。

$$I=b\times h^3/12=50\times80^3/12=2\,133\,333.333\text{mm}^4$$

经计算得 $\upsilon=5\times12\times400^4/(384\times9\,500\times2\,133\,333.33)=0.197$mm

允许挠度$[\upsilon]=B/250=400/250=1.6$mm

木方的计算挠度 υ 小于允许挠度$[\upsilon]$，所以满足要求。

在使用公式计算的过程中，必须注意单位的统一。木方验算中使用的公式，基本上材料力学中的公式，其参数符号也基本一致

大截面柱胶合板模板支撑计算书

一、柱模板基本参数

柱模板的截面宽度 $b=600$mm，柱模板的截面高度 $h=800$mm，H 方向对拉螺栓 2 道，柱模板的计算高度 $L=3\,600$mm，柱箍间距计算跨度 $d=250$mm。

简单明了地写出柱模板基本参数

续上表

<table>
<tr><td>

柱箍采用 80mm×80mm 木方。柱模板竖楞截面宽度 50mm，高度 80mm。B 方向竖楞 5 根，H 方向竖楞 5 根。如图 2-16 所示。

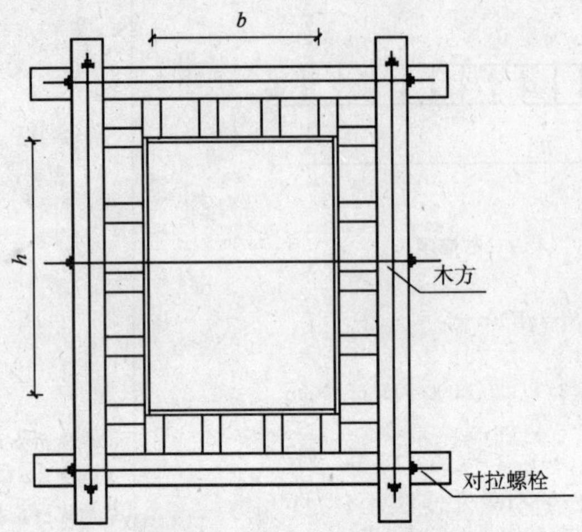

图 2-16　柱模板支撑计算简图

</td><td>简单明了地写出柱模板基本参数</td></tr>
<tr><td>

二、柱模板荷载标准值计算

强度验算要考虑新浇混凝土侧压力和倾倒混凝土时产生的荷载设计值；挠度验算只考虑新浇混凝土侧压力产生荷载标准值。

新浇混凝土侧压力取下面两式中的较小值：

$$F=0.22\gamma_c t\beta_1\beta_2\sqrt{v}$$

$$F=\gamma_c H$$

式中：γ_c——混凝土的重度，取 24kN/m^3；

t——新浇混凝土的初凝时间，为 0 时（表示无资料）取 $200/(T+15)$，取 5.714h；

T——混凝土的入模温度，取 20℃；

v——混凝土的浇筑速度，取 2.5m/h；

H——混凝土侧压力计算位置处至新浇混凝土顶面总高度，取 3m；

β_1——外加剂影响修正系数，取 1.0；

β_2——混凝土坍落度影响修正系数，取 0.85。

根据公式计算的新浇混凝土侧压力标准值 $F_{1k}=40.54\text{kN/m}^2$，

实际计算中采用新浇混凝土侧压力标准值 $F_{1k}=40.0\text{kN/m}^2$，

倒混凝土时产生的荷载标准值 $F_{2k}=3.0\text{kN/m}^2$。

</td><td>

在计算新浇混凝土侧压力时，须注意取两个公式计算的较小值

T——混凝土的入模温度，取 20℃；

v——混凝土的浇筑速度，取 2.5m/h 等数值，此例中是根据本工程的情况取定的，读者在进行设计的时候必须按照实际工程的情况，取实际的数值，不可盲目照搬，导致错误

</td></tr>
</table>

续上表

三、柱模板面板的计算

面板直接承受模板传递的荷载，应该按照均布荷载下的三跨连续梁计算，计算简图 2-17 如下：

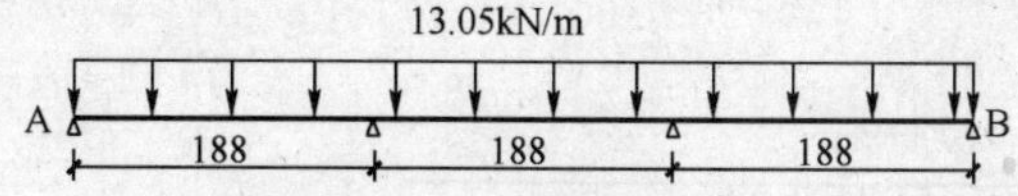

图 2-17　面板计算简图(尺寸单位：mm)

面板的计算宽度取柱箍间距 0.25m。

荷载计算值 $q=1.2\times40\times0.25+1.4\times3.0\times0.25=13.05\text{kN/m}$

面板的截面惯性矩 I 和截面抵抗矩 W 分别为：

$$W=25\times1.8\times1.8/6=13.5\text{cm}^3$$

$$I=25\times1.8\times1.8\times1.8/12=12.15\text{cm}^4$$

1.抗弯强度计算

$$f=M/W<[f]$$

式中：f——面板的抗弯强度计算值(N/mm^2)；

M——面板的最大弯距(N·mm)；

W——面板的净截面抵抗矩；

$[f]$——面板的抗弯强度设计值，取 15N/mm^2。

$$M=0.1ql^2$$

式中：q——荷载设计值(kN/m)。

经计算得到 $M=0.1\times(1.2\times10+1.4\times0.75)\times0.188\times0.188=0.046\text{kN}\cdot\text{m}$

经计算得到面板抗弯强度计算值 $f=0.046\times1\,000\times1\,000/13\,500=3.41\text{N/mm}^2$

面板的抗弯强度验算 $f<[f]$，满足要求。

2.抗剪计算(可以不计算)

$$T=3Q/2bh<[T]$$

其中，最大剪力 $Q=0.6\times(1.2\times10+1.4\times0.75)\times0.188=1.472\text{kN}$

截面抗剪强度计算值 $T=3\times1.472/(2\times250\times18)=0.491\text{N/mm}^2$

截面抗剪强度设计值 $[T]=1.4\text{N/mm}^2$

抗剪强度验算 $T<[T]$，满足要求。

3.挠度计算

$$v=0.677ql^4/100EI<[v]=l/250$$

面板最大挠度计算值 $v=0.677\times10\times188^4/(100\times6\,000\times121\,500)=0.115\text{mm}$

面板的最大挠度小于 $188/250=0.752\text{mm}$，满足要求。

在使用公式计算的过程中，必须注意单位的统一，否则，就会出现计算结果过大或过小的情况，引起计算者的误判

在做完每一步计算后，应给出是否满足规范、规程要求的判断，满足要求后，再进行下一步计算

强度计算一般设计者均会进行认真细致的计算，但往往会对挠度等正常使用极限状态缺乏必要的计算，认为正常使用极限状态不重要，其实有时候，正是由于模板支架工程在设计中未对正常使用极限状态(挠度等)引起足够的重视，造成如漏浆、尺寸偏差过大等质量通病

续上表

<table>
<tr><td>

四、竖楞木方的计算

竖楞木方直接承受模板传递的荷载，应该按照均布荷载下的三跨连续梁计算，计算简图 2-18 如下：

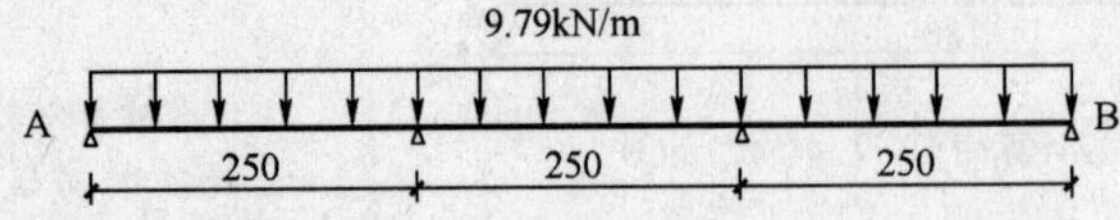

图 2-18　竖楞木方计算简图(尺寸单位：mm)

竖楞木方的计算宽度取 B、H 两方向最大间距 0.188m。

荷载计算值 $q=1.2\times40\times0.188+1.4\times3\times0.188=9.788\text{kN/m}$

按照三跨连续梁计算，最大弯矩考虑为静荷载与活荷载的计算值最不利分配的弯矩和，计算公式如下：

均布荷载 $q=2.447/0.25=9.788\text{kN/m}$

最大弯矩 $M=0.1ql^2=0.1\times9.788\times0.25\times0.25=0.061\text{kN}\cdot\text{m}$

最大剪力 $Q=0.6\times0.25\times9.788=1.468\text{kN}$

最大支座力 $N=1.1\times0.25\times9.788=2.692\text{kN}$

截面惯性矩 I 和截面抵抗矩 W 分别为：

$$W=5\times8\times8/6=53.33\text{cm}^3$$

$$I=5\times8\times8\times8/12=213.33\text{cm}^4$$

1.抗弯强度计算

抗弯计算强度 $f=0.061\times10^6/53\,333.3=1.15\text{N/mm}^2$

抗弯计算强度小于 13.0N/mm²，满足要求。

2.抗剪计算

最大剪力　$Q=0.6ql$

截面抗剪强度必须满足　$T=3Q/2bh<[T]$

截面抗剪强度计算值　$T=3\times1\,468/(2\times50\times80)=0.551\text{N/mm}^2$

截面抗剪强度设计值　$[T]=1.60\text{N/mm}^2$

抗剪强度计算满足要求。

3.挠度计算

最大变形 $\upsilon=0.677\times8.156\times250^4/(100\times9\,500\times2\,133\,333.5)$

$=0.011\text{mm}$

最大挠度小于 250/250=1mm，满足要求。

</td><td>

在使用公式计算的过程中，必须注意单位的统一。木方验算中使用的公式，基本上材料力学中的公式，其参数符号也基本一致

</td></tr>
</table>

续上表

五、B方向柱箍的计算 竖楞木方传递到柱箍的集中荷载 P： $$P=(1.2\times40+1.4\times3.0)\times0.138\times0.25=1.79\text{kN}$$ B柱箍按照集中荷载下多跨连续梁计算，计算简图 2-19 如下： 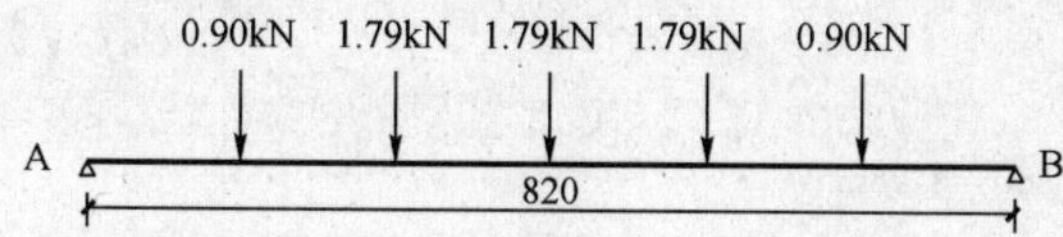 图 2-19 B柱箍计算简图(尺寸单位：mm) B柱箍内力图(图 2-20、图 2-22)和变形图(图 2-21)如下： 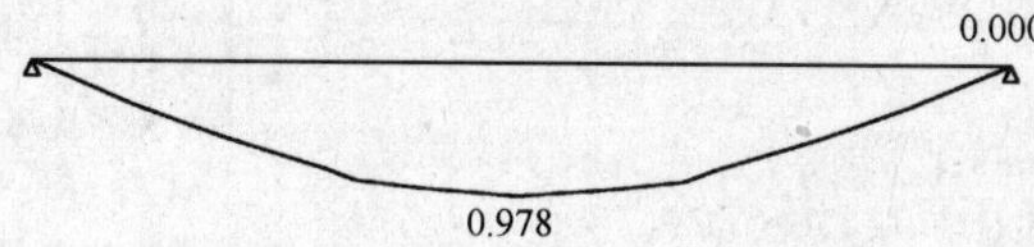 图 2-20 B柱箍弯矩图(kN·m) 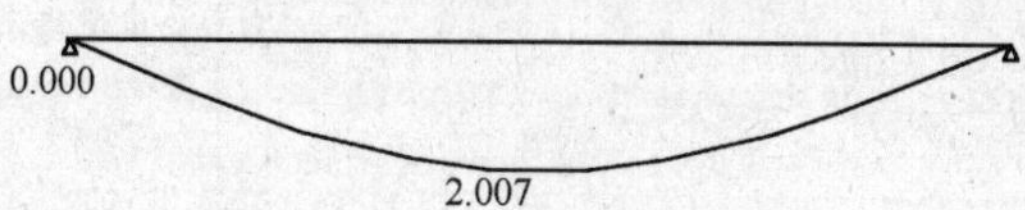 图 2-21 B柱箍变形图(mm) 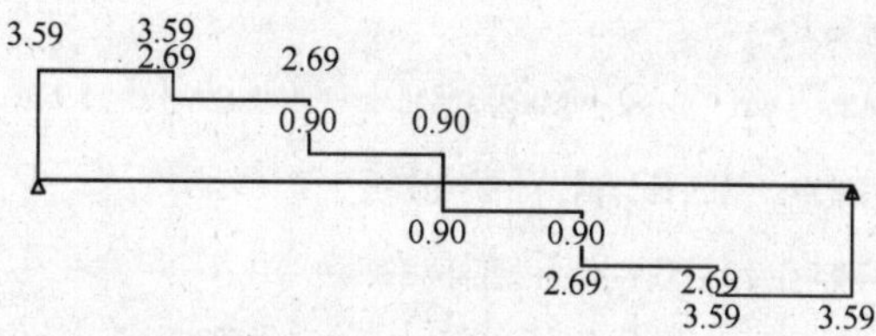 图 2-22 B柱箍剪力图(kN) 经过计算得到最大弯矩 $M=0.977\text{kN}\cdot\text{m}$ 经过计算得到最大支座力 $F=3.589\text{kN}$ 经过计算得到最大变形 $\upsilon=2.0\text{mm}$ B柱箍的截面惯性矩 I 和截面抵抗矩 W 分别为： $$W=8\times8\times8/6=85.33\text{cm}^3$$ $$I=8\times8\times8\times8/12=341.33\text{cm}^4$$ 1. B柱箍抗弯强度计算 抗弯计算强度 $f=0.977\times10^6/85\,333.3=11.45\text{N/mm}^2$ B柱箍的抗弯计算强度小于 13N/mm^2，满足要求。 2. B柱箍抗剪计算 截面抗剪强度必须满足：	在进行穿梁螺栓计算的时候，必须注意A为穿梁螺栓有效面积，即螺栓螺纹处的横截面面积，不是非螺纹处的面积，否则会出现错误的计算结果

续上表

<table>
<tr><td>

$$T=3Q/2bh<[T]$$

截面抗剪强度计算值 $T=3\times 3\,588/(2\times 80\times 80)=0.841\text{N/mm}^2$
截面抗剪强度设计值 $[T]=1.60\text{N/mm}^2$
B柱箍的抗剪强度计算满足要求。
3. B柱箍挠度计算
最大变形 $\upsilon=2.0\text{mm}$
B柱箍的最大挠度小于 820/250=3.28mm

</td><td></td></tr>
<tr><td>

六、B方向对拉螺栓的计算

$$N<[N]=fA$$

式中：N——对拉螺栓所受的拉力；
A——对拉螺栓有效面积（mm^2）；
f——对拉螺栓的抗拉强度设计值，取 170N/mm^2。
对拉螺栓的直径 12mm，对拉螺栓有效直径 10mm，对拉螺栓有效面积 $A=76\text{mm}^2$
对拉螺栓最大容许拉力值 $[N]=12.92\text{kN}$
对拉螺栓所受的最大拉力 $N=3.589\text{kN}$
对拉螺栓强度验算满足要求。

</td><td>在进行穿梁螺栓计算的时候，必须注意A为穿梁螺栓有效面积，即螺栓螺纹处的横截面面积，不是非螺纹处的面积，否则会出现错误的计算结果</td></tr>
<tr><td>

七、H方向柱箍的计算
竖楞木方传递到柱箍的集中荷载 P：

$$P=(1.2\times 40+1.4\times 3.0)\times 0.188\times 0.25=2.45\text{kN}$$

H柱箍按照集中荷载下多跨连续梁计算。计算简图 2-23 如下：

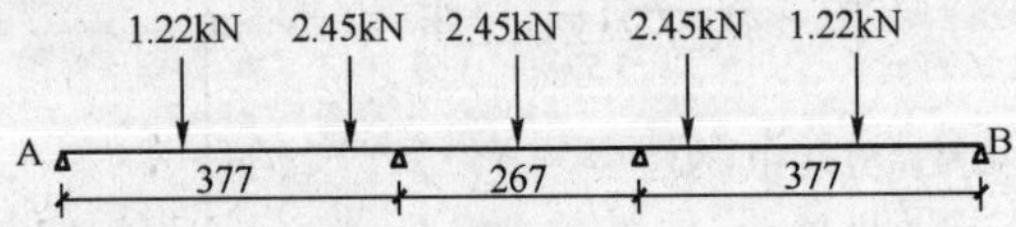

图 2-23　H柱箍计算简图（尺寸单位：mm）

H柱内力图（图 2-24、图 2-26）和变形图（图 2-25）如下：

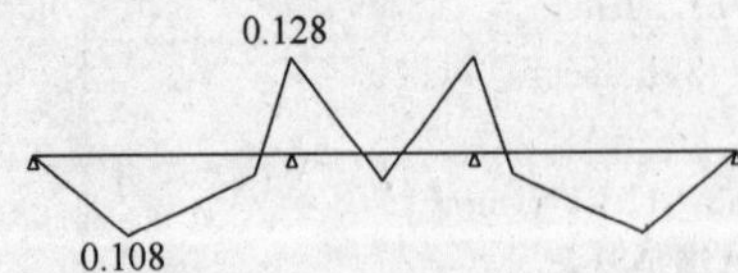

图 2-24　H柱箍弯矩图（kN·m）

</td><td></td></tr>
</table>

续上表

<table>
<tr>
<td>
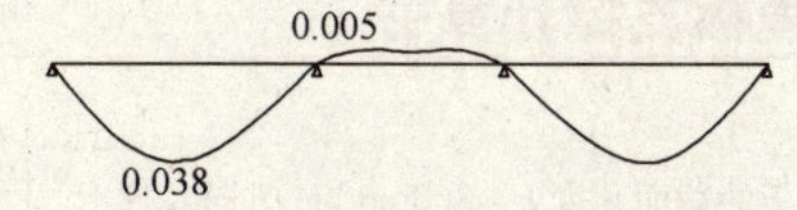

图 2-25 H 柱箍变形图(mm)

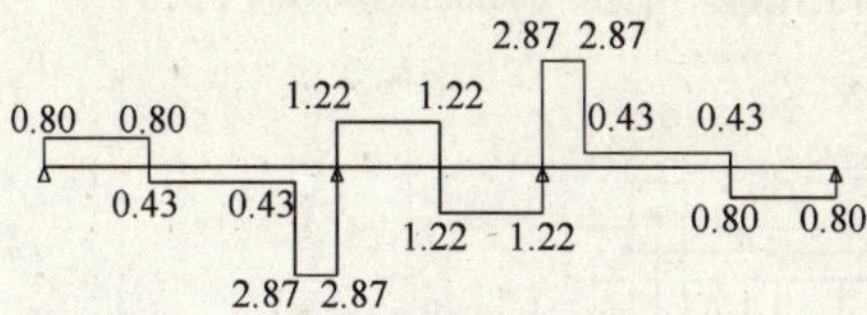

图 2-26 H 柱箍剪力图(kN)

经过计算得到最大弯矩 $M=0.127\text{kN}\cdot\text{m}$
经过计算得到最大支座反力 $F=4.097\text{kN}$
经过计算得到最大变形 $\upsilon=10.0\text{mm}$
H 柱箍的截面惯性矩 I 和截面抵抗矩 W 分别为：

$$W=8\times8\times8/6=85.33\text{cm}^3$$
$$I=8\times8\times8\times8/12=341.33\text{cm}^4$$

1. H 柱箍抗弯强度计算
抗弯计算强度 $f=0.127\times10^6/85\ 333.3=1.49\text{N/mm}^2$
H 柱箍的抗弯计算强度小于 13.0N/mm^2，满足要求。
2. H 柱箍抗剪计算
截面抗剪强度必须满足：

$$T=3Q/2bh<[T]$$

截面抗剪强度计算值 $T=3\times2\ 873/(2\times80\times80)=0.673\text{N/mm}^2$
截面抗剪强度设计值 $[T]=1.60\text{N/mm}^2$
H 柱箍的抗剪强度计算满足要求。
3. H 柱箍挠度计算
最大变形 $\upsilon=10.0\text{mm}$
H 柱箍的最大挠度小于 $376.7/250=1.5\text{mm}$，满足要求。
</td>
<td></td>
</tr>
<tr>
<td>
八、H 方向对拉螺栓的计算

$$N<[N]=fA$$

式中：N——对拉螺栓所受的拉力；
A——对拉螺栓有效面积(mm^2)；
f——对拉螺栓的抗拉强度设计值，取 170N/mm^2。
对拉螺栓的直径 12mm，对拉螺栓有效直径 10mm，对拉螺栓有效面积 $A=76\text{mm}^2$
对拉螺栓最大容许拉力值 $[N]=12.92\text{kN}$
对拉螺栓所受的最大拉力 $N=4.097\text{kN}$
对拉螺栓强度验算满足要求。
</td>
<td>在进行穿梁螺栓计算的时候，必须注意 A 为穿梁螺栓有效面积，即螺栓螺纹处的横截面面积，不是非螺纹处的面积，否则会出现错误的计算结果</td>
</tr>
</table>

续上表

<table>
<tr><th>大截面柱钢模板模板支撑计算书</th><th></th></tr>
<tr><td>一、模板基本参数
柱模板的截面宽度 b=600mm，柱模板的截面高度 h=800mm，H 方向对拉螺栓 2 道，柱模板的计算高度 L=3 600mm，柱箍间距计算跨度 d=250mm。
柱箍采用 80mm×80mm 木方。面板计算采用宽度 600mm，板面厚度 3mm 截面参数。计算简图 2-27 如下：
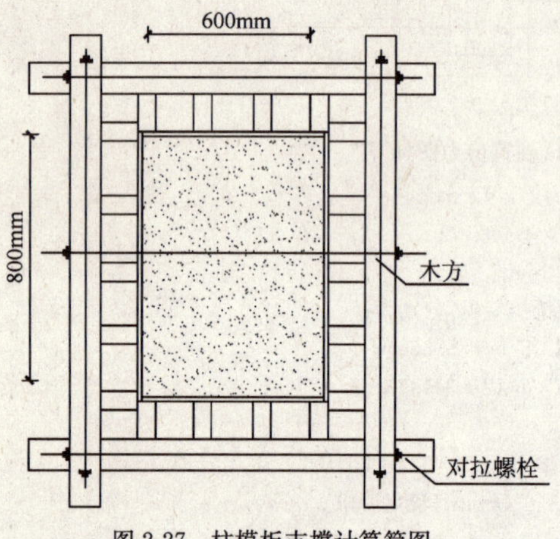

图 2-27　柱模板支撑计算简图</td><td>简单明了地写出柱模板基本参数</td></tr>
<tr><td>二、柱模板荷载标准值计算
强度验算要考虑新浇混凝土侧压力和倾倒混凝土时产生的荷载设计值；挠度验算只考虑新浇混凝土侧压力产生荷载标准值。
新浇混凝土侧压力取下面两式中的较小值：
$$F=0.22\gamma_c t\beta_1\beta_2\sqrt{v}$$
$$F=\gamma_c H$$
式中：γ_c——混凝土的重度，取 24kN/m³；
t——新浇混凝土的初凝时间，为 0 时(表示无资料)取 200/(T+15)，取 5.714h；
T——混凝土的入模温度，取 20℃；
v——混凝土的浇筑速度，取 2.5m/h；
H——混凝土侧压力计算位置处至新浇混凝土顶面总高度，取 3m；
β_1——外加剂影响修正系数，取 1.0；
β_2——混凝土坍落度影响修正系数，取 0.85。
根据公式计算的新浇混凝土侧压力标准值 F_{1k}=40.54kN/m²，
实际计算中采用新浇混凝土侧压力标准值 F_{1k}=40.0kN/m²，
倒混凝土时产生的荷载标准值 F_{2k}=3.0kN/m²</td><td>在计算新浇混凝土侧压力时，须注意取两个公式计算的较小值
T——混凝土的入模温度，取 20℃；
v——混凝土的浇筑速度，取 2.5m/h 等数值，此例中是根据本工程的情况取定的，读者在进行设计的时候必须按照实际工程的情况，取实际的数值，不可盲目照搬，导致错误</td></tr>
</table>

续上表

<table>
<tr>
<td>

三、柱模板面板的计算

面板直接承受模板传递的荷载，应该按照均布荷载下的简支梁计算，计算简图 2-28 如下：

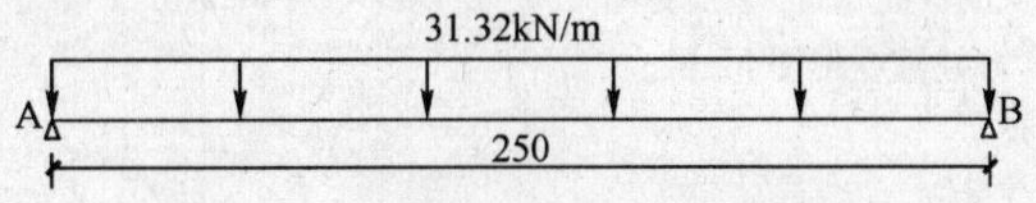

图 2-28　面板计算简图(尺寸单位：mm)

面板的计算宽度取小钢模宽度 0.6m。

荷载计算值 $q=1.2\times40\times0.6+1.4\times3\times0.6=31.32\mathrm{kN/m}$

面板的截面惯性矩 I 和截面抵抗矩 W 分别为：

$$W=13.02\mathrm{cm}^3,I=58.87\mathrm{cm}^4$$

1. 抗弯强度计算

$$f=M/W<[f]$$

式中：f——面板的抗弯强度计算值($\mathrm{N/mm^2}$)；
M——面板的最大弯距(N・mm)；
W——面板的净截面抵抗矩；
$[f]$——面板的抗弯强度设计值，取 $215\mathrm{N/mm^2}$。

$$M=0.125ql^2$$

式中：q——荷载设计值(kN/m)。

经计算得到 $M=0.125\times(1.2\times24+1.4\times1.8)\times0.25\times0.25=0.245\mathrm{kN\cdot m}$

经计算得到面板抗弯强度计算值 $f=0.245\times1\,000\times1\,000/13\,020=18.793\mathrm{N/mm^2}$

面板的抗弯强度验算 $f<[f]$，满足要求。

2. 挠度计算 $\upsilon=5.0ql^4/384EI<[\upsilon]=l/400$

面板最大挠度计算值 $\upsilon=5.0\times24\times250^4/(100\times206\,000\times588\,700)=0.04\mathrm{mm}$

面板的最大挠度小于 250/400=0.625mm，满足要求。

</td>
<td>

在使用公式计算的过程中，必须注意单位的统一，否则，就会出现计算结果过大或过小的情况，引起计算者的误判

在做完每一步计算后，应给出是否满足规范、规程要求的判断，满足要求后，再进行下一步计算

强度计算一般设计者均会进行认真细致的计算，但往往会对挠度等正常使用极限状态缺乏必要的计算，认为正常使用极限状态不重要，其实有时候，正是由于模板支架工程在设计中未对正常使用极限状态(挠度等)引起足够的重视，造成如漏浆、尺寸偏差过大等质量通病

</td>
</tr>
<tr>
<td>

四、B方向柱箍的计算

面板木方传递到柱箍的均布荷载 Q：

$$Q=(1.2\times40+1.4\times3)\times0.25=13.05\mathrm{kN/m}$$

B柱箍按照集中荷载下多跨连续梁计算。计算简图 2-29 如下：

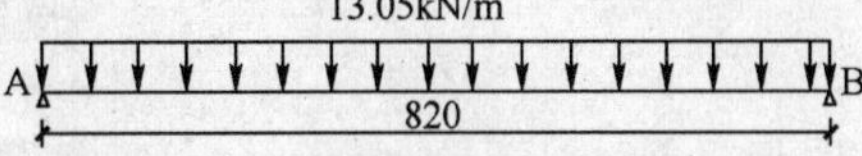

图 2-29　B柱箍计算简图(尺寸单位：mm)

B柱箍的内力图(图 2-30、图 2-32)和变形图(图 2-31)如下：

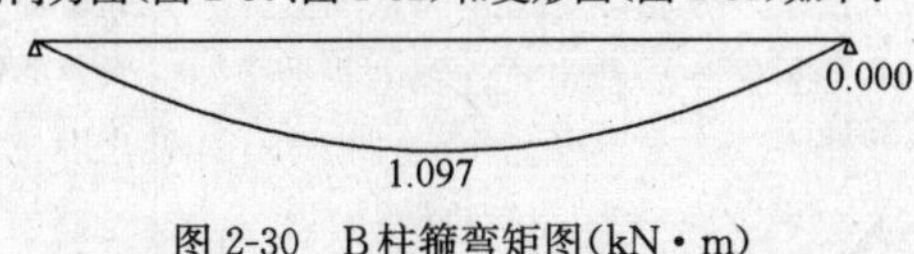

图 2-30　B柱箍弯矩图(kN・m)

</td>
<td>

在使用公式计算的过程中，必须注意单位的统一。木方验算中使用的公式，基本上材料力学中的公式，其参数符号也基本一致

</td>
</tr>
</table>

续上表

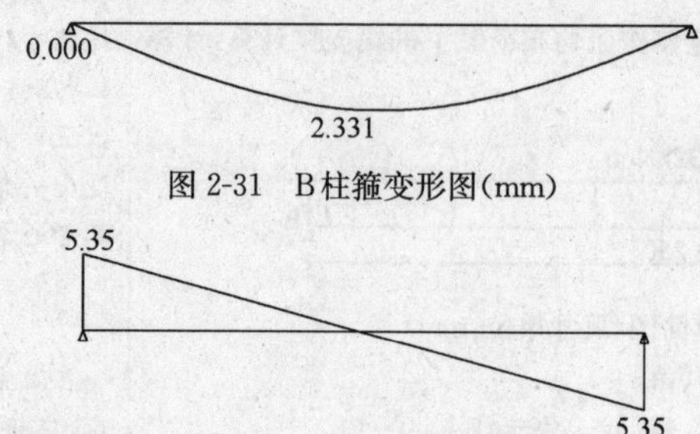

图 2-31　B柱箍变形图(mm)

图 2-32　B柱箍剪力图(kN)

经过计算得到最大弯矩 $M=1.096\text{kN}\cdot\text{m}$

经过计算得到最大支座力 $F=5.351\text{kN}$

经过计算得到最大变形 $\upsilon=2.3\text{mm}$

B柱箍的截面惯性矩 I 和截面抵抗矩 W 分别为：

$$W=8\times8\times8/6=85.33\text{cm}^3$$

$$I=8\times8\times8\times8/12=341.33\text{cm}^4$$

1. B柱箍抗弯强度计算

抗弯计算强度 $f=1.096\times10^6/85\,333.3=12.84\text{N/mm}^2$

B柱箍的抗弯计算强度小于 13.0N/mm^2，满足要求。

2. B柱箍抗剪计算

截面抗剪强度必须满足：

$$T=3Q/2bh<[T]$$

截面抗剪强度计算值 $T=3\times5\,350/(2\times80\times80)=1.254\text{N/mm}^2$

截面抗剪强度设计值 $[T]=1.60\text{N/mm}^2$

B柱箍的抗剪强度计算满足要求。

3. B柱箍挠度计算

最大变形 $\upsilon=2.3\text{mm}$

B柱箍的最大挠度小于 $820/250=3.28\text{mm}$，满足要求。

在使用公式计算的过程中，必须注意单位的统一。木方验算中使用的公式，基本上材料力学中的公式，其参数符号也基本一致

五、B方向对拉螺栓的计算

$$N<[N]=fA$$

式中：N——对拉螺栓所受的拉力；

A——对拉螺栓有效面积(mm^2)；

f——对拉螺栓的抗拉强度设计值，取 170N/mm^2。

对拉螺栓的直径 12mm，对拉螺栓有效直径 10mm，对拉螺栓有效面积 $A=76\text{mm}^2$

对拉螺栓最大容许拉力值 $[N]=12.92\text{kN}$

对拉螺栓所受的最大拉力 $N=5.351\text{kN}$

对拉螺栓强度验算满足要求。

在进行穿梁螺栓计算的时候，必须注意 A 为穿梁螺栓有效面积，即螺栓螺纹处的横截面面积，不是非螺纹处的面积，否则会出现错误的计算结果

续上表

六、H方向柱箍的计算

面板木方传递到柱箍的均布荷载 Q：

$$Q=(1.2\times40+1.4\times3)\times0.25=13.05\text{kN/m}$$

H柱箍按照集中荷载下多跨连续梁计算。计算简图2-33如下：

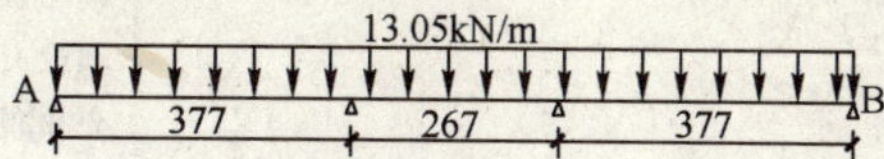

图2-33 H柱箍计算简图(尺寸单位：mm)

H柱箍内力图(图2-34、图2-36)和变形图(图2-35)如下：

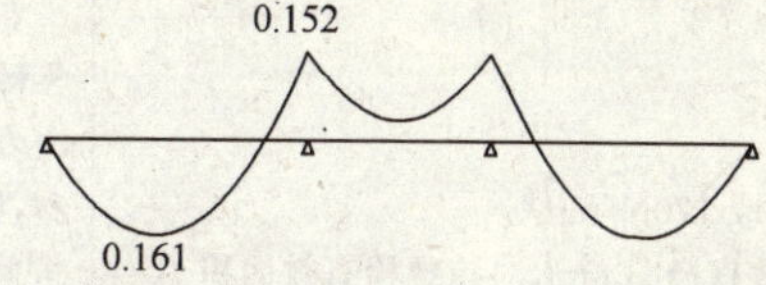

图2-34 H柱箍弯矩图(kN·m)

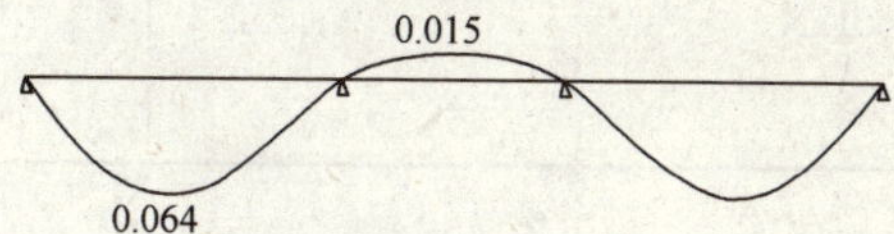

图2-35 H柱箍变形图(mm)

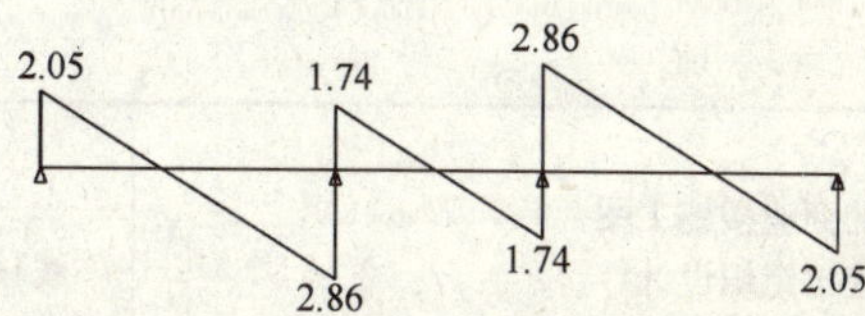

图2-36 H柱箍剪力图(kN)

经过计算得到最大弯矩 $M=0.161\text{kN}\cdot\text{m}$

经过计算得到最大支座力 $F=4.601\text{kN}$

经过计算得到最大变形 $\upsilon=0.1\text{mm}$

H柱箍的截面惯性矩 I 和截面抵抗矩 W 分别为：

$$W=8\times8\times8/6=85.33\text{cm}^3$$

$$I=8\times8\times8\times8/12=341.33\text{cm}^4$$

1. H柱箍抗弯强度计算

抗弯计算强度 $f=0.161\times10^6/85\,333.3=1.89\text{N/mm}^2$

H柱箍的抗弯计算强度小于13.0N/mm²，满足要求。

在进行穿梁螺栓计算的时候，必须注意A为穿梁螺栓有效面积，即螺栓螺纹处的横截面面积，不是非螺纹处的面积，否则会出现错误的计算结果

续上表

2. H柱箍抗剪计算(可以不计算) 截面抗剪强度必须满足: $T=3Q/2bh<[T]$ 截面抗剪强度计算值 $T=3\times2\,861/(2\times80\times80)=0.671\text{N/mm}^2$ 截面抗剪强度设计值 $[T]=1.6\text{N/mm}^2$ H柱箍的抗剪强度计算满足要求。 3. H柱箍挠度计算 最大变形 $v=0.1$mm H柱箍的最大挠度小于377/250=1.508mm,满足要求。	在进行穿梁螺栓计算的时候,必须注意A为穿梁螺栓有效面积,即螺栓螺纹处的横截面面积,不是非螺纹处的面积,否则会出现错误的计算结果
七、H方向对拉螺栓的计算 $N<[N]=fA$ 式中:N——对拉螺栓所受的拉力; A——对拉螺栓有效面积(mm^2); f——对拉螺栓的抗拉强度设计值,取 170N/mm^2。 对拉螺栓的直径12mm,对拉螺栓有效直径10mm,对拉螺栓有效面积 $A=76\text{mm}^2$ 对拉螺栓最大容许拉力值 $[N]=12.92$kN 对拉螺栓所受的最大拉力 $N=4.601$kN 对拉螺栓强度验算满足要求。	在进行穿梁螺栓计算的时候,必须注意A为穿梁螺栓有效面积,即螺栓螺纹处的横截面面积,不是非螺纹处的面积,否则会出现错误的计算结果

第五节　墙模板计算示例

编制依据: 由某建筑工程设计有限公司设计的商业楼施工图 由本施工单位编制的商业楼工程施工组织设计 《建筑施工扣件式钢管脚手架安全技术规范》(JGJ 130—2001) 《混凝土结构工程施工及验收规范》(GB 50204—2002) 《混凝土结构设计规范》(GB 50010—2002) 《钢结构设计规范》(GB 50017—2003)	模板计算中应该简单明了地写出编制依据,以便他人核查
工程概况: 本工程中计算断面宽度240mm,高度3 000mm,两侧楼板高度200mm。模板面板采用组合小钢模,小钢模宽度600mm,板面厚度3mm。	工程概况简单明了地写出与本模板支架设计计算相关的内容即可
墙模板计算内容: 1. 计算墙侧面板的强度、抗剪和挠度 2. 计算墙侧龙骨的强度、抗剪和挠度 3. 计算墙侧对拉螺栓	墙模板设计计算的主要内容

续上表

一、墙模板基本参数 计算断面宽度 240mm，高度 3 000mm，两侧楼板高度 200mm。 模板面板采用组合小钢模，小钢模宽度 600mm，板面厚度 3mm。 外龙骨间距 500mm，外龙骨采用 10 号工字钢。 对拉螺栓布置 5 道，在断面内水平间距 500mm + 500mm + 500mm + 500mm，断面跨度方向间距 500mm，直径 20mm。如图 2-37 所示。 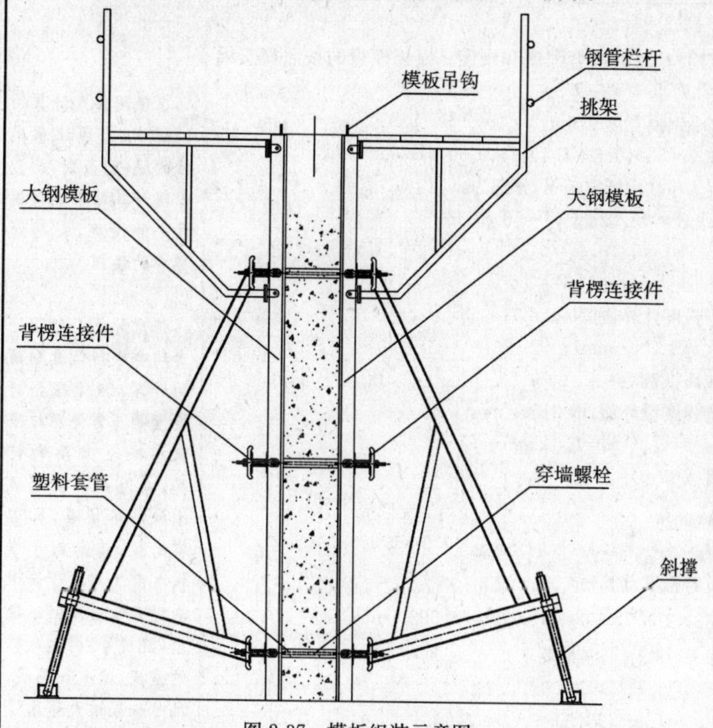 图 2-37 模板组装示意图	简单明了地写出墙模板基本参数
二、墙模板荷载标准值计算 强度验算要考虑新浇混凝土侧压力和倾倒混凝土时产生的荷载设计值；挠度验算只考虑新浇混凝土侧压力产生荷载标准值。 新浇混凝土侧压力取下面两式中的较小值： $F=0.22\gamma_c t\beta_1\beta_2\sqrt{v}$ $F=\gamma_c H$ 式中：γ_c——混凝土的重度，取 24kN/m³； t——新浇混凝土的初凝时间，为 0 时（表示无资料）取 200/(T+15)，取 5.714h； T——混凝土的入模温度，取 20℃； v——混凝土的浇筑速度，取 2.5m/h； H——混凝土侧压力计算位置处至新浇混凝土顶面总高度，取 1.2m；	在计算新浇混凝土侧压力时，须注意取两个公式计算的较小值 T——混凝土的入模温度，取 20℃；v——混凝土的浇筑速度，取 2.5m/h 等数值，此例中是根据本工程的情况取定的，

续上表

β_1——外加剂影响修正系数，取1.0； β_2——混凝土坍落度影响修正系数，取0.85。 根据公式计算的新浇混凝土侧压力标准值 $F_{1k}=28.8\text{kN/m}^2$， 实际计算中采用新浇混凝土侧压力标准值 $F_{1k}=50\text{kN/m}^2$， 倒混凝土时产生的荷载标准值 $F_{2k}=6.0\text{kN/m}^2$。	读者在进行设计的时候必须按照实际工程的情况，取实际的数值，不可盲目照搬，导致错误
三、墙模板面板的计算 面板为受弯结构，需要验算其抗弯强度和刚度。模板面板的按照简支梁计算。 面板的计算宽度取小钢模宽度0.6m。 荷载计算值 $q=1.2\times50\times0.6+1.4\times6\times0.6=41.04\text{kN/m}$ 面板的截面惯性矩 I 和截面抵抗矩 W 分别为： $$W=13.02\text{cm}^3, I=58.87\text{cm}^4$$ 1.抗弯强度计算 $$f=M/W<[f]$$ 式中：f——面板的抗弯强度计算值(N/mm²)； M——面板的最大弯距(N·mm)； W——面板的净截面抵抗矩； $[f]$——面板的抗弯强度设计值，取215N/mm²。 $$M=0.125ql^2$$ 式中：q——荷载设计值(kN/m)。 经计算得到 $$M=0.125\times(1.2\times30+1.4\times3.6)\times0.5\times0.5=1.283\text{kN}\cdot\text{m}$$ 经计算得到面板抗弯强度计算值 $$f=1.283\times1\,000\times1\,000/13\,020=98.502\text{N/mm}^2$$ 面板的抗弯强度验算 $f<[f]$，满足要求。 2.挠度计算 $$\upsilon=5ql^4/384EI<[\nu]=l/400$$ 面板最大挠度计算值 $$\upsilon=5\times30\times500^4/(100\times206\,000\times588\,700)=0.773\text{mm}$$ 面板的最大挠度小于500/400=1.25mm，满足要求。	在使用公式计算的过程中，必须注意单位的统一，否则，就会出现计算结果过大或过小的情况，引起计算者的误判 强度计算一般设计者均会进行认真细致的计算，但往往会对挠度等正常使用极限状态缺乏必要的计算，认为正常使用极限状态不重要，其实有时候，正是由于模板支架工程在设计中未对正常使用极限状态(挠度等)引起足够的重视，造成如漏浆、尺寸偏差过大等质量通病
四、墙模板龙骨的计算 外龙骨承受内龙骨传递的荷载，按照集中荷载下的连续梁计算。计算简图2-38如下： 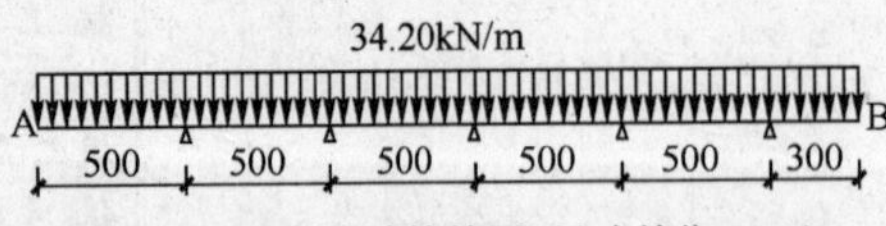 图2-38 外龙骨计算简图(尺寸单位：mm) 外龙骨内力图(图2-39、图2-41)和变形图(图2-40)如下：	在使用公式计算的过程中，必须注意单位的统一。木方验算中使用的公式，基本上材料力学中的公式，其参数符号也基本一致

续上表

<table>
<tr>
<td>

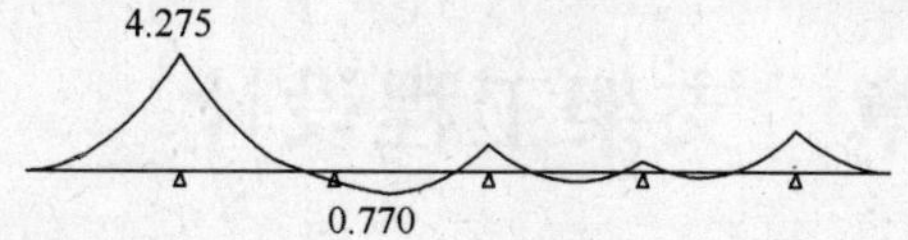

图 2-39　外龙骨弯矩图(kN·m)

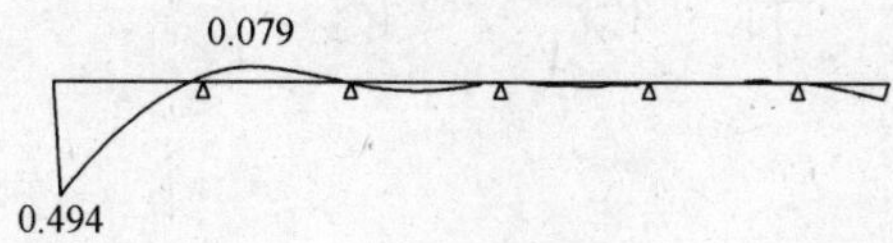

图 2-40　外龙骨变形图(mm)

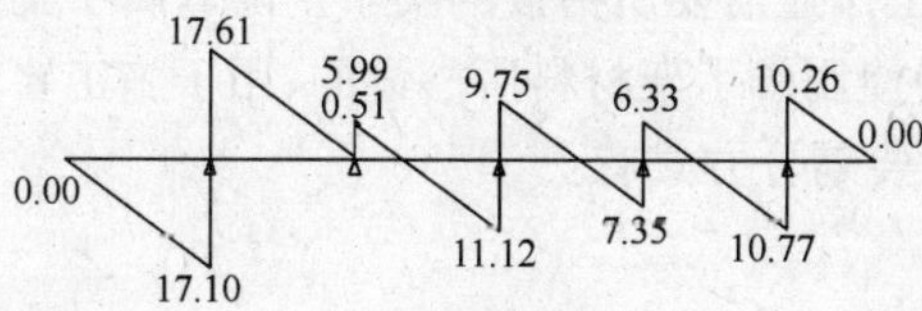

图 2-41　外龙骨剪力图(kN)

经过计算得到最大弯矩 M=4.275kN·m
经过计算得到最大支座力 F=34.713kN
经过计算得到最大变形 υ=0.5mm
外龙骨的截面力学参数为:截面抵抗矩 W=49cm^3;
截面惯性矩 I=245cm^4;
1.外龙骨抗弯强度计算
抗弯计算强度　f=4.275×10^6/1.05/49 000=83.09N/mm^2
外龙骨的抗弯计算强度小于 215N/mm^2,满足要求。
2.外龙骨挠度计算
最大变形　υ=0.5mm
外龙骨的最大挠度小于 500/400=1.25mm,满足要求。

</td>
<td></td>
</tr>
<tr>
<td>

五、对拉螺栓的计算

$$N<[N]=fA$$

式中:N——对拉螺栓所受的拉力;
A——对拉螺栓有效面积(mm^2);
f——对拉螺栓的抗拉强度设计值,取 170N/mm^2。
对拉螺栓的直径 20mm,对拉螺栓有效直径 17mm,对拉螺栓有效面积 A=225mm^2
对拉螺栓最大容许拉力值[N]=38.25kN
对拉螺栓所受的最大拉力 N=34.713kN
对拉螺栓强度验算满足要求。

</td>
<td>在进行穿梁螺栓计算的时候,必须注意A为穿梁螺栓有效面积,即螺栓螺纹处的横截面面积,不是非螺纹处的面积,否则会出现错误的计算结果</td>
</tr>
</table>

第三章　支架工程设计

第一节　概　　述

一、脚手架的分类

“脚手架”的原意是为施工作业需要所搭设的架子。随着脚手架品种和多功能用途的发展，现在已扩展为使用脚手架材料所搭设的、用于施工要求的各种临设性构架，如图 3-1 所示。主要划分方式有：

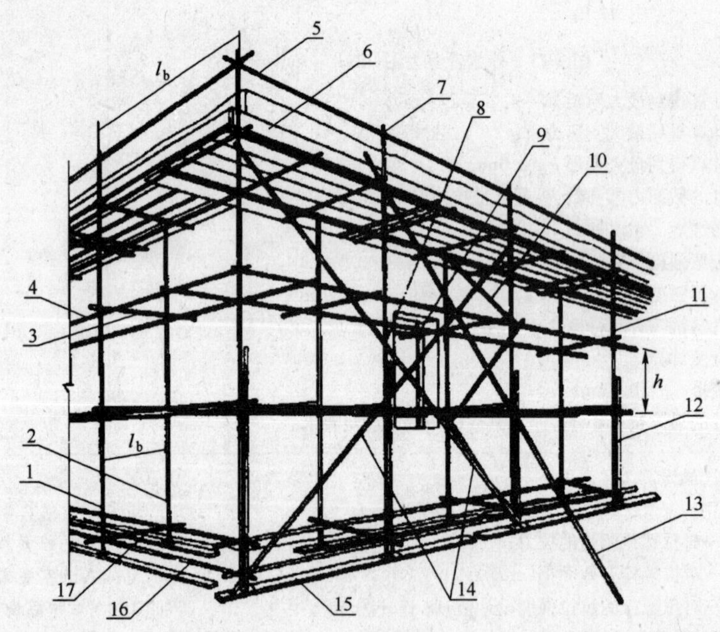

图 3-1　扣件式钢管脚手架各杆件位置

1-外立杆；2-内立杆；3-横向水平杆；4-纵向水平杆；5-栏杆；6-挡脚板；7-直角扣件；8-旋转扣件；9-连墙件；10-横向斜撑；11-主立杆；12-副立杆；13-抛撑；14-剪刀撑；15-垫板；16-纵向扫地杆；17-横向扫地杆

1. 按用途划分

(1)操作脚手架

(2)防护用脚手架

(3)承重、支撑用脚手架

2. 按构架方式划分

(1)杆件组合式脚手架

(2)框架组合式脚手架

(3)格构件组合式脚手架

(4)台架

3. 按脚手架的设置形式划分

(1)单排脚手架

(2)双排脚手架

(3)多排脚手架

(4)满堂脚手架

(5)满高脚手架

(6)周边脚手架

(7)特形脚手架

4. 按脚手架的支固方式划分

(1)落地式脚手架

(2)悬挑脚手架

(3)附墙悬挂脚手架

(4)悬吊脚手架

(5)附着升降脚手架

(6)水平移动脚手架

5. 按脚手架平、立杆的连接方式划分

(1)承插式脚手架

(2)扣接式脚手架

(3)销栓式脚手架

6. 按脚手架的材料划分

(1)竹脚手架

(2)木脚手架

(3)钢管或金属脚手架

二、脚手架工程的常用术语

1. 几何参数

(1)步距——上下平杆之间的距离或门架的设置高度。

(2)立杆间距——相邻立杆之间的轴线距离。

(3)立杆纵距——脚手架立杆的纵向间距。

(4)立杆横距——脚手架立杆的横向间距(单排脚手架为立杆轴线至墙面的距离)。

(5)门架间距——同排相邻门架毗邻立柱之间的轴线距离。

(6)门架架距——同列相邻门架同侧立柱之间的轴线距离。

(7)脚手架高度——自立杆底座下皮至架顶平杆上皮的垂直距离。

(8)脚手架长度——脚手架纵向两端立杆外皮之间的水平距离。

(9)脚手架宽度——脚手架横向两端立杆外皮之间的水平距离。

(10)连墙点竖距——上下相邻连墙点之间的垂直距离。

(11)连墙点横距——左右相邻连墙点之间的水平距离。

2. 杆配件

(1)立杆——脚手架中垂直于水平面的竖向杆件。

(2)外立杆——双排脚手架中不贴近墙体一侧的立杆。

(3)内立杆——双排脚手架中贴近墙体一侧的立杆。

(4)平杆(水平杆或横杆)——脚手架中的水平杆件。

(5)纵向平杆——沿脚手架纵向设置的平杆。

(6)横向平杆——沿脚手架横向设置的平杆。

(7)斜杆——与脚手架立杆或平杆斜交的杆件。

(8)斜拉杆——承受拉力作用的斜杆。

(9)剪刀撑——成对设置的交叉斜杆(泛指沿竖向设置者)。

(10)水平剪刀撑——沿水平方向设置的剪刀撑。

(11)扫地杆——贴近地面、连接立杆根部的平杆。

(12)纵向扫地杆——沿脚手架纵向设置的扫地杆。

(13)横向扫地杆——沿脚手架横向设置的扫地杆。

(14)封口杆——连接首步门架两侧立柱的横向扫地杆。

(15)连墙件——连接脚手架和墙体结构的构件。

(16)扣件——采用螺栓紧固的扣接件。

(17)直角扣件——用于垂直交叉杆件连接的扣件。

(18)旋转扣件——用于平行或斜交杆件连接的扣件。

(19)对接扣件——用于杆件对接连接的扣件。

(20)底座——设于立杆底部的垫座。

(21)固定底座——不能调节支垫高度的底座。

(22)可调底座——能够调节支垫高度的底座。

(23)垫板——设于底座之下的支垫板。

(24)垫木——设于底座之下的支垫方木。

(25)脚手板——用于构造作业层架面的板材。

(26)挂扣式定型钢脚手板——两端设有挂扣支搭构造的定型钢脚手板。

(27)门架——门式钢管脚手架的门形构件。

(28)同列门架——平面中线重合、前后平行的一列门架。

(29)同排门架——平面水平投影线重合、左右相邻的一排门架。

(30)门架立柱——门架两侧的主立杆。

(31)交叉支撑——连接相邻门架的竖向定型剪刀撑。

(32)水平架(平行架)——水平挂扣于相邻门架横梁之间的框式构件。

(33)托座——插于立杆或门架立柱顶部的、用于支承模板的撑托件。

(34)固定托座——不能调整支托高度的托座。

(35)可调托座——能够调节支托高度的托座。

(36)平托撑——用于水平支顶的托撑。

(37)脚轮——装于脚手架底部的行走轮。

3.其他

(1)基本构架结构——脚手架承受竖向荷载作用的构架结构部分(不包括脚手板)。

(2)作业层——上人作业的脚手架铺板层。

(3)立网——竖向设置的安全网。

(4)平网——水平设置的安全网。

(5)首层网——在底层设置的平网。

(6)随层网——紧靠施工作业层设置的平网。

(7)层间网——沿高度按规定竖向间距设置的平网。

(8)节点——脚手架杆件的交汇点。

(9)主节点——立杆、纵向平杆和横向平杆的三杆交汇点。

(10)恒荷载——脚手架构架、脚手板、防护设施等的自重。

(11)施工荷载——作业层架面上人员、器具和材料的重量。

第二节 支架上各种荷载

一、荷载分类

(1)作用于脚手架的荷载可分为永久荷载(恒荷载)与可变荷载(活荷载)。

(2)永久荷载(恒荷载)可分为:

①脚手架结构自重,包括立杆、纵向水平杆、横向水平杆、剪刀撑、横向斜撑和扣件等的自重;

②构、配件自重,包括脚手板、栏杆、挡脚板、安全网等防护设施的自重。

(3)可变荷载(活荷载)可分为:

①施工荷载,包括作业层上的人员、器具和材料的自重;

②风荷载。

二、荷载标准值

(1)永久荷载标准值应符合下列规定

①每米立杆承受的结构自重标准值,宜按《建筑施工扣件式钢管脚手架安全技术规范》(JGJ 130—2001)规范附录 A 表 A-1 采用。

②冲压钢脚手板、木脚手板与竹串片脚手板自重标准值,应按表 3-1 采用。

脚手板自重标准值 表 3-1

类 别	标准值(kN/m^2)
冲压钢脚手板	0.3
竹串片脚手板	0.35
木脚手板	0.35

③栏杆与挡脚板自重标准值,应按表 3-2 采用。

栏杆、挡脚板自重标准值 表 3-2

类 别	标准值(kN/m^2)
栏杆、冲压钢脚手板挡板	0.11
栏杆、竹串片脚手板挡板	0.14
栏杆、木脚手板挡板	0.14

④脚手架上吊挂的安全设施(安全网、苇席、竹笆及帆布等)的荷载应按实际情况采用。

(2)装修与结构脚手架作业层上的施工均布活荷载标准值,应按表 3-3 采用;其他用途脚手架的施工均布活荷载标准值,应根据实际情况确定。

施工均布活荷载标准值 表 3-3

类　别	标准值(kN/m^2)
装修脚手架	2
结构脚手架	3

注:斜道均布活荷载标准值不应低于 $2kN/m^2$。

(3)作用于脚手架上的水平风荷载标准值,应按下式计算:

$$w_k = 0.7\mu_z\mu_s w_0$$

式中:w_k——风荷载标准值(kN/m^2);

μ_z——风压高度变化系数,按现行国家标准《建筑结构荷载规范》(GB 50009—2001)的规定采用;

μ_s——脚手架风荷载体型系数,按本规范表 3.1.4 的规定采用;

w_0——基本风压(kN/m^2),按现行国家标准《建筑结构荷载规范》(GB 50009—2001)的规定采用。

(4)脚手架的风荷载体型系数,应按表 3-4 的规定采用。

脚手架的风荷载体型系数 μ_s 表 3-4

背靠建筑物的状况		全封闭墙	敞开、框架和开洞墙
脚手架状况	全封闭、半封闭	1.0φ	1.3φ
	敞开	μ_{stw}	

注:1. μ_{stw}值可将脚手架视为桁架,按现行国家标准《建筑结构荷载规范》(GB 50009—2001)表 6.3.1 第 32 项和第 36 项的规定计算。

2. φ为挡风系数,$\varphi=1.2A_n/A_w$,其中 A_n 为挡风面积;A_w 为迎风面积。敞开式单、双排脚手架的φ值宜按本规范附录 A 表 A-3 采用。

三、荷载效应组合

(1)设计脚手架的承重构件时,应根据使用过程中可能出现的荷载取其最不利组合进行计算,荷载效应组合宜按表 3-5 采用。

荷载效应组合　表 3-5

计算项目	荷载效应组合
纵向、横向水平杆强度与变形	永久荷载＋施工均布活荷载
脚手架立杆稳定	①永久荷载＋施工均布活荷载
	②永久荷载＋0.85(施工均布活荷载＋风荷载)
连墙件承载	单排架,风荷载＋3.0kN 双排架,风荷载＋5.0kN

(2)在基本风压小于或等于 0.35kN/m² 的地区,对于仅有栏杆和挡脚板的敞开式脚手架,当每个连墙点覆盖的面积不大于 30m²,构造符合《建筑施工扣件式钢管脚手架安全技术规范》(JGJ 130—2001)规范第 6.4 节规定时,验算脚手架立杆的稳定性时,可不考虑风荷载作用。

第三节　脚手架设计计算的一般方法

脚手架既具有同类建筑结构的一些共同属性,又具有自身的特殊性。不同的脚手架系列,由于杆件材料和构架方式的不同,在设计计算方面有其共同性,同时也有差异。

1.脚手架的设计计算要求和方法

1)脚手架的设计内容

建筑施工脚手架的设计包含以下三项相互关联的内容:

(1)设置方案的选择,包括:①脚手架的类别;②脚手架构架的形式和尺寸;③相应的设置措施(基础、支承、整体拉结和附墙连接、进出或上下措施等)。

(2)承载可靠性的验算,包括:①构架结构和杆件验算;②地基、基础和其他支承结构的验算;③专用加工件验算。

(3)安全使用措施,包括:①作业面的防(围)护;②整架和作业区域(涉及的空间环境)的防(围)护;③进行安全搭设、移动(升降)和拆除的措施;④安全使用措施。

2)脚手架构架结构的计(验)算项目

(1)构架的整体稳定性计算,可转化为立杆稳定性计算。

(2)单肢立杆的稳定性计算,当单肢立杆稳定性计算已包括在整体稳定性计算中,且立杆未显著超出构架的计算长度和使用荷载时,可以略去此项计算。

(3)平杆的强度、稳定和刚度计算。

(4)附着和连墙件的强度和稳定验算。

(5)抗倾覆验算。

(6)悬挂件、挑支撑拉件的验算(根据其受力状态确定验算项目)。

(7)地基基础和支撑结构的验算。

3)脚手架结构设计采用的方法

各种脚手架结构都属于临时(设)性建筑结构范畴,因此,一律采用《建筑结构可靠度设计统一标准》(GB 50068—2001)规定的“概率极限状态设计法”。

2. 脚手架按概率极限状态设计的表达式

1)脚手架结构设计的基本计算模式

根据概率极限状态设计法的规定,脚手架结构设计的基本计算模式如下:

$$\gamma_0 S \leqslant R \tag{3-1}$$

式中:荷载效应
$$S = \gamma_G S_{Gk} + \gamma_Q \psi (S_{Qk} + S_{Wk}) \tag{3-2}$$

结构抗力
$$R = R\left(\frac{f_{mk}}{\gamma_m \cdot \gamma'_m}, a_k, \cdots\cdots\right) = R\left(\frac{f_{md}}{\gamma'_m}, a_k, \cdots\cdots\right) \tag{3-3}$$

总的荷载效应 S(即荷载作用下所产生的内力——轴力、弯矩、剪力扭矩等)等于所有恒载作用效应 S_{Gk} 和活荷载作用效应 S_{Qk} 的组合。组合时分别乘以相应的荷载分项系数 γ_G、γ_Q 和荷载效应组合系数 ψ。

荷载分项系数按《建筑结构荷载规范》(GB 50009—2001)规定:对恒荷载,一般情况下取 $\gamma_G=1.2$,但抗倾覆验算时取 $\gamma_G=0.9$;对施工荷载和风荷载,取 $\gamma_Q=1.4$。

荷载效应组合系数 ψ,当不考虑风荷载而仅考虑施工荷载时,取 $\psi=1.0$;当同时考虑风荷载与施工荷载时,取 $\psi=0.85$。

结构抗力 R 为结构材料的强度设计值 $f_{md}=\frac{f_{mk}}{\gamma_m}$($f_{mk}$ 是材料强度的标准值,γ_m 是相应的抗力分项系数。其脚标 m,相应于钢材、木材和竹材分别取 a、t 和 b)。

对于用于脚手架的 $\phi48\times3.5$mm、$\phi51\times3.0$mm 及其他管径和壁厚小于此值的钢管,其强度设计值 $f_{ad}=\frac{f_{ak}}{\gamma_a}$ 按《薄壁型钢结构技术规程》(GB 50018—2002)采用;对于木材,其强度设计值 $f_{td}=\frac{f_{tk}}{\gamma_t}$ 按《木结构设计规范》(GB

50005—2003)采用;对于竹材,其强度设计值 $f_{bd}=\frac{f_{bk}}{\gamma_b}$ 按试验资料经统计并参照国外标准确定。

2)钢管脚手架结构的通用设计表达式

一般情况下,可采用以下通用设计表达式:

(1)对于受弯构件

不组合风载: $$1.2S_{Gk}+1.4S_{Qk}\leqslant\frac{f_w}{0.9\gamma'_m} \tag{3-4}$$

组合风载: $$1.2S_{Gk}+1.4\times0.85(S_{Qk}+S_{Wk})\leqslant\frac{f_w}{0.9\gamma'_m}$$

$$1.2S_{Gk}+1.4\times0.85(S_{Qk}+S_{Wk})\leqslant\frac{f_w}{0.9\gamma'_m} \tag{3-5}$$

(2)对于轴心受压构件

不组合风载: $$1.2S_{Gk}+1.4S_{Qk}\leqslant\frac{\varphi fA}{0.9\gamma'_m} \tag{3-6}$$

组合风载: $$1.2\frac{S_{Gk}}{\varphi}+1.4\times0.85\left(\frac{S_{Qk}}{\varphi}+S_{Wk}\right)\leqslant\frac{fA}{0.9\gamma'_m} \tag{3-7}$$

式中:S_{Gk}、S_{Qk}、S_{Wk}——分别为恒载、活载(施工荷载)、风载标准值的作用效应。

第四节 联梁悬挑架计算示例

编制依据: 支架的计算除根据本工程实际情况以外,尚应参照以下标准规范: 《建筑施工扣件式钢管脚手架安全技术规范》(JGJ 130—2001) 《建筑结构荷载规范》(GB 50009—2001) 《钢结构设计规范》(GB 50017—2003) 《混凝土结构设计规范》(GB 50010—2002) 《建筑施工手册》第四版等	支架计算中应该简单明了地写出编制依据,以便他人核查
工程概况: 某公司综合楼工程位于江苏南京,属于钢筋混凝土现浇框架结构,共 5 层,建筑总面积 3 900m²。综合楼首层层高 4.5m,标准层层高 4.2m。 **支架体系选择:** 考虑到本工程施工工期、质量和安全要求,在选择方案时,应充分考虑以下几点: 1.支架的结构设计,力求做到结构要安全可靠,造价经济合理。	工程概况简单明了地写出与本支架设计计算相关的内容即可

续上表

2. 在规定的条件下和规定的使用期限内，能够充分满足可以预期的安全性和耐久性要求。 3. 选用材料时，力求做到常见通用、可周转利用，便于保养维修。 4. 结构选型时，力求做到受力明确，构造措施合理有效，搭拆方便，便于检查验收。	
主要计算内容： 1. 大横杆的强度、挠度计算 2. 小横杆的强度、挠度计算 3. 扣件抗滑力的计算 4. 立杆的稳定性计算 5. 连墙件的计算 6. 联梁的计算 7. 悬挑梁的受力计算	联梁悬挑架的主要计算内容
一、参数信息 1. 脚手架参数 搭设尺寸为：立杆的纵距为 1.2m，立杆的横距为 1.05m，立杆的步距为 1.8m；计算的脚手架为双排脚手架，搭设高度为 15m，立杆采用单立管；内排架与墙距离 0.2m；大横杆在上，搭接在小横杆上的大横杆根数为 2 根；采用的钢管类型为 ϕ48×3.5mm；横杆与立杆连接方式为单扣件；扣件抗滑承载力系数为 0.8；连墙件采用两步三跨，竖向间距 3.6m，水平间距 3.6m，采用扣件连接；连墙件连接方式为双扣件。 2. 活荷载参数 施工荷载均布参数：3kN/m^2；脚手架用途：结构脚手架；同时施工层数：2 层。 3. 风荷载参数 江苏省南京市地区，基本风压为 0.4kPa，风荷载高度变化系数 μ_z 为 0.84，风荷载体型系数 μ_s 为 0.649；脚手架设计中考虑风荷载作用。 4. 静荷载参数 每米立杆承受的结构自重标准值：0.116kN/m^2；脚手板自重标准值：0.3kN/m^2；栏杆挡脚板自重标准值：0.11kN/m^2；安全设施与安全网自重标准值：0.005kN/m^2；脚手板铺设层数：4 层。 5. 水平悬挑支撑梁 悬挑水平钢梁采用 16a 号槽钢，其中建筑物外悬挑段长度 2.5m，建筑物内锚固段长度 1.5m。悬挑水平钢梁上面的联梁采用 14a 号槽钢。与楼板连接的栓直径：50mm；楼板混凝土强度等级：C35；主梁间距相当于 2 倍立杆间距(倍数)。 6. 拉绳与支杆参数 支撑数量为：1 根；	支架设计的参数信息应简明地写出与设计计算相关信息，如脚手架参数、荷载参数等

续上表

钢丝绳安全系数为:10; 钢丝绳与墙距离为:1.2m; 悬挑水平钢梁采用钢丝绳与建筑物拉结,最里面钢丝绳距离建筑物 1.2m。 悬挑脚手架侧面、立面见图 3-2、图 3-3。 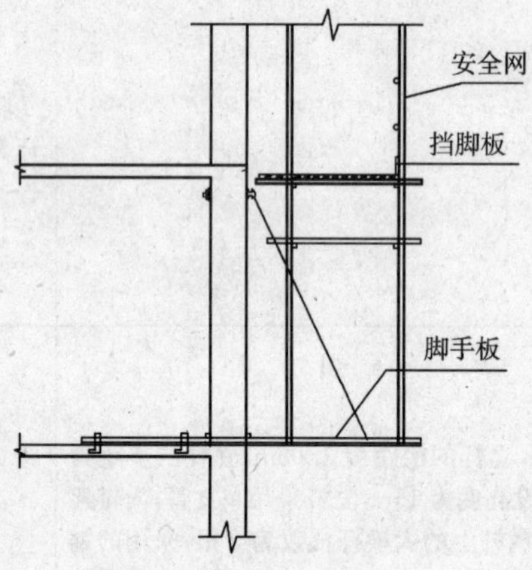 图 3-2 悬挑脚手架侧面图 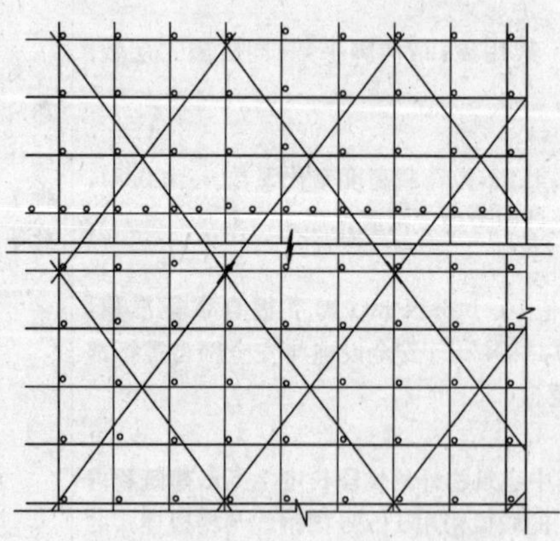 图 3-3 悬挑脚手架正立面图	荷载参数一般取自《建筑施工扣件式钢管脚手架安全技术规范》中列出的材料相关参数,当本单位有确切经验时,也可以采用自定的值

续上表

二、大横杆的计算

大横杆按照三跨连续梁进行强度和挠度计算，大横杆在小横杆的上面。将大横杆上面的脚手板和活荷载按照均布荷载考虑，计算大横杆的最大弯矩和变形。

1.均布荷载值计算(图 3-4、图 3-5)

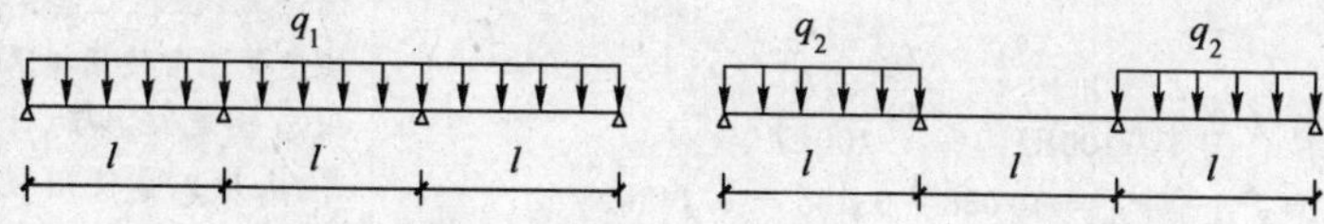

图 3-4　大横杆计算荷载组合简图(跨中最大弯矩和跨中最大挠度)

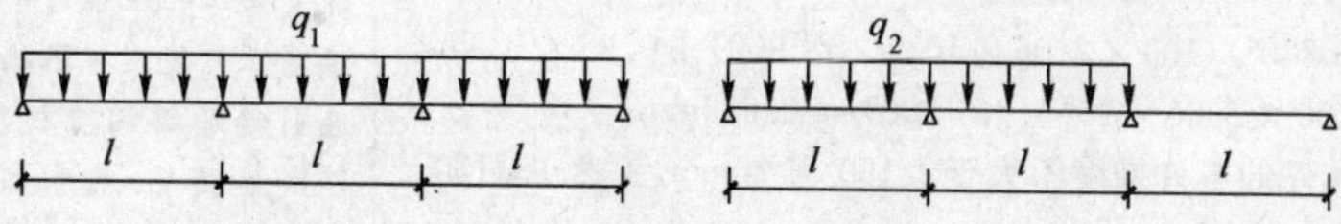

图 3-5　大横杆计算荷载组合简图(支座最大弯矩)

大横杆的自重荷载标准值：$P_{1k}=0.038\text{kN/m}$

脚手板的荷载标准值：$P_{2k}=0.3\times1.05/(2+1)=0.105\text{kN/m}$

活荷载标准值：　$Q_k=3\times1.05/(2+1)=1.05\text{kN/m}$

静荷载的计算值：$q_1=1.2\times0.038+1.2\times0.105=0.172\text{kN/m}$

活荷载的计算值：$q_2=1.4\times1.05=1.47\text{kN/m}$

在进行荷载计算的时候，必须做到不漏算，不重复，并保留必要的小数点，以确保设计计算的准确性

2.强度计算

最大弯矩考虑为三跨连续梁均布荷载作用下的弯矩。

跨中最大弯距计算公式如下：

$$M_{1\max}=0.08q_1l^2+0.1q_2l^2$$

跨中最大弯距为

$M_{1\max}=0.08\times0.172\times1.2^2+0.1\times1.47\times1.2^2=0.232\text{kN}\cdot\text{m}$

支座最大弯距计算公式如下：

$$M_{2\max}=-0.1q_1l^2-0.117q_2l^2$$

支座最大弯距为

$M_{2\max}=-0.1\times0.172\times1.2^2-0.117\times1.47\times1.2^2=-0.272\text{kN}\cdot\text{m}$

我们选择支座弯矩和跨中弯矩的最大值进行强度验算：

$$\sigma=\text{Max}(0.232\times10^6,0.272\times10^6)/5\,080=53.543\text{N/mm}^2$$

大横杆的抗弯强度 $\sigma=53.543\text{N/mm}^2$，小于$[f]=205\text{N/mm}^2$，满足要求。

3.挠度计算

最大挠度考虑为三跨连续梁均布荷载作用下的挠度。

计算公式如下：

续上表

<table>
<tr><td>

$$\upsilon_{max} = 0.677\frac{q_1 l^4}{100EI} + 0.99\frac{q_2 l^4}{100EI}$$

静荷载标准值：$q_{1k} = P_{1k} + P_{2k} = 0.038 + 0.105 = 0.143\text{kN/m}$

活荷载标准值：$q_{2k} = Q_k = 1.05\text{kN/m}$

三跨连续梁均布荷载作用下的最大挠度

$$\upsilon = 0.677 \times 0.143 \times 1\,200^4/(100 \times 2.06 \times 10^5 \times 121\,900) + 0.99 \times 1.05 \times 1\,200^4/(100 \times 2.06 \times 10^5 \times 121\,900) = 0.939\text{mm}$$

脚手板、纵向受弯构件的容许挠度不大于 $l/150$ 与 10mm，参考 JGJ130—2001 表 5.1.8。

大横杆的最大挠度小于 1 200/150=8mm 且小于 10mm，满足要求。
</td><td>
强度计算一般设计者均会进行认真细致的计算，但往往会对挠度等正常使用极限状态缺乏必要的计算，认为正常使用极限状态不重要，其实有时候，正是由于模板支架工程在设计中未对正常使用极限状态引起足够的重视，造成如漏浆、尺寸偏差过大等质量通病

此处的表格指的是《建筑施工扣件式钢管脚手架安全技术规范》中的表 5.1.8
</td></tr>
<tr><td>
三、小横杆的计算

小横杆按照简支梁进行强度和挠度计算，大横杆在小横杆的上面。用大横杆支座的最大反力计算值，在最不利荷载布置下计算小横杆的最大弯矩和变形。小横杆计算示意图见图 3-6。

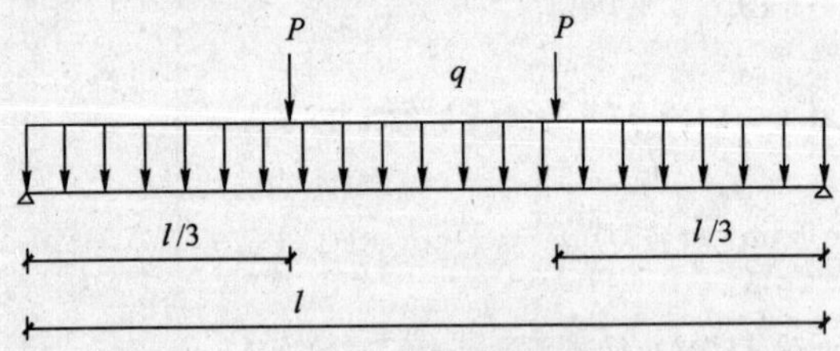

图 3-6　小横杆计算简图

1. 荷载值计算

大横杆的自重荷载标准值：$P_{1k} = 0.038 \times 1.2 = 0.046\text{kN}$

脚手板的荷载标准值：$P_{2k} = 0.3 \times 1.05 \times 1.2/(2+1) = 0.126\text{kN}$

活荷载标准值：$Q_k = 3 \times 1.05 \times 1.2/(2+1) = 1.26\text{kN}$

荷载的计算值：$P = 1.2 \times (0.046 + 0.126) + 1.4 \times 1.26 = 1.97\text{kN}$
</td><td>
小横杆的计算要点同上
</td></tr>
</table>

续上表

2. 强度计算 最大弯矩考虑为小横杆自重均布荷载与荷载的计算值最不利分配的弯矩和。 均布荷载最大弯矩计算公式如下： $M_{qmax}=ql^2/8$ $M_{qmax}=1.2\times0.038\times1.05^2/8=0.006\text{kN}\cdot\text{m}$ 集中荷载最大弯矩计算公式如下： $M_{pmax}=\frac{Pl}{3}$ $M_{pmax}=1.97\times1.05/3=0.69\text{kN}\cdot\text{m}$ 最大弯矩　$M=M_{qmax}+M_{pmax}=0.696\text{kN}\cdot\text{m}$ $\sigma=M/W=0.696\times10^6/5\,080=137\text{N/mm}^2$ 小横杆的计算强度小于 205N/mm²，满足要求。 3. 挠度计算 最大挠度考虑为小横杆自重均布荷载与荷载的计算值最不利分配的挠度和。 小横杆自重均布荷载引起的最大挠度计算公式如下： $\upsilon_{qmax}=\frac{5ql^4}{384EI}$ $\upsilon_{qmax}=5\times0.038\times1\,050^4/(384\times2.06\times10^5\times121\,900)=0.024\text{mm}$ $P=P_{1k}+P_{2k}+Q_k=0.046+0.126+1.26=1.432\text{kN}$ 集中荷载标准值最不利分配引起的最大挠度计算公式如下： $\upsilon_{pmax}=\frac{Pl(3l^2-4l^2/9)}{72EI}$ $\upsilon_{pmax}=1\,432.08\times1\,050\times(3\times1\,050^2-4\times1\,050^2/9)/(72\times2.06\times10^5\times121\,900)$ $=2.343\text{mm}$ 最大挠度之和：$\upsilon=\upsilon_{qmax}+\upsilon_{pmax}=0.024+2.343=2.367\text{mm}$ 小横杆的最大挠度小于(1 050/150)＝7mm 与 10mm，满足要求。	
四、扣件抗滑力的计算 按表 5.1.7，直角、旋转单扣件承载力取值为 8kN，按照扣件抗滑承载力系数 0.8，该工程实际的旋转单扣件承载力取值为 6.4kN。 纵向或横向水平杆与立杆连接时，扣件的抗滑承载力按照下式计算： $R\leqslant R_c$ 式中：R_c——扣件抗滑承载力设计值，取 6.4kN； R——纵向或横向水平杆传给立杆的竖向作用力设计值。 横杆的自重荷载标准值：　$P_{1k}=0.038\times1.05=0.04\text{kN}$ 脚手板的荷载标准值：　$P_{2k}=0.3\times1.05\times1.2/2=0.189\text{kN}$ 活荷载标准值：　$Q_k=3\times1.05\times1.2/2=1.89\text{kN}$ 荷载的计算值：　$R=1.2\times(0.04+0.189)+1.4\times1.89=2.921\text{kN}$ $R<6.4\text{kN}$，单扣件抗滑承载力的设计计算满足要求。	此处的表格指的是《建筑施工扣件式钢管脚手架安全技术规范》中的表 5.1.7 计算公式是《建筑施工扣件式钢管脚手架安全技术规范》中的公式 5.2.5

续上表

<table>
<tr>
<td>
五、脚手架荷载标准值
作用于脚手架的荷载包括静荷载、活荷载和风荷载。
静荷载标准值包括以下内容：
(1)每米立杆承受的结构自重荷载标准值(kN/m)，本例为0.116l
$$N_{G1}=0.116\times15=1.74\text{kN}$$
(2)脚手板的自重标准值(kN/m^2)，本例采用冲压钢脚手板，标准值为0.3kN/m^2
$$N_{G2}=0.3\times4\times1.2\times(1.05+0.3)/2=0.972\text{kN}$$
(3)栏杆与挡脚板自重荷载标准值(kN/m)，本例采用栏杆冲压钢，标准值为0.11kN/m
$$N_{G3}=0.11\times4\times1.2/2=0.264\text{kN}$$
(4)吊挂的安全设施荷载，包括安全网(kN/m^2)，标准值为0.005kN/m^2
$$N_{G4}=0.005\times1.2\times15=0.09\text{kN}$$
经计算得到，静荷载标准值
$$N_{Gk}=N_{G1}+N_{G2}+N_{G3}+N_{G4}=3.066\text{kN}$$
活荷载为施工荷载标准值产生的轴向力总和，内、外立杆按一纵距内施工荷载总和的1/2取值。
经计算得到，活荷载标准值
$$N_{Qk}=3\times1.05\times1.2\times2/2=3.78\text{kN}$$
风荷载标准值应按照以下公式计算
$$w_k=0.7\mu_z\mu_s w_0$$
式中：w_0——基本风压(kN/m^2)，按照《建筑结构荷载规范》(GB 50009—2001)的规定采用，$W_0=0.4$kN/m^2；
μ_z——风荷载高度变化系数，按照《建筑结构荷载规范》(GB 50009—2001)的规定采用，$\mu_z=0.84$；
μ_s——风荷载体型系数，$\mu_s=0.649$。
经计算得到，风荷载标准值
$$w_k=0.7\times0.4\times0.84\times0.649=0.153\text{kN/m}^2$$
不考虑风荷载时，立杆的轴向压力设计值计算公式
$$N=1.2N_{Gk}+1.4N_{Qk}=1.2\times3.066+1.4\times3.78=8.97\text{kN}$$
考虑风荷载时，立杆的轴向压力设计值计算公式
$$N=1.2N_{Gk}+0.85\times1.4N_{Qk}=1.2\times3.066+0.85\times1.4\times3.78=8.177\text{kN}$$
风荷载设计值产生的立杆段弯矩M_w计算公式
$$M_w=0.85\times1.4w_kL_ah^2/10=0.85\times1.4\times0.153\times1.2\times1.8^2/10=0.071\text{kN}\cdot\text{m}$$
</td>
<td>
此处的风荷载计算按照《建筑结构荷载规范》（GB 50009—2001)，必须采用新规范的荷载值，必要时候，可以根据当地的实际情况考虑夏季的台风的影响，适当增大基本风压的取值，以策在夏季施工安全
</td>
</tr>
</table>

续上表

六、立杆的稳定性计算 1.不组合风荷载时，立杆的稳定性计算公式 $$\sigma=\frac{N}{\varphi A}\leqslant[f]$$ 立杆的轴心压力设计值： $N=8.973$kN 计算立杆的截面回转半径： $i=1.58$cm 计算长度附加系数： $k=1.155$ 计算长度系数参照《建筑施工扣件式钢管脚手架安全技术规范》表 5.3.3 得： $\mu=1.5$ 计算长度由公式 $l_0=k\mu h$ 确定： $l_0=3.119$m； $$l_0/i=197$$ 轴心受压立杆的稳定系数 φ，由长细比 l_0/i 的结果查《建筑施工扣件式钢管脚手架安全技术规范》附表 C，得到： $\varphi=0.186$ 立杆净截面面积： $A=4.89\text{cm}^2$ 立杆净截面抵抗矩： $W=5.08\text{cm}^3$ 钢管立杆抗压强度设计值：$[f]=205\text{N/mm}^2$ $$\sigma=8\,973/(0.186\times489)=98.654\text{N/mm}^2$$ 立杆稳定性计算 $\sigma=98.654\text{N/mm}^2$，小于$[f]=205\text{N/mm}^2$，满足要求。 2.考虑风荷载时，立杆的稳定性计算公式 $$\sigma=\frac{N}{\varphi A}+\frac{M_w}{W}\leqslant[f]$$ 立杆的轴心压力设计值： $N=8.179$kN 计算立杆的截面回转半径： $i=1.58$cm 计算长度附加系数： $k=1.155$ 计算长度系数参照《建筑施工扣件式钢管脚手架安全技术规范》表 5.3.3 得： $\mu=1.5$ 计算长度由公式 $l_0=k\mu h$ 确定： $l_0=3.119$m $$l_0/i=197$$ 轴心受压立杆的稳定系数 φ，由长细比 l_0/i 的结果查《建筑施工扣件式钢管脚手架安全技术规范》附表 C，得到 $\varphi=0.186$ 立杆净截面面积： $A=4.89\text{cm}^2$ 立杆净截面模量(抵抗矩)： $W=5.08\text{cm}^3$ 钢管立杆抗压强度设计值： $[f]=205\text{N/mm}^2$ $$\sigma=8\,179.2/(0.186\times489)+70\,624.475/5\,080=103.829\text{N/mm}^2$$ 立杆稳定性计算 $\sigma=103.829\text{N/mm}^2$，小于$[f]=205\text{N/mm}^2$，满足要求。	稳定性计算是钢结构最重要的计算内容之一。所有的受压、压弯或拉弯钢构件，都存在失稳的可能。常常稳定性是钢结构构件设计计算的控制因素，构件的强度反而常常不是控制因素 φ——轴心受压立杆的稳定系数，由长细比 l_0/i 查《建筑施工扣件式钢管脚手架安全设计规范》的附录 C 得到；其他式中的各个参数是查附录 B 钢管截面特性得到的 考虑风荷载的立杆稳定性计算中，立杆按照压弯构件进行计算的

续上表

七、连墙件的计算 连墙件的轴向力计算值应按照下式计算： $$N_l=N_{lw}+N_0$$ 风荷载基本风压值　$w_k=0.153kN/m^2$ 每个连墙件的覆盖面积内脚手架外侧的迎风面积　$A_w=12.96m^2$ 连墙件约束脚手架平面外变形所产生的轴向力 $N_0=5kN$ 风荷载产生的连墙件轴向力设计值(kN)，应按照下式计算： $$N_{lw}=1.4\times w_k\times A_w=2.77kN$$ 连墙件的轴向力计算值　$N_l=N_{lw}+N_0=7.77kN$ 式中：l——内排架离墙的距离。 由长细比 $l/i=200/15.8$ 的结果查《建筑施工扣件式钢管脚手架安全技术规范》附表 C，得到 $\varphi=0.966$； $$A=4.89cm^2,\quad [f]=205N/mm^2$$ 连墙件轴向力设计值 $$N_f=\varphi\times A\times[f]=0.966\times4.89\times10^{-4}\times205\times10^3=96.837kN$$ $N_l=7.77kN<N_f=96.837kN$，连墙件的设计计算满足要求。 连墙件采用双扣件与墙体连接。 经过计算得到 $N_l=7.77kN$，小于双扣件的抗滑力 16kN，满足要求。 连墙件扣件连接示意图 3-7 如下： 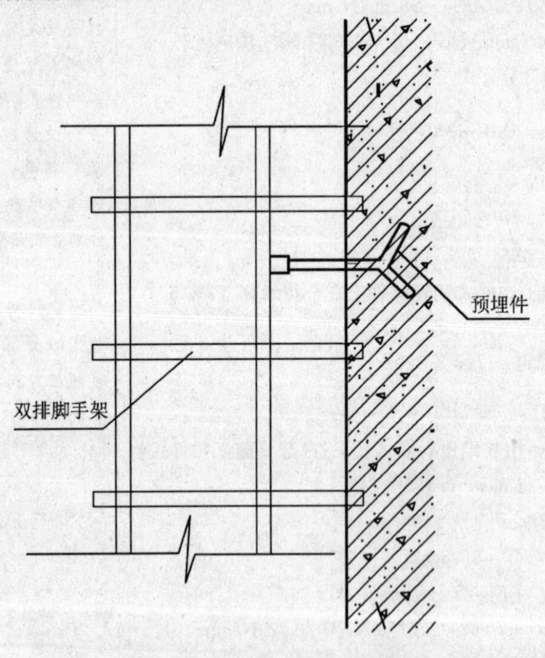 图 3-7　连墙件扣件连接示意图	连墙件的计算应该按照轴心受压构件进行计算，确保安全

续上表

<table>
<tr><td>

八、联梁的计算

按照集中荷载作用下的简支梁计算

集中荷载 P 传递力，$P=8.973\text{kN}$

计算简图 3-8 如下：

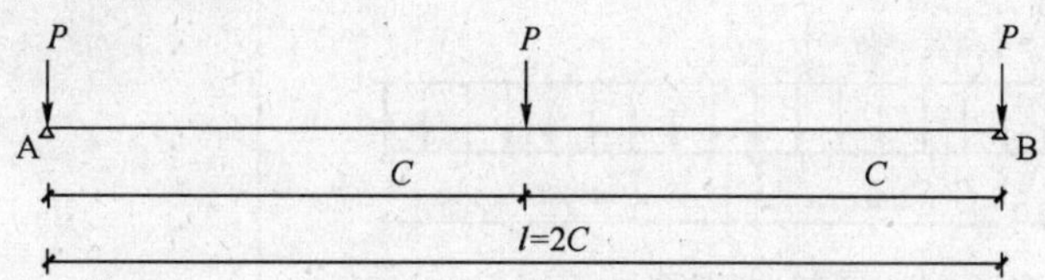

图 3-8　联梁计算简图

支撑按照简支梁的计算公式

$$R_A=R_B=\frac{n-1}{2}P+P$$

$$M_{max}=\begin{cases}\dfrac{(n^2-1)Pl}{8n}(n\text{ 为奇数})\\ \dfrac{nPl}{8}(n\text{ 为偶数})\end{cases}$$

其中，$n=2$。

经过简支梁的计算得到

支座反力(考虑到支撑的自重)

$R_A=R_B=(2-1)/2\times8.973+8.973+2.4\times0.174/2=13.669\text{kN}$

通过传递到支座的最大力(考虑到支撑的自重)：

$2\times8.973+2.4\times0.174=18.364\text{kN}$

最大弯矩(考虑到支撑的自重)：

$M_{max}=2/8\times8.973\times2.4+0.174\times2.4\times2.4/8=5.509\text{kN}\cdot\text{m}$

截面应力　$\sigma=5.509\times10^6/80\ 500=68.439\text{N/mm}^2$

水平支撑梁的计算强度 68.439N/mm^2，小于 205N/mm^2，满足要求。

</td><td>联梁的计算中，必须采用与实际受力情况符合的计算简图。考虑最不利截面处的应力不大于材料的设计值</td></tr>
<tr><td>

九、悬挑梁的受力计算

悬挑脚手架的水平钢梁按照带悬臂的连续梁计算。

悬臂部分脚手架受荷载 N 的作用，里端 B 为与楼板的锚固点，A 为墙支点。如图 3-9 所示。

本工程中，脚手架排距为 1 050mm，内侧脚手架距离墙体 200mm，支拉斜杆的支点距离墙体为 1 200mm，水平支撑梁的截面惯性矩 $I=866.2\text{cm}^4$，截面抵抗矩 $W=108.3\text{cm}^3$，截面积 $A=21.95\text{cm}^2$。

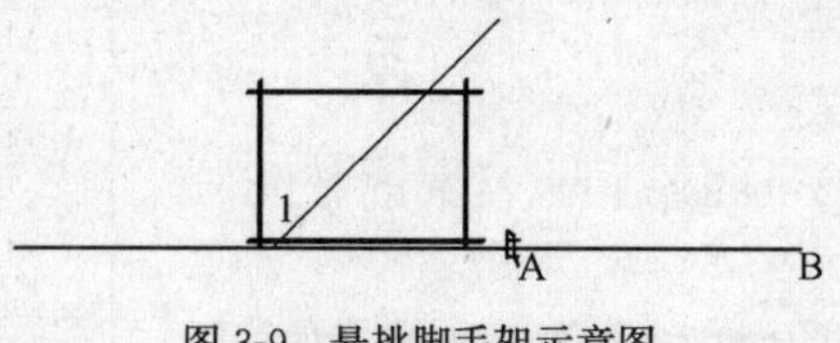

图 3-9　悬挑脚手架示意图

</td><td>悬挑梁的计算中，也必须采用与实际受力情况符合的计算简图，并保证有可靠的构造措施，保证计算简图的正确性。考虑最不利截面处的应力不大于材料的设计值</td></tr>
</table>

续上表

受脚手架作用的联梁传递集中力(即传递到支座的最大力)N=18.364kN

水平钢梁自重荷载　$q=1.2\times21.95\times0.0001\times78.5=0.207$kN/m

计算简图 3-10 如下：

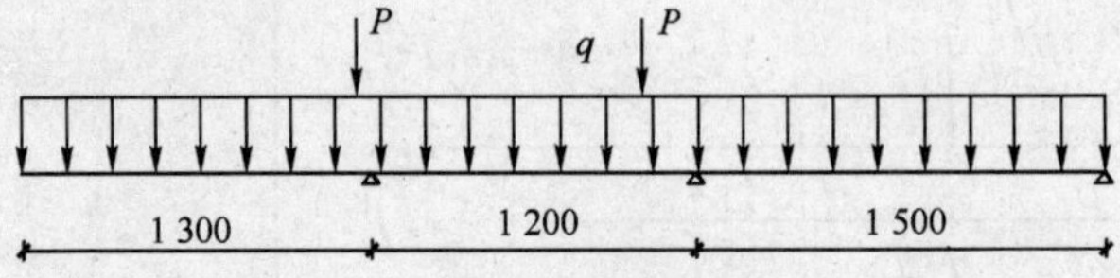

图 3-10　悬挑脚手架计算简图

悬挑脚手架内力图(图 3-11、图 3-13)和变形图(图 3-12)如下：

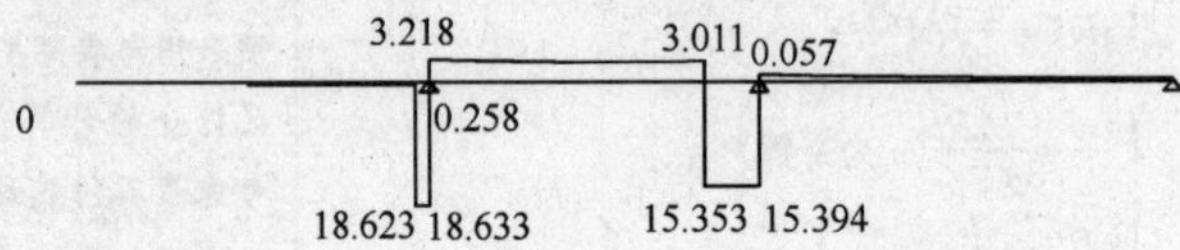

图 3-11　悬挑脚手架支撑梁剪力图(kN)

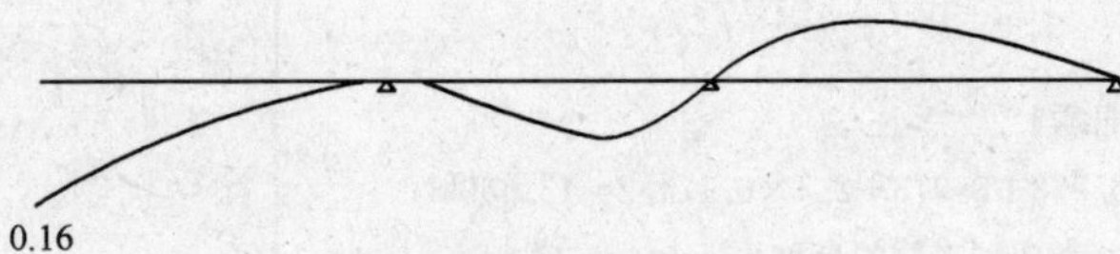

图 3-12　悬挑脚手架支撑梁变形图(mm)

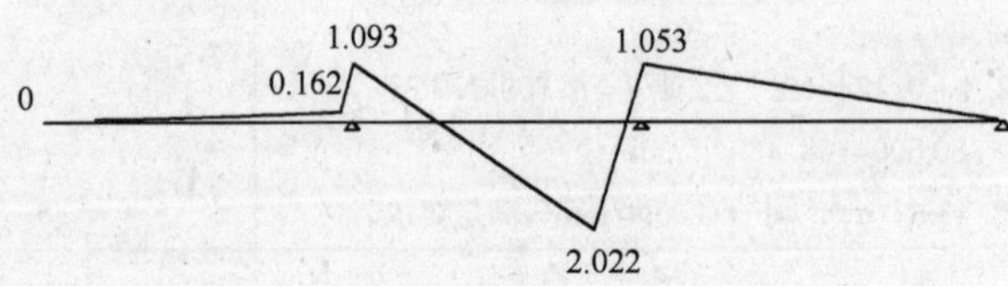

图 3-13　悬挑脚手架支撑梁弯矩图(kN·m)

经过连续梁的计算得到

各支座对支撑梁的支撑反力由左至右分别为

$$\begin{cases}R_1=21.851\text{kN}\\R_2=16.251\text{kN}\\R_3=-0.547\text{kN}\end{cases}$$

最大弯矩　$M_{max}=2.022$kN·m

截面应力　$\sigma=M/(1.05W)+N/A$

$=2.022\times10^6/(1.05\times108\,300)+198.364\times10^3/2\,195$

$=108.15\text{N/mm}^2$

水平支撑梁的计算强度 σ=108.15N/mm²，小于 215N/mm²，满足要求。

续上表

<table>
<tr><td>

十、悬挑梁的整体稳定性计算
水平钢梁采用16a号槽钢，计算公式如下
$$\sigma=\frac{M}{\varphi_b W_x}\leqslant[f]$$
式中：φ_b——均匀弯曲的受弯构件整体稳定系数，按照下式计算：
$$\varphi_b=\frac{570tb}{lh}\cdot\frac{235}{f_y}$$
$$\varphi_b=570\times10\times63\times235/(1\,200\times160\times215)=2.044$$
由于$\varphi_b>0.6$，按照《钢结构设计规范》(GB 50017—2003)附表B，得到φ_b值为0.932。
经过计算得到强度　$\sigma=2.02\times10^6/(0.932\times108.3\times1\,000)=20.01\text{N/mm}^2$
水平钢梁的稳定性计算σ小于$[f]=215\text{N/mm}^2$，满足要求。

</td><td>悬挑梁的整体稳定性计算中，采用了《钢结构设计规范》的相关公式来进行计算。如φ_b——均匀弯曲的受弯构件整体稳定系数，就是使用了现行钢结构规范附录B.3的计算公式，并应该注意参数的取值要求</td></tr>
<tr><td>

十一、拉绳的受力计算
水平钢梁的轴力R_{AH}和拉钢绳的轴力R_{Ui}按照下面计算
$$R_{AH}=\sum_{i=1}^{n}R_{Ui}\cos\theta_i$$
式中：$R_{Ui}\cos\theta_i$——钢绳的拉力对水平杆产生的轴压力。
各支点的支撑力　$R_{Ci}=R_{Ui}\sin\theta_i$
按照以上公式计算得到钢绳拉力为
$$R_{U1}=30.903\text{kN}$$

</td><td></td></tr>
<tr><td>

十二、拉绳的强度计算
1.钢丝拉绳(支杆)的内力计算
钢丝拉绳(斜拉杆)的轴力R_U我们均取最大值进行计算，为
$$R_U=30.903\text{kN}$$
如果上面采用钢丝绳，钢丝绳的容许拉力按照下式计算：
$$[F_g]=\frac{\alpha F_g}{K}$$
式中：$[F_g]$——钢丝绳的容许拉力(kN)；
F_g——钢丝绳的钢丝破断拉力总和(kN)，计算中可以近似计算$F_g=0.5d^2$，d为钢丝绳直径(mm)；
α——钢丝绳之间的荷载不均匀系数，对6×19、6×37、6×61钢丝绳分别取0.85、0.82和0.8；
K——钢丝绳使用安全系数。
计算中取$[F_g]=30.903\text{kN}$，$\alpha=0.82$，$K=10$，得到：钢丝绳最小直径必须大于28mm才能满足要求。
2.钢丝拉绳(斜拉杆)的吊环强度计算
钢丝拉绳(斜拉杆)的轴力R_U我们均取最大值进行计算，吊环的拉力为
$N=R_U=30.903\text{kN}$

</td><td>拉绳的强度计算中使用的是容许应力法来进行计算的，不像其他部分采用的是极限状态法</td></tr>
</table>

续上表

<table>
<tr><td>
钢丝拉绳(斜拉杆)的吊环强度计算公式为
$$\sigma=\frac{N}{A}\leqslant[f]$$
式中:$[f]$——吊环受力的单肢抗剪强度,取$[f]=125\text{N/mm}^2$。
所需要的钢丝拉绳(斜拉杆)的吊环最小直径 $D=(3\,090.257\times4/3.142\times125)^{1/2}=18\text{mm}$。
</td><td></td></tr>
<tr><td>
十三、锚固段与楼板连接的计算
1.水平钢梁与楼板压点如果采用钢筋拉环,拉环强度计算如下:
水平钢梁与楼板压点的拉环受力 $R=16.251\text{kN}$
水平钢梁与楼板压点的拉环强度计算公式为:
$$\sigma=\frac{N}{A}\leqslant[f]$$
式中:$[f]$——拉环钢筋抗拉强度,按照《混凝土结构设计规范》(GB 50010—2002)中的10.9.8条规定,$[f]=50\text{N/mm}^2$。
所需要的水平钢梁与楼板压点的拉环最小直径
$$D=[16\,251.495\times4/(3.142\times50\times2)]^{1/2}=14.4\text{mm}$$
水平钢梁与楼板压点的拉环一定要压在楼板下层钢筋下面,并要保证两侧30cm以上搭接长度。
2.水平钢梁与楼板压点如果采用螺栓,螺栓黏结力锚固强度计算如下:
锚固深度计算公式
$$h\geqslant\frac{N}{\pi d[f_b]}$$
式中:N——锚固力,即作用于楼板螺栓的轴向拉力,$N=16.251\text{kN}$;
d——楼板螺栓的直径,$d=50\text{mm}$;
$[f_b]$——楼板螺栓与混凝土的容许粘结强度,计算中取1.57N/mm^2;
h——楼板螺栓在混凝土楼板内的锚固深度,经过计算得到 h 要大于 $16\,251.495/(3.142\times50\times1.57)=65.898\text{mm}$。
3.水平钢梁与楼板压点如果采用螺栓,混凝土局部承压计算如下:
混凝土局部承压的螺栓拉力要满足公式:
$$N\leqslant\left(b^2-\frac{\pi d^2}{4}\right)f_{cc}$$
式中:N——锚固力,即作用于楼板螺栓的轴向拉力,$N=16.251\text{kN}$;
d——楼板螺栓的直径,$d=50\text{mm}$;
b——楼板内的螺栓锚板边长,$b=5\times d=250\text{mm}$;
f_{cc}——混凝土的局部挤压强度设计值,计算中取$0.95f_{cc}=16.7\text{N/mm}^2$。
经过计算得到公式右边等于1 010.96kN,大于锚固力 $N=16.25\text{kN}$,楼板混凝土局部承压计算满足要求。
</td><td>
使用中要注意到《混凝土结构设计规范》(GB 50010—2002)中的10.9.8条是强制性条文,必须遵循。其原文如下:10.9.8 预制构件的吊环应采用HPB235级钢筋制作,严禁使用冷加工钢筋。吊环埋入混凝土的深度不应小于30d,并应焊接或绑扎在钢筋骨架上。在构件的自重标准值作用下,每个吊环按2个截面计算的吊环应力不应大于50N/mm²;当在一个构件上设有4个吊环时,设计时应仅取3个吊环进行计算
</td></tr>
</table>

第五节 落地架计算示例

编制依据： 支架的计算除根据本工程实际情况以外，尚应参照以下标准规范： 《建筑施工扣件式钢管脚手架安全技术规范》(JGJ 130—2001) 《建筑结构荷载规范》(GB 50009—2001) 《钢结构设计规范》(GB 50017—2003) 《混凝土结构设计规范》(GB 50010—2002) 《建筑地基基础设计规范》(GB 50007—2002) 《建筑施工手册》第四版等	支架计算中应该简单明了地写出编制依据，以便他人核查
工程概况： 某公司综合楼工程位于江苏南京，属于钢筋混凝土现浇框架结构，共6层，建筑总面积5 000m²，综合楼高度为24m。 **支架体系选择：** 考虑到本工程施工工期、质量和安全要求，在选择方案时，应充分考虑以下几点： 1. 支架的结构设计，力求做到结构要安全可靠，造价经济合理。 2. 在规定的条件下和规定的使用期限内，能够充分满足可以预期的安全性和耐久性要求。 3. 选用材料时，力求做到常见通用、可周转利用，便于保养维修。 4. 结构选型时，力求做到受力明确，构造措施合理有效，搭拆方便，便于检查验收。	工程概况简单明了地写出与本支架设计计算相关的内容即可
主要计算内容： 1. 大横杆的强度、挠度计算 2. 小横杆的强度、挠度计算 3. 扣件抗滑力的计算 4. 立杆的稳定性计算 5. 连墙件的计算 6. 最大搭设高度的计算 7. 立杆的地基承载力计算	落地架计算的主要内容

续上表

<table>
<tr>
<td>

一、参数信息

1.脚手架参数

搭设尺寸为：立杆的纵距为 1.2m，立杆的横距为 1.05m，立杆的步距为 1.8m；计算的脚手架为双排脚手架搭设高度为 25m，立杆采用单立管；内排架与墙距离为 0.3m；大横杆在上，搭接在小横杆上的大横杆根数为 2 根；采用的钢管类型为 $\phi48\times3.5$mm；横杆与立杆连接方式为单扣件，扣件抗滑承载力系数为 0.8；连墙件采用两步三跨，竖向间距 3.6m，水平间距 3.6m，采用扣件连接；连墙件连接方式为双扣件。如图 3-14 所示。

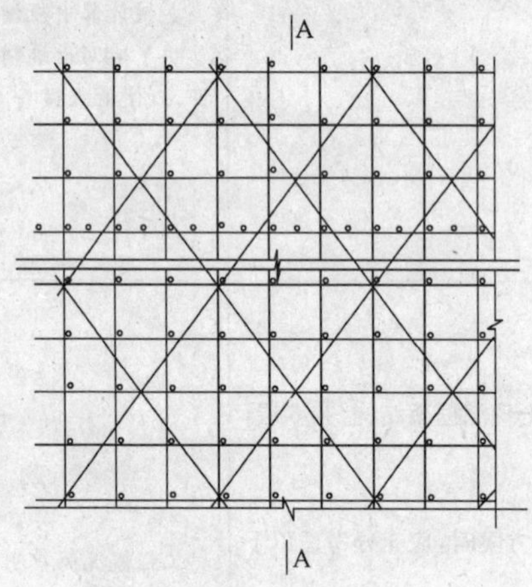

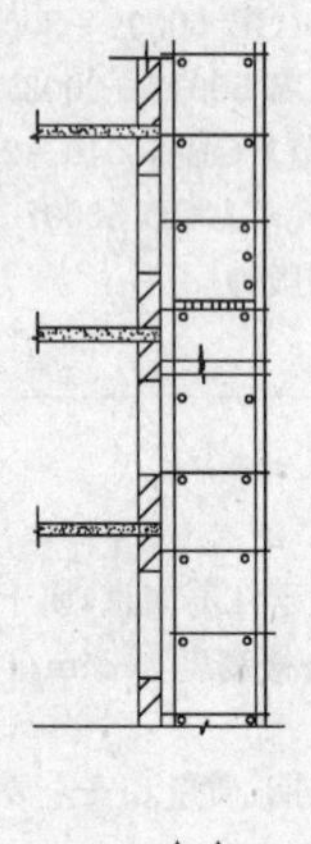

A-A

图 3-14　落地脚手架图

2.活荷载参数

施工荷载均布参数：3kN/m²；脚手架用途：结构脚手架；同时施工层数：2 层。

3.风荷载参数

江苏省南京市地区，基本风压为 0.4kPa，风荷载高度变化系数 μ_z 为 0.84，风荷载体型系数 μ_s 为 0.65，脚手架设计中考虑风荷载作用。

4.静荷载参数

每米立杆承受的结构自重标准值：0.116kN/m²；脚手板自重标准值：0.35kN/m²；栏杆挡脚板自重标准值：0.11kN/m²；安全设施与安全网自重标准值：0.005kN/m²；脚手板铺设层数：4 层；脚手板类别：竹串片脚手板；栏杆挡板类别：栏杆冲压钢。

5.地基参数

地基土类型：黏性土；地基承载力特征值：300kPa；基础底面扩展面积：0.09m²；基础降低系数：0.5。

</td>
<td>

支架设计的参数信息应简明地写出与设计计算相关信息，如脚手架参数、荷载参数等

荷载参数一般取自《建筑施工扣件式钢管脚手架安全技术规范》中列出的材料相关参数，当本单位有确切经验时，也可以采用自定的值

地基参数应根据现行的《建筑地基基础设计规范》（GB 50007—2002）执行。虽然《建筑施工扣件式钢管脚手架安全技术规范》（JGJ 130—2001）发布执行的时间晚于地基基础规范，但相应的内容还是（GB J7—89）的内容。特此说明，在本示例中将采用新版地基基础规范的内容，并参考扣件式脚手架规范的相关内容进行计算

</td>
</tr>
</table>

续上表

二、大横杆的计算 大横杆按照三跨连续梁进行强度和挠度计算，大横杆在小横杆的上面。将大横杆上面的脚手板和活荷载按照均布荷载考虑，计算大横杆的最大弯矩和变形。 1.均布荷载值计算(图 3-15、图 3-16) 大横杆的自重荷载标准值：$P_{1k}=0.038\text{kN/m}$ 脚手板的荷载标准值：$P_{2k}=0.35\times1.05/(2+1)=0.123\text{kN/m}$ 活荷载标准值：$Q_k=3\times1.05/(2+1)=1.05\text{kN/m}$ 静荷载的计算值：$q_1=1.2\times0.038+1.2\times0.123=0.193\text{kN/m}$ 活荷载的计算值：$q_2=1.4\times1.05=1.47\text{kN/m}$ 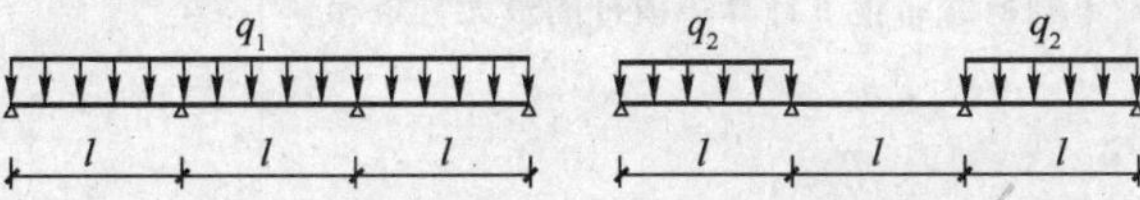 图 3-15　大横杆计算荷载组合简图(跨中最大弯矩和跨中最大挠度) 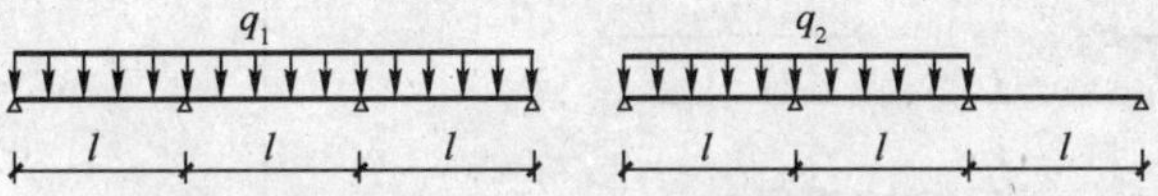 图 3-16　大横杆计算荷载组合简图(支座最大弯矩) 2.强度计算 最大弯矩考虑为三跨连续梁均布荷载作用下的弯矩。 跨中最大弯距计算公式如下： $$M_{1\max}=0.08q_1l^2+0.1q_2l^2$$ 跨中最大弯距为 $$M_{1\max}=0.08\times0.193\times1.2^2+0.1\times1.47\times1.2^2=0.234\text{kN}\cdot\text{m}$$ 支座最大弯距计算公式如下： $$M_{2\max}=-0.1q_1l^2-0.117q_2l^2$$ 支座最大弯距为 $$M_{2\max}=-0.1\times0.193\times1.2^2-0.117\times1.47\times1.2^2=-0.275\text{kN}\cdot\text{m}$$ 我们选择支座弯矩和跨中弯矩的最大值进行强度验算： $$\sigma=\text{Max}(0.234\times10^6,0.275\times10^6)/5\,080=54.134\text{N/mm}^2$$ 大横杆的抗弯强度 $\sigma=54.134\text{N/mm}^2$，小于$[f]=205\text{N/mm}^2$，满足要求。 3.挠度计算 最大挠度考虑为三跨连续梁均布荷载作用下的挠度。 计算公式如下： $$\upsilon_{\max}=0.677\frac{q_1l^4}{100EI}+0.99\frac{q_2l^4}{100EI}$$ 静荷载标准值：$q_{1k}=P_{1k}+P_{2k}=0.038+0.123=0.161\text{kN/m}$ 活荷载标准值：$q_{2k}=Q_k=1.05\text{kN/m}$	在进行荷载计算的时候，必须做到不漏算，不重复，并保留必要的小数点，以确保设计计算的准确性 强度计算一般设计者均会进行认真细致的计算，但往往会对挠度等正常使用极限状态缺乏必要的计算，认为正常使用极限状态不重要，其实有时候，正是由于模板支架工程在设计中未对正常使用极限状态引起足够的重视，造成如漏浆、尺寸偏差过大等质量通病

续上表

<table>
<tr><td>三跨连续梁均布荷载作用下的最大挠度
$\upsilon=0.677\times0.161\times1\,200^4/(100\times2.06\times10^5\times121\,900)+$
$0.99\times1.05\times1\,200^4/(100\times2.06\times10^5\times121\,900)$
$=0.948\text{mm}$
脚手板、纵向受弯构件的容许挠度不大于 $l/150$ 与 10mm,参考规范表 5.1.8。
大横杆的最大挠度小于 1 200/150=8mm 且小于 10mm,满足要求。</td><td>此处的表格指的是《建筑施工扣件式钢管脚手架安全技术规范》中的表 5.1.8</td></tr>
<tr><td>三、小横杆的计算
小横杆按照简支梁进行强度和挠度计算,大横杆在小横杆的上面。用大横杆支座的最大反力计算值,在最不利荷载布置下计算小横杆的最大弯矩和变形。计算简图见图 3-17。
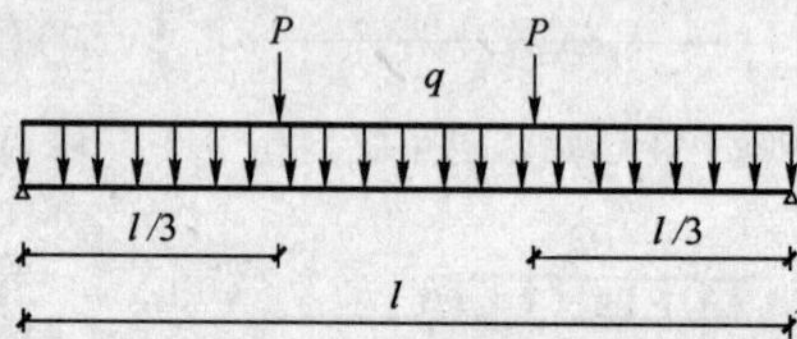

图 3-17　小横杆计算简图
1.荷载值计算
大横杆的自重荷载标准值:$P_{1k}=0.038\times1.2=0.046\text{kN}$
脚手板的荷载标准值:$P_{2k}=0.35\times1.05\times1.2/(2+1)=0.147\text{kN}$
活荷载标准值:$Q_k=3\times1.05\times1.2/(2+1)=1.26\text{kN}$
荷载的计算值:$P=1.2\times(0.046+0.147)+1.4\times1.26=1.996\text{kN}$
2.强度计算
最大弯矩考虑为小横杆自重均布荷载与荷载的计算值最不利分配的弯矩和。
均布荷载最大弯矩计算公式如下:
$$M_{q\max}=ql^2/8$$
$$M_{q\max}=1.2\times0.038\times1.05^2/8=0.006\text{kN}\cdot\text{m}$$
集中荷载最大弯矩计算公式如下:
$$M_{p\max}=\frac{Pl}{3}$$
$$M_{p\max}=1.996\times1.05/3=0.698\text{kN}\cdot\text{m}$$
最大弯矩　$M=M_{q\max}+M_{p\max}=0.705\text{kN}\cdot\text{m}$
$$\sigma=M/W=0.705\times10^6/5\,080=138.749\text{N/mm}^2$$
小横杆的计算强度小于 205N/mm²,满足要求。
3.挠度计算
最大挠度考虑为小横杆自重均布荷载与荷载的计算值最不利分配的挠度和。</td><td>小横杆的计算要点同上</td></tr>
</table>

续上表

<table>
<tr><td>
小横杆自重均布荷载引起的最大挠度计算公式如下：

$$\upsilon_{q\max}=\frac{5ql^4}{384EI}$$

$\upsilon_{q\max}=5\times0.038\times1\,050^4/(384\times2.06\times10^5\times121\,900)=0.024\text{mm}$

$$P=P_{1k}+P_{2k}+Q_k=0.046+0.147+1.26=1.453\text{kN}$$

集中荷载标准值最不利分配引起的最大挠度计算公式如下：

$$\upsilon_{p\max}=\frac{Pl(3l^2-4l^2/9)}{72EI}$$

$\upsilon_{p\max}=1\,453.08\times1\,050\times(3\times1\,050^2-4\times1\,050^2/9)/(72\times2.06\times10^5\times121\,900)$ $=2.378\text{mm}$

最大挠度之和：$\upsilon=\upsilon_{q\max}+\upsilon_{p\max}=0.024+2.378=2.402\text{mm}$

小横杆的最大挠度小于(1 050/150)=7mm 且小于 10mm，满足要求。
</td><td></td></tr>
<tr><td>
四、扣件抗滑力的计算

按规范表 5.1.7，直角、旋转单扣件承载力取值为 8kN，按照扣件抗滑承载力系数 0.8，该工程实际的旋转单扣件承载力取值为 6.4kN。

纵向或横向水平杆与立杆连接时，扣件的抗滑承载力按照下式计算：

$$R\leqslant R_c$$

式中：R_c——扣件抗滑承载力设计值，取 6.4kN；

R——纵向或横向水平杆传给立杆的竖向作用力设计值。

横杆的自重荷载标准值：$P_{1k}=0.038\times1.05=0.04\text{kN}$

脚手板的荷载标准值：$P_{2k}=0.35\times1.05\times1.2/2=0.221\text{kN}$

活荷载标准值：$Q_k=3\times1.05\times1.2/2=1.89\text{kN}$

荷载的计算值：$R=1.2\times(0.04+0.221)+1.4\times1.89=2.959\text{kN}$

$R<6.4\text{kN}$，单扣件抗滑承载力的设计计算满足要求。
</td><td>
此处的表格指的是《建筑施工扣件式钢管脚手架安全技术规范》中的表 5.1.7

计算公式是《建筑施工扣件式钢管脚手架安全技术规范》中的公式 5.2.5
</td></tr>
<tr><td>
五、脚手架荷载标准值

作用于脚手架的荷载包括静荷载、活荷载和风荷载。

静荷载标准值包括以下内容：

(1)每米立杆承受的结构自重荷载标准值(kN/m)，本例为 0.116l

$$N_{G1}=0.116\times25=2.9\text{kN}$$

(2)脚手板的自重荷载标准值(kN/m²)，本例采用竹串片脚手板，标准值为 0.35kN/m²

$$N_{G2}=0.35\times4\times1.2\times(1.05+0.3)/2=1.134\text{kN}$$

(3)栏杆与挡脚板自重荷载标准值(kN/m)，本例采用栏杆冲压钢，标准值为 0.11kN/m

$$N_{G3}=0.11\times4\times1.2/2=0.264\text{kN}$$

(4)吊挂的安全设施荷载，包括安全网，荷载标准值为 0.005(kN/m²)

$$N_{G4}=0.005\times1.2\times25=0.15\text{kN}$$

经计算得到，静荷载标准值

$$N_{Gk}=N_{G1}+N_{G2}+N_{G3}+N_{G4}=4.451\text{kN}$$

活荷载为施工荷载标准值产生的轴向力总和，内、外立杆按一纵距内施工
</td><td>
此处的风荷载计算按照《建筑结构荷载规范》(GB 50009—2001)，必须采用新规范的荷载值，必要时候，可以根据当地的实际情况考虑夏季的台风的影响，适当增大基本风压的取值，以策在夏季施工安全
</td></tr>
</table>

续上表

荷载总和的 1/2 取值。

经计算得到，活荷载标准值

$$N_{Qk}=3\times1.05\times1.2\times2/2=3.78\text{kN}$$

风荷载标准值应按照以下公式计算

$$w_k=0.7\mu_z\mu_s w_0$$

式中：w_0——基本风压(kN/m^2)，按照《建筑结构荷载规范》(GB 50009—2001)的规定采用；

$$w_0=0.4\text{kN/m}^2$$

μ_z——风荷载高度变化系数，按照《建筑结构荷载规范》(GB 50009—2001)的规定采用，$\mu_z=0.84$；

μ_s——风荷载体型系数，$\mu_s=0.649$。

经计算得到，风荷载标准值

$$w_k=0.7\times0.4\times0.84\times0.649=0.153\text{kN/m}^2$$

不考虑风荷载时，立杆的轴向压力设计值计算公式

$$N=1.2N_{Gk}+1.4N_{Qk}=1.2\times4.448+1.4\times3.78=10.63\text{kN}$$

考虑风荷载时，立杆的轴向压力设计值计算公式

$$N=1.2N_{Gk}+0.85\times1.4N_{Qk}=1.2\times4.448+0.85\times1.4\times3.78=9.836\text{kN}$$

风荷载设计值产生的立杆段弯矩 M_w 计算公式

$$M_w=0.85\times1.4w_kL_ah^2/10=0.85\times1.4\times0.153\times1.2\times1.8^2/10=0.071\text{kN}\cdot\text{m}$$

六、立杆的稳定性计算

1.不组合风荷载时，立杆的稳定性计算公式为

$$\sigma=\frac{N}{\varphi A}\leqslant[f]$$

立杆的轴心压力设计值：$N=10.633\text{kN}$

计算立杆的截面回转半径：$i=1.58\text{cm}$

计算长度附加系数：$k=1.155$

计算长度系数参照《建筑施工扣件式钢管脚手架安全技术规范》表 5.3.3 得：$\mu=1.5$

计算长度由公式 $l_0=k\mu h$ 确定：$l_0=3.119\text{m}$

$$l_0/i=197$$

轴心受压立杆的稳定系数 φ，由长细比 l_0/i 的结果查《建筑施工扣件式钢管脚手架安全技术规范》附表 C 得到：$\varphi=0.186$

立杆净截面面积：$A=4.89\text{cm}^2$

立杆净截面抵抗矩：$W=5.08\text{cm}^3$

钢管立杆抗压强度设计值：$[f]=205\text{N/mm}^2$

$$\sigma=10\,633/(0.186\times489)=116.91\text{N/mm}^2$$

立杆稳定性计算 $\sigma=116.901\text{N/mm}^2$，小于$[f]=205\text{N/mm}^2$，满足要求。

2.考虑风荷载时，立杆的稳定性计算公式

$$\sigma=\frac{N}{\varphi A}+\frac{M_w}{W}\leqslant[f]$$

稳定性计算是钢结构最重要的计算内容之一。所有的受压、压弯或拉弯钢构件，都存在失稳的可能。常常稳定性是钢结构构件设计计算的控制因素，构件的强度反而常常不是控制因素

续上表

立杆的轴心压力设计值：$N=9.839\text{kN}$ 计算立杆的截面回转半径：$i=1.58\text{cm}$ 计算长度附加系数：$k=1.155$ 计算长度系数参照《建筑施工扣件式钢管脚手架安全技术规范》表 5.3.3 得：$\mu=1.5$ 计算长度由公式 $l_0=k\mu h$ 确定：$l_0=3.119\text{m}$ $l_0/i=197$ 轴心受压立杆的稳定系数 φ，由长细比 l_0/i 的结果查《建筑施工扣件式钢管脚手架安全技术规范》附表 C 得到：$\varphi=0.186$ 立杆净截面面积：$A=4.89\text{cm}^2$ 立杆净截面抵抗矩：$W=5.08\text{cm}^3$ 钢管立杆抗压强度设计值：$[f]=205\text{N/mm}^2$ $\sigma=9\,838.8/(0.186\times489)+70\,624.475/5\,080=122.076\text{N/mm}^2$ 立杆稳定性计算 $\sigma=122.076\text{N/mm}^2$，小于$[f]=205\text{N/mm}^2$，满足要求。	φ—轴心受压立杆的稳定系数，由长细比 l_0/i 查《建筑施工扣件式钢管脚手架安全设计规范》的附录 C 得到；其他式中的各个参数是查附录 B 钢管截面特性得到的
七、最大搭设高度的计算 1. 不考虑风荷载时，采用单立管的敞开式、全封闭和半封闭的脚手架可搭设高度按照下式计算： $H_s=\dfrac{\varphi A\sigma-(1.2N_{G2k}+1.4N_{Qk})}{1.2g_k}$ 构配件自重标准值产生的轴向力(kN)计算公式为： $N_{G2k}=N_{G2}+N_{G3}+N_{G4}=1.548\text{kN}$ 活荷载标准值：$N_{Qk}=3.78\text{kN}$ 每米立杆承受的结构自重荷载标准值：$g_k=0.116\text{kN/m}$ $H_s=[0.186\times4.89\times10^{-4}\times205\times10^3-(1.2\times1.548+1.4\times3.78)]/(1.2\times0.116)=82.586\text{m}$ 脚手架搭设高度 H_s 等于或大于 26m，按照下式调整且不超过 50m $[H]=\dfrac{H_s}{1+0.001H}$ $[H]=82.515/(1+0.001\times82.515)=76.225\text{m}$ $[H]=76.225\text{m}$ 和 50m 比较取较小值，脚手架搭设高度限值$[H]=50\text{m}$。 2. 考虑风荷载时，采用单立管的敞开式、全封闭和半封闭的脚手架可搭设高度按照下式计算： $H_s=\dfrac{\varphi A\sigma-[1.2N_{G2k}+0.85\times1.4(N_{Qk}+\varphi AM_{wk}/W)]}{1.2g_k}$ 构配件自重标准值产生的轴向力 N_{G2k}(kN)计算公式为： $N_{G2k}=N_{G2}+N_{G3}+N_{G4}=1.548\text{kN}$ 活荷载标准值：$N_{Qk}=3.78\text{kN}$ 每米立杆承受的结构自重荷载标准值：$g_k=0.116\text{kN/m}$ 计算立杆段由风荷载标准值产生的弯矩： $M_{wk}=M_w/(1.4\times0.85)=0.071/(1.4\times0.85)=0.059\text{kN}\cdot\text{m}$	最大搭设高度的计算必须严格执行规范的要求，防止发生意外

续上表

<table>
<tr><td>
$H_s=(0.186\times4.89\times10^{-4}\times205\times10^{-3}-(1.2\times1.548+0.85\times1.4\times$
$(3.78+0.186\times4.89\times0.059/5.08))/(1.2\times0.116)$
$=79.136\text{m}$
脚手架搭设高度 H_s 等于或大于 26m，按照下式调整且不超过 50m
$$[H]=\frac{H_s}{1+0.001H_s}$$
$[H]=79.136/(1+0.001\times79.136)=73.333\text{m}$
$[H]=73.333\text{m}$ 和 50m 比较取较小值。经计算得到，脚手架搭设高度限值 $[H]=50\text{m}$，满足要求。
</td><td></td></tr>
<tr><td>
八、连墙件的计算
连墙件的轴向力计算值应按照下式计算
$$N_l=N_{lw}+N_0$$
风荷载基本风压值　$w_k=0.153\text{kN/m}^2$
每个连墙件的覆盖面积内脚手架外侧的迎风面积　$A_w=12.96\text{m}^2$
连墙件约束脚手架平面外变形所产生的轴向力 $N_0=5\text{kN}$
风荷载产生的连墙件轴向力设计值(kN)，应按照下式计算：
$$N_{lw}=1.4\times w_k\times A_w=2.77\text{kN}$$
连墙件的轴向力计算值　$N_l=N_{lw}+N_0=7.77\text{kN}$
式中：l——内排架离墙的距离。
由长细比 $l/i=300/15.8$ 的结果查《建筑施工扣件式钢管脚手架安全技术规范》附表 C 得到 0.949；
$$A=4.89\text{cm}^2,[f]=205\text{N/mm}^2$$
连墙件轴向力设计值
$N_f=\varphi\times A\times[f]=0.949\times4.89\times10^{-4}\times205\times10^3=95.133\text{kN}$
$N_l=7.77\text{kN}<N_f=95.133\text{kN}$，连墙件的设计计算满足要求。
连墙件采用双扣件与墙体连接。经过计算得到 $N_l=7.77\text{kN}$，小于双扣件的抗滑力 16kN，满足要求。
</td><td>连墙件的计算应该按照轴心受压构件进行计算，确保安全</td></tr>
<tr><td>
九、立杆的地基承载力计算
立杆基础底面的平均压力应满足下式的要求
$$p\leqslant f_a$$
地基承载力特征值：$f_a=f_{ak}\times k_c=150\text{kPa}$
其中，地基承载力特征值：$f_{ak}=300\text{kPa}$
脚手架地基承载力调整系数：$k_c=0.5$
立杆基础底面的平均压力：$p=N/A=109.32\text{kPa}$
其中，上部结构传至基础顶面的轴向力设计值：$N=9.839\text{kN}$
基础底面面积：$A=0.09\text{m}^2$
$p=109.32\text{kPa}\leqslant f_a=150\text{kPa}$，地基承载力的计算满足要求。
</td><td>根据脚手架结构的实际情况，在计算地基承载力的时候，可以不对地基承载力特征值进行修正，即修正后的地基承载力特征值 f_a 等于地基承载力特征值 f_{ak}</td></tr>
</table>

第六节　门架计算示例

编制依据： 支架的计算除根据本工程实际情况以外，尚应参照以下标准规范： 《建筑施工门式钢管脚手架安全技术规范》(JGJ 128—2000) 《建筑结构荷载规范》(GB 50009—2001) 《钢结构设计规范》(GB 50017—2003) 《混凝土结构设计规范》(GB 50010—2002) 《建筑地基基础设计规范》(GB 50007—2002) 《建筑施工手册》第四版等	支架计算中应该简单明了地写出编制依据，以便他人核查
工程概况： 某公司综合楼工程位于浙江省杭州市地区，属于钢筋混凝土现浇框架剪力墙结构，共10层，建筑总面积9 000m^2，综合楼高度为40m。 支架体系选择 考虑到本工程施工工期、质量和安全要求，在选择方案时，应充分考虑以下几点： 1.支架的结构设计，力求做到结构要安全可靠，造价经济合理。 2.在规定的条件下和规定的使用期限内，能够充分满足可以预期的安全性和耐久性要求。 3.选用材料时，力求做到常见通用、可周转利用，便于保养维修。 4.结构选型时，力求做到受力明确，构造措施合理有效，搭拆方便，便于检查验收。	工程概况简单明了地写出与本支架设计计算相关的内容即可
主要计算内容： 1.立杆的稳定性计算 2.最大搭设高度的计算 3.连墙件的计算 4.立杆的地基承载力计算	门架计算的主要内容
一、参数信息 1.脚手架参数 计算的脚手架搭设高度为40m，门架型号采用门架MF1219，钢材采用Q235。扣件方式为单扣件连接方式。 搭设尺寸为：门架的宽度b=1.219m，门架的高度h_0=1.93m，步距1.95m，跨距l=1.83m。门架h_1=1.536m，h_2=0.1m，b_1=0.75m。门架立杆采用ϕ48×3.5mm钢管，立杆加强杆采用ϕ26.8×2.5mm钢管，连墙件布置参数：两步三跨；连墙件连接方式：焊缝连接；连墙件的竖向间距3.9m，水平间距5.49m。 2.荷载参数 浙江省杭州市地区，基本风压为0.45kPa，风荷载高度变化系数μ_z为1.0，风荷载体型系数μ_s为1.2；施工均布荷载为2.5kN/m^2，同时施工2层。	支架设计的参数信息应简明了地写出与设计计算相关信息，如脚手架参数、荷载参数等 荷载参数一般取自《建筑施工门式钢管脚手架安全技术规范》中列出的材料相关参数，当本单位有确切经验时，也可以采用自定的值

续上表

3.地基参数 地基土类型：碎石土；地基承载力标准值 500kN/m^2；基础底面扩展面积：0.2m^2；基础降低系数：0.4。 计算门架的几何尺寸图 3-18 如下： 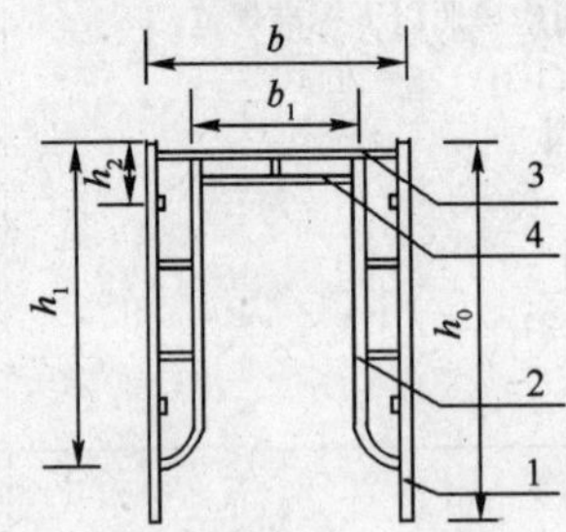 图 3-18　计算门架的几何尺寸图 1-立杆；2-立杆加强杆；3-横杆；4-横杆加强杆	地基参数应根据现行的《建筑地基基础设计规范》（GB 50007—2002）执行。因《建筑施工门式钢管脚手架安全技术规范》（JGJ 128—2000）发布执行的时间早于地基基础规范，其相应的内容还是（GBJ 7—89）的内容。特此说明，在本示例中将采用新版地基基础规范的内容，并参考门式脚手架规范的相关内容进行计算
二、脚手架荷载标准值 作用于脚手架的荷载包括静荷载、活荷载和风荷载。 1.静荷载计算 静荷载标准值包括以下内容： （1）脚手架自重荷载产生的轴向力（kN/m） 门架的每跨距内，每步架高内的构配件及其重量分别为： 门架 MF1219　1 榀　0.224kN 交叉支撑　2 副　2×0.04＝0.08kN 水平架　5 步 4 设　0.165×4/5＝0.132kN 脚手板　5 步 1 设　0.184×1/5＝0.037kN 连接棒　2 个　2×0.006＝0.012kN 锁臂　2 副　2×0.009＝0.018kN 合计　0.503kN 经计算得到，每米高脚手架自重荷载合计 $N_{Gk1}=0.258$kN/m。 （2）加固杆、剪刀撑和附件等产生的轴向力计算（kN/m），剪刀撑采用ϕ42×2.5mm 钢管，按照 4 步 4 跨设置，每米高的钢管自重荷载计算： $\tan\alpha=(4\times1.95)/(4\times1.83)=1.066$ $2\times0.024\times(4\times1.83)/\cos\alpha/(4\times1.95)=0.067$kN/m 水平加固杆采用 ϕ42×2.5mm 钢管，按照 1 步 4 跨设置，每米高的钢管自重荷载为： $0.024\times(4\times1.83)/(1\times1.95)=0.09$kN/m 每跨内的直角扣件 1 个，旋转扣件 4 个，每米高的钢管自重荷载为 0.037kN/m； $(1\times0.0135+4\times0.0145)/1.95=0.037$kN/m	此处的风荷载计算是按照《建筑结构荷载规范》（GB 50009—2001），必须采用新规范的荷载值，必要时候，可以根据当地的实际情况考虑夏季的台风的影响，适当增大基本风压的取值，以策在夏季施工安全

续上表

<table>
<tr><td>

每米高的附件自重荷载为 0.02kN/m；每米高的栏杆自重荷载为 0.01kN/m；经计算得到，每米高脚手架加固杆、剪刀撑和附件等产生的轴向力合计 N_{Gk2}＝0.225kN/m；经计算得到，静荷载标准值总计为 N_{Gk}＝0.483kN/m；

2.活荷载计算

活荷载为各施工层施工荷载作用于一榀门架产生的轴向力标准值总和。经计算得到，活荷载标准值 N_{Qk}＝11.154kN；

3.风荷载计算

风荷载标准值应按照以下公式计算

$$w_k = 0.7\mu_z\mu_s w_0$$

式中：w_0——基本风压(kN/m²)，按照《建筑结构荷载规范》(GB 50009—2001)的规定采用 w_0＝0.45kN/m²；

μ_z——风荷载高度变化系数，按照《建筑结构荷载规范》(GB 50009—2001)的规定采用 μ_z＝1.0；

μ_s——风荷载体型系数，μ_s＝1.2。

经计算得到，风荷载标准值 w_k＝0.378kN/m²。

</td><td></td></tr>
<tr><td>

三、立杆的稳定性计算

作用于一榀门架的轴向力设计值计算公式(不组合风荷载)

$$N = 1.2N_{Gk}H + 1.4N_{Qk}$$

式中：N_{Gk}——每米高脚手架的静荷载标准值，N_{Gk}＝0.483kN/m；

N_{Qk}——脚手架的活荷载标准值，N_{Qk}＝11.154kN；

H——脚手架的搭设高度，H＝40m。

经计算得到，N＝38.801kN。

作用于一榀门架的轴向力设计值计算公式(组合风荷载)

$$N = 1.2N_{Gk}H + 0.85 \times 1.4\left(N_{Qk} + \frac{2q_k H_1^2}{10b}\right)$$

式中：q_k——风荷载标准值，q_k＝0.692kN/m；

H_1——连墙件的竖向间距，H_1＝3.9m。

经计算得到，N＝38.513kN。

门式钢管脚手架的稳定性按照下列公式计算

$$N \leqslant N_d$$

式中：N——作用于一榀门架的轴向力设计值，取以上两式的较大者，N＝38.801kN；

N_d——一榀门架的稳定承载力设计值(kN)。

一榀门架的稳定承载力设计值公式计算

$$N_d = \varphi A f$$

$$i = \sqrt{\frac{I}{A_1}}$$

$$I = I_0 + I_1 \cdot h_1/h_0$$

</td><td>稳定性计算是钢结构最重要的计算内容之一。所有的受压、压弯或拉弯钢构件，都存在失稳的可能。常常稳定性是钢结构构件设计计算的控制因素，构件的强度反而常常不是控制因素</td></tr>
</table>

续上表

式中：A——榀门架立杆的截面面积，$A=3.82\text{cm}^2$； f——门架钢材的强度设计值，$f=205\text{N/mm}^2$； φ——门架立杆的稳定系数，由长细比 kh_0/i 查表得到，$\varphi=0.634$； k——调整系数，$k=1.17$； i——门架立杆的换算截面回转半径，$i=2.41\text{cm}$； I——门架立杆的换算截面惯性矩，$I=11.12\text{cm}^4$； h_0——门架的高度，$H_0=1.93\text{m}$； I_0——门架立杆的截面惯性矩，$I_0=1.42\text{cm}^4$； A_1——门架立杆的截面面积，$A_1=1.91\text{cm}^2$； h_1——门架加强杆的高度，$h_1=1.54\text{m}$； I_1——门架加强杆的截面惯性矩，$I_1=12.19\text{cm}^4$。 经计算得到，$N_d=496.485\text{kN}$。 立杆的稳定性计算 $N<N_d$，满足要求。	φ——轴心受压立杆的稳定系数，由长细比 l_0/i 查《建筑施工扣件式钢管脚手架安全设计规范》的附录C得到；其他式中的各个参数是查附录B钢管截面特性得到的
四、最大搭设高度的计算 组合风荷载时，脚手架搭设高度按照下式计算： $$H_d=\frac{\varphi Af-1.4N_Q}{1.2N_G}$$ 不组合风荷载时，脚手架搭设高度按照下式计算： $$H_d=\frac{\varphi Af-0.85\times1.4(N_Q+2q_kH_1^2/10/b)}{1.2N_G}$$ 经计算得到，按照稳定性计算的搭设高度 $H_d=62.76\text{m}$。 脚手架搭设高度 $H>60\text{m}$，取60m。	最大搭设高度的计算必须严格执行规范的要求，防止发生意外
五、连墙件的计算 连墙件的轴向力设计值应按照下式计算： $$N_c\leqslant N_f=0.85\varphi Af$$ $$N_c=N_w+3$$ 式中：φ——连墙件的稳定系数； A——连墙件的截面面积； N_w——风荷载产生的连墙件轴向力设计值(kN)，应按照下式计算： $$N_w=1.4\times w_k\times H_1\times L_1$$ w_k——风荷载基本风压值(kN/m^2)：$w_k=0.378$； H_1——连墙件的竖向间距(m)：$H_1=3.9$； L_1——连墙件的水平间距(m)：$L_1=5.49$； 经计算得到，$N_w=11.331\text{kN}$ N_c——风荷载及其他作用对连墙件产生的拉、压力设计值(kN)。 $$N_c=N_w+3=14.331\text{kN}$$	连墙件的计算应该按照轴心受压构件进行计算，确保安全

续上表

经计算得到，$N_f=54.022$kN。 连墙件的设计计算满足要求。 连墙件采用焊接方式与墙体连接(图 3-19)，对接焊缝强度计算公式如下 $$\sigma=\frac{N}{l_w t}\leqslant f_c \text{ 或 } f_t$$ 式中：N——连墙件的轴向拉力，$N=11.331$kN； l_w——连墙件的周长，取 $l_w=p_i\times d=150.796$mm； t——连墙件的焊脚尺寸，$t=3.5$mm； f_t 或 f_c——对接焊缝的抗拉或抗压强度，取 185N/mm^2。 对接焊缝抗拉强度 $\sigma=11\,330.701/(150.796\times3.5)=21.468$N/mm^2 对接焊缝抗拉强度 $\sigma=21.468$N/mm^2，小于 $f_t=185$N/mm^2；对接焊缝的抗拉或抗压强度计算满足要求。 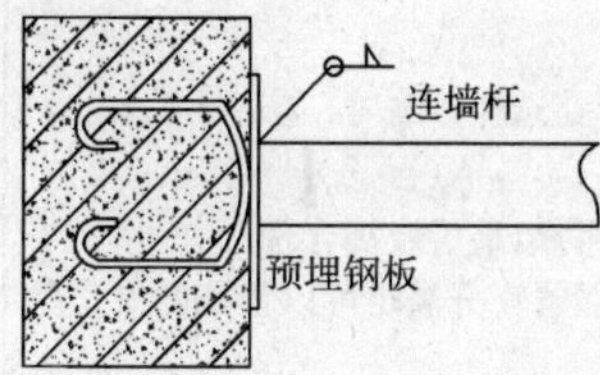 图 3-19　连墙件对接焊缝连接示意图	
六、立杆的地基承载力计算 立杆基础底面的平均压力应满足下式的要求 $$p\leqslant f_a$$ 地基承载力特征值： $$f_a=f_{ak}\times k_c=200\text{kPa}$$ 其中，地基承载力特征值：$f_{ak}=500$kPa 脚手架地基承载力调整系数：$k_c=0.4$ 立杆基础底面的平均压力：$p=N/A=194$kPa 其中，上部结构传至基础顶面的轴向力设计值：$N=38.8$kN 基础底面面积：$A=0.2$m^2 $p\leqslant f_a$，地基承载力的计算满足要求。	根据脚手架结构的实际情况，在计算地基承载力的时候，可以不对地基承载力特征值进行修正，即修正后的地基承载力特征值 f_a 等于地基承载力特征值 f_{ak}

第七节　梁支撑架计算示例

<table>
<tr><td>

编制依据：

支架的计算除根据本工程实际情况以外，尚应参照以下标准规范：

《建筑施工扣件式钢管脚手架安全技术规范》(JGJ 130—2001)

《建筑结构荷载规范》(GB 50009—2001)

《钢结构设计规范》(GB 50017—2003)

《木结构设计规范》(GB 50005—2003)

《混凝土结构设计规范》(GB 50010—2002)

《建筑地基基础设计规范》(GB 50007—2002)

《建筑施工手册》第四版等

</td><td>支架计算中应该简单明了地写出编制依据，以便他人核查</td></tr>
<tr><td>

工程概况：

某公司综合楼工程属于钢筋混凝土现浇框架结构，共6层，建筑总面积5 000m²，综合楼高度为22m。

支架体系选择

考虑到本工程施工工期、质量和安全要求，在选择方案时，应充分考虑以下几点：

1. 支架的结构设计，力求做到结构要安全可靠，造价经济合理。

2. 在规定的条件下和规定的使用期限内，能够充分满足可以预期的安全性和耐久性要求。

3. 选用材料时，力求做到常见通用、可周转利用，便于保养维修。

4. 结构选型时，力求做到受力明确，构造措施合理有效，搭拆方便，便于检查验收。

</td><td>工程概况简单明了地写出与本支架设计计算相关的内容即可</td></tr>
<tr><td>

主要计算内容：

1. 梁底支撑方木的计算

2. 梁底支撑钢管的计算

3. 梁底纵向钢管计算

4. 扣件抗滑力的计算

5. 立杆的稳定性计算

</td><td>梁支撑架计算的主要内容</td></tr>
<tr><td>

一、参数信息

1. 脚手架参数

立柱梁跨度方向间距：1.0m；立杆上端伸出至模板支撑点长度 a：0.3m；

脚手架步距：1.0m；脚手架搭设高度：6.0m；

梁两侧立柱间距：1.2m；承重架支设：无承重立杆，木方平行梁截面 A。

2. 荷载参数

模板与木块自重力：0.35kN/m²；梁截面宽度 B：0.25m；

混凝土和钢筋自重力：25kN/m³；梁截面高度 D：0.45m；

倾倒混凝土荷载标准值：2kN/m²；施工均布荷载标准值：2kN/m²。

</td><td>支架设计参数信息应简明地写出与设计计算相关信息，如脚手架参数、荷载参数等</td></tr>
</table>

续上表

3. 木方参数 木方弹性模量 E：9 500N/mm^2；木方抗弯强度设计值：13N/mm^2； 木方抗剪强度设计值：1.3N/mm^2；木方的间隔距离：300mm； 木方的截面宽度：80mm；木方的截面高度：100mm。 4. 其他 梁模板支撑架立面简图 3-20 如下： 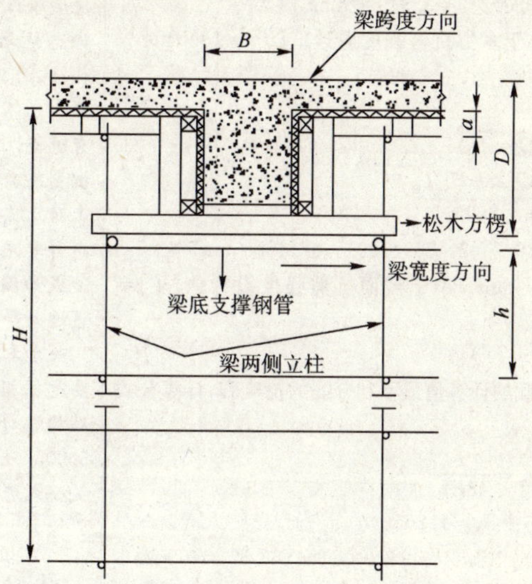 图 3-20 梁模板支撑架立面简图 采用的钢管类型为 ϕ48×3.5mm。扣件连接方式：双扣件，扣件抗滑承载力系数：0.8。	荷载参数一般取自《建筑施工扣件式钢管脚手架安全技术规范》中列出的材料相关参数，当本单位有确切经验时，也可以采用自定的值
二、梁底支撑方木的计算 1. 荷载的计算 (1)钢筋混凝土梁自重荷载(kN)： $q_1=25\times0.25\times0.45\times0.3=0.844$kN (2)模板的自重荷载(kN)： $q_2=0.35\times0.3\times(2\times0.45+0.25)=0.121$kN (3)活荷载为施工荷载标准值与振捣混凝土时产生的荷载(kN)： 经计算得到，活荷载标准值 $P_k=(2+2)\times0.25\times0.3=0.3$kN 2. 木方楞的传递集中力计算 静荷载设计值：　$q=1.2\times0.844+1.2\times0.121=1.158$kN 活荷载设计值：　$P=1.4\times0.3=0.42$kN $P=1.158+0.42=1.578$kN	在进行荷载计算的时候，必须做到不漏算，不重复，并保留必要的小数点，以确保设计计算的准确性

续上表

3. 支撑方木抗弯强度计算 最大弯矩考虑为简支梁集中荷载作用下的弯矩 跨中最大弯距计算公式如下： $$M_{\max}=\frac{Pl}{4}$$ 跨中最大弯距　$M_{\max}=1.578\times1.2/4=0.473\text{kN}\cdot\text{m}$ 木方抗弯强度 $\sigma=473\,220/133\,333.333=3.549\text{N/mm}^2$ 木方抗弯强度 3.549N/mm²，小于木方抗弯强度设计值$[f]=13\text{N/mm}^2$，所以满足要求。 4. 支撑方木抗剪计算 最大剪力的计算公式如下：　$Q=P/2$ 截面抗剪强度必须满足：$T=3Q/2bh<[T]$ 其中，最大剪力　$Q=1.578/2=0.789\text{kN}$ 截面抗剪强度计算值 $T=3\times788.7/(2\times80\times100)=0.148\text{N/mm}^2$ 截面抗剪强度计算值 0.148N/mm²，小于截面抗剪强度设计值$[T]=1.3\text{N/mm}^2$，所以满足要求。 5. 支撑方木挠度计算 最大弯矩考虑为静荷载与活荷载的计算值最不利分配的挠度和，计算公式如下： $$\upsilon_{\max}=\frac{Pl^3}{48EI}$$ 集中荷载　　　$P=q_1+q_2+P_k=1.265\text{kN}$ 最大挠度　$\upsilon_{\max}=1\,264.5\times1\,200\times10^3/(48\times9\,500\times6\,666\,666.67)=0.5\text{mm}$ 木方的最大挠度 0.5mm，小于 $l/250=1\,200/250=4.8\text{mm}$，所以满足要求。	强度计算一般设计者均会进行认真细致的计算，但往往会对挠度等正常使用极限状态缺乏必要的计算，认为正常使用极限状态不重要，其实有时候，正是由于模板支架工程在设计中未对正常使用极限状态引起足够的重视，造成如漏浆、尺寸偏差过大等质量通病 关于木方的计算主要是根据现行的《木结构设计规范》(GB 50005—2003)中的相关公式进行的
三、梁底支撑钢管的计算 作用于支撑钢管的荷载包括梁与模板自重荷载，施工活荷载等，通过方木的集中荷载传递。 支撑钢管的强度计算 按照集中荷载作用下的简支梁计算。 集中荷载 P 传递力，$P=1.577\text{kN}$； 计算简图 3-21 如下： 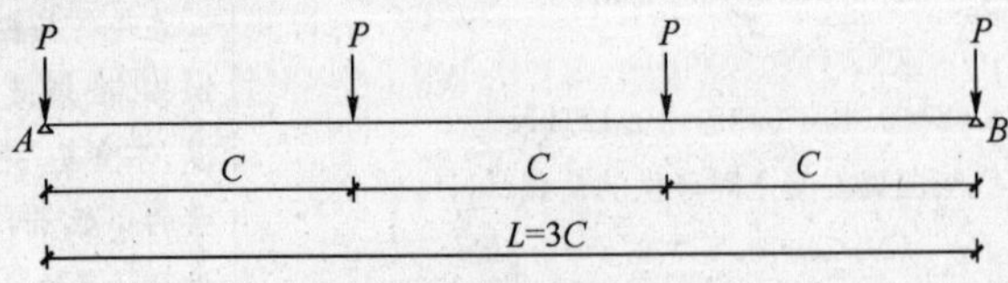 图 3-21　支撑钢管计算简图 支撑钢管按照简支梁的计算公式 $$R_A=R_B=\frac{n-1}{2}P+P$$	

续上表

<table>
<tr><td>

$$M_{max}=\begin{cases}\frac{(n^2-1)Pl}{8n}(n\text{为奇数})\\ \frac{nPl}{8}(n\text{为偶数})\end{cases}$$

其中，$n=1/0.3=3$。
经过简支梁的计算得到：
钢管支座反力：$R_A=R_B=(3-1)/2\times1.577+1.577=3.154$kN
通过传递到支座的最大力为：$2\times1.577+1.577=4.73$kN
钢管最大弯矩：$M_{max}=(3\times3-1)\times1.577\times1.0/(8\times3)=0.526$kN·m
截面应力：$\sigma=0.526\times10^6/5\,080=103.504$N/mm^2
支撑钢管的计算强度小于205N/mm^2，满足要求。
</td><td></td></tr>
<tr><td>
四、梁底纵向钢管计算
纵向钢管只起构造作用，通过扣件连接到立杆。
</td><td></td></tr>
<tr><td>
五、扣件抗滑移的计算
按规范表5.1.7，双扣件承载力设计值取16kN，按照扣件抗滑承载力系数0.8，该工程实际的旋转双扣件承载力取值为12.8kN。
纵向或横向水平杆与立杆连接时，扣件的抗滑承载力按照下式计算：

$$R\leqslant R_c$$

式中：R_c——扣件抗滑承载力设计值，取12.8kN；
R——纵向或横向水平杆传给立杆的竖向作用力设计值。
计算中R取最大支座反力，$R=4.73$kN；
$R<12.8$kN，所以双扣件抗滑承载力的设计计算满足要求。
</td><td>此处的表格指的是《建筑施工扣件式钢管脚手架安全技术规范》中的表5.1.7
计算公式是《建筑施工扣件式钢管脚手架安全技术规范》中的公式5.2.5</td></tr>
<tr><td>
六、立杆的稳定性计算
立杆的稳定性计算公式

$$\sigma=\frac{N}{\varphi A}\leqslant[f]$$

式中：N——立杆的轴心压力设计值，它包括：
横杆的最大支座反力$N_1=4.732$kN
脚手架钢管的自重$N_2=1.2\times0.14\times6=1.008$kN
楼板的混凝土模板的自重$N_3=0.72$kN

$$N=4.732+1.008+0.72=6.46\text{kN}$$

φ——轴心受压立杆的稳定系数，由长细比l_0/i查表得到；
l_0——计算长度(m)；
i——计算立杆的截面回转半径，$i=1.58$cm；
A——立杆净截面面积，$A=4.89$cm^2；
σ——钢管立杆抗压强度计算值(N/mm^2)；
$[f]$——钢管立杆抗压强度设计值：$[f]=205$N/mm^2。
</td><td>稳定性计算是钢结构最重要的计算内容之一。所有的受压、压弯或拉弯钢构件，都存在失稳的可能。常常稳定性是钢结构构件设计计算的控制因素，构件的强度反而常常不是控制因素</td></tr>
</table>

续上表

<table>
<tr><td>

如果完全参照《建筑施工扣件式钢管脚手架安全设计规范》不考虑高支撑架，由下列公式计算：

$$l_0=k\mu h$$

式中：k——计算长度附加系数，按照表 3-6 取值为 1.185；

μ——计算长度系数，参照《建筑施工扣件式钢管脚手架安全设计规范》表 5.3.3，$\mu=1.70$；

a——立杆上端伸出顶层横杆中心线至模板支撑点的长度：$a=0.3$m；

立杆计算长度：

$$l_0=k\mu h=1.185\times1.70\times1.0=2.015\text{m}$$

$$l_0/i=2\,014.5/15.8=128$$

由长细比 l_0/i 的结果查表得到轴心受压立杆的稳定系数 $\varphi=0.406$

钢管立杆受压强度计算值；$\sigma=6\,524.28/(0.406\times489)=32.862\text{N/mm}^2$

立杆稳定性计算 $\sigma=32.862\text{N/mm}^2$，小于$[f]=205\text{N/mm}^2$，满足要求。

模板承重架应尽量利用剪力墙或柱作为连接连墙件，否则存在安全隐患。

模板支架计算长度附加系数 k　　表 3-6

步距 h(m)	$h\leqslant0.9$	$0.9<h\leqslant1.2$	$1.2<h\leqslant1.5$	$1.5<h\leqslant2.1$
k	1.243	1.185	1.167	1.163

</td><td>

φ——轴心受压立杆的稳定系数，由长细比 l_0/i 查《建筑施工扣件式钢管脚手架安全设计规范》的附录 C 得到；其他式中的各个参数是查附录 B 钢管截面特性得到的

</td></tr>
<tr><td>

七、梁模板高支撑架的构造和施工要求

除了要遵守《建筑施工扣件式钢管脚手架安全设计规范》的相关要求外，还要考虑以下内容。

1.模板支架的构造要求

(1)梁板模板高支撑架可以根据设计荷载采用单立杆或双立杆；

(2)立杆之间必须按步距满设双向水平杆，确保两方向足够的设计刚度；

(3)梁和楼板荷载相差较大时，可以采用不同的立杆间距，但只宜在一个方向变距、而另一个方向不变。

2.立杆步距的设计

(1)当架体构造荷载在立杆不同高度轴力变化不大时，可以采用等步距设置；

(2)当中部有加强层或支架很高，轴力沿高度分布变化较大，可采用下小上大的变步距设置，但变化不要过多；

(3)高支撑架步距以 0.9～1.5m 为宜，不宜超过 1.5m。

3.整体性构造层的设计

(1)当支撑架高度≥20m 或横向高宽比≥6 时，需要设置整体性单或双水平加强层；

(2)单水平加强层可以每 4～6m 沿水平结构层设置水平斜杆或剪刀撑，且须与立杆连接，设置斜杆层数要大于水平框格总数的 1/3；

(3)双水平加强层在支撑架的顶部和中部每隔 10～15m 设置，四周和中部每 10～15m 设竖向斜杆，使其具有较大刚度和变形约束的空间结构层；

</td><td>

在脚手架的设计计算中，除了按照相关规范进行必要的计算验算以外，在脚手架的设计方案中，还要有必要的构造要求。在工程实践中，要避免出现两种倾向：重计算轻构造，重构造(经验)轻计算。这两种倾向都是非常危险的，很多临时结构工程的事故往往与此有关

</td></tr>
</table>

续上表

(4)在任何情况下,高支撑架的顶部和底部(扫地杆的设置层)必须设水平加强层。 4.剪刀撑的设计 (1)沿支架四周外立面应满足立面满设剪刀撑; (2)中部可根据需要并依构架框格的大小,每隔10~15m设置。 5.顶部支撑点的设计 (1)最好在立杆顶部设置支托板,其距离支架顶层横杆的高度不宜大于400mm; (2)顶部支撑点位于顶层横杆时,应靠近立杆,且不宜大于200mm; (3)支撑横杆与立杆的连接扣件应进行抗滑验算,当设计荷载 $N \leqslant 12kN$ 时,可用双扣件;大于12kN时应用顶托方式。 6.支撑架搭设的要求 (1)严格按照设计尺寸搭设,立杆和水平杆的接头均应错开在不同的框格层中设置; (2)确保立杆的垂直偏差和横杆的水平偏差小于《建筑施工扣件式钢管脚手架安全设计规范》的要求; (3)确保每个扣件和钢管的质量是满足要求的,每个扣件的拧紧力矩都要控制在45~60N·m,钢管不能选用已经长期使用发生变形的; (4)地基支座的设计要满足承载力的要求。 7.施工使用的要求 (1)精心设计混凝土浇筑方案,确保模板支架施工过程中均衡受载,最好采用由中部向两边扩展的浇筑方式; (2)严格控制实际施工荷载不超过设计荷载,对出现超过最大荷载的要有相应的控制措施,钢筋等材料不能在支架上方堆放; (3)浇筑过程中,派人检查支架和支承情况,发现下沉、松动和变形情况及时解决。	在脚手架的设计计算中,除了按照相关规范进行必要的计算验算以外,在脚手架的设计方案中,还要有必要的构造要求。在工程实践中,要避免出现两种倾向:重计算轻构造,重构造(经验)轻计算。这两种倾向都是非常危险的,很多临时结构工程的事故往往与此有关

第八节　落地平台计算示例

编制依据: 支架的计算除根据本工程实际情况以外,尚应参照以下标准规范: 《建筑施工扣件式钢管脚手架安全技术规范》(JGJ 130—2001) 《建筑结构荷载规范》(GB 50009—2001) 《钢结构设计规范》(GB 50017—2003) 《混凝土结构设计规范》(GB 50010—2002) 《建筑地基基础设计规范》(GB 50007—2002) 《建筑施工手册》第四版等	支架计算中应该简单明了地写出编制依据,以便他人核查

续上表

工程概况： 某公司综合楼工程属于钢筋混凝土现浇框架结构，共 6 层，建筑总面积 5 000m²，综合楼高度为 22m。 支架体系选择 考虑到本工程施工工期、质量和安全要求，在选择方案时，应充分考虑以下几点： 1. 支架的结构设计，力求做到结构要安全可靠，造价经济合理。 2. 在规定的条件下和规定的使用期限内，能够充分满足可以预期的安全性和耐久性要求。 3. 选用材料时，力求做到常见通用、可周转利用，便于保养维修。 4. 结构选型时，力求做到受力明确，构造措施合理有效，搭拆方便，便于检查验收。	工程概况简单明了地写出与本支架设计计算相关的内容即可
主要计算内容： 1. 梁底支撑方木的计算 2. 梁底支撑钢管的计算 3. 梁底纵向钢管计算 4. 扣件抗滑力的计算 5. 立杆的稳定性计算 支撑高度在 4m 以上的模板支架被称为扣件式钢管高支撑架，对于高支撑架的计算规范存在重要疏漏，使计算极容易出现不能完全确保安全的计算结果。	落地平台计算的主要内容
一、参数信息 1. 基本参数 立柱横向间距或排距 l_a：1.0m；脚手架步距 h：1.5m； 立杆纵向间距 l_b：0.9m；脚手架搭设高度 H：20.0m； 立杆上端伸出至模板支撑点的长度 a：0.3m；平台底钢管间距离：300mm； 钢管类型：ϕ48×3.5mm。扣件连接方式：双扣件，扣件抗滑承载力系数：0.8。 2. 荷载参数 脚手板自重荷载：0.3kN/m²； 栏杆自重荷载：0.15kN/m²； 材料堆放最大荷载：5.0kN/m²； 施工均布荷载标准值：1.0kN/m²； 落地平台支撑架立面简图 3-22 如下：	

续上表

<table>
<tr>
<td>
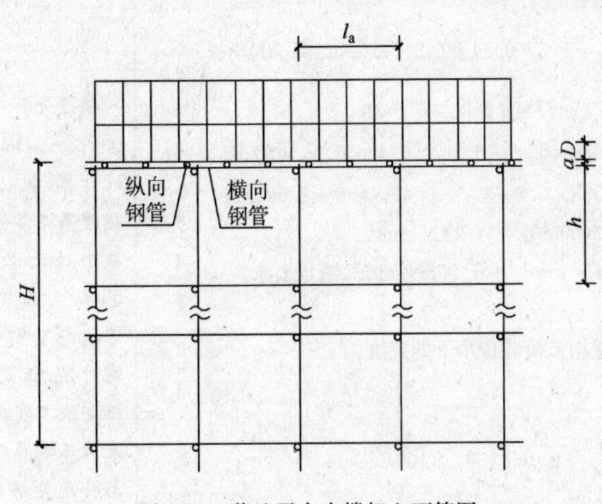

图 3-22　落地平台支撑架立面简图
</td>
<td>
支架设计的参数信息应简明地写出与设计计算相关信息，如脚手架参数、荷载参数和计算简图等
荷载参数一般取自《建筑施工扣件式钢管脚手架安全技术规范》中列出的材料相关参数，当本单位有确切经验时，也可以采用自定的值
</td>
</tr>
<tr>
<td>

二、纵向支撑钢管计算

纵向钢管按照均布荷载下连续梁计算，截面力学参数为

截面抵抗矩 $W=5.08\text{cm}^3$；

截面惯性矩 $I=12.19\text{cm}^4$；

计算简图 3-23 如下：

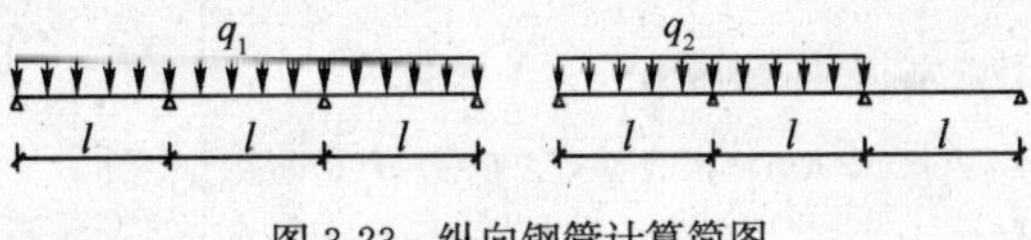

图 3-23　纵向钢管计算简图

1.荷载的计算

脚手板与栏杆自重荷载：　$q_{11}=0.15+0.3\times0.3=0.24\text{kN/m}$

堆放材料的自重线荷载：　$q_{12}=5\times0.3=1.5\text{kN/m}$

活荷载为施工荷载标准值：　$p_k=1\times0.3=0.3\text{kN/m}$

2.强度计算

最大弯矩考虑为三跨连续梁均布荷载作用下的弯矩。

最大弯矩考虑为静荷载与活荷载的计算值最不利分配的弯矩和；

最大弯矩计算公式如下：

$$M_{2\max}=-0.10q_1l^2-0.117q_2l^2$$

最大支座力计算公式如下：

$$N=1.1q_1l+1.2q_2l$$

</td>
<td>
在进行荷载计算的时候，必须做到不漏算，不重复，并保留必要的小数点，以确保设计计算的准确性
</td>
</tr>
</table>

续上表

均布恒载：

$$q_1=1.2\times q_{11}+1.2\times q_{12}=1.2\times 0.24+1.2\times 1.5=2.088\text{kN/m}$$

均布活载： $q_2=1.4\times 0.3=0.42\text{kN/m}$

最大弯距 $M_{\max}=0.1\times 2.088\times 0.9^2+0.117\times 0.42\times 0.9^2=0.209\text{kN}\cdot\text{m}$

最大支座力 $N=1.1\times 2.088\times 0.9+1.2\times 0.42\times 0.9=2.521\text{kN}$

截面应力 $\sigma=0.209\times 10^6/(5\,080)=41.14\text{N/mm}^2$

纵向钢管的计算强度 41.14N/mm²，小于 205N/mm²，满足要求。

3. 挠度计算

最大挠度考虑为三跨连续梁均布荷载作用下的挠度。

挠度计算公式如下：

$$\upsilon_{\max}=0.677\frac{ql^4}{100EI}+0.99\frac{pl^4}{100EI}$$

均布恒载： $q=q_{11}+q_{12}=1.74\text{kN/m}$

均布活载： $p=0.3\text{kN/m}$

$\upsilon=(0.677\times 1.74+0.99\times 0.3)\times 900^4/(100\times 2.06\times 10^5\times 121\,900)=0.385\text{mm}$

纵向钢管的最大挠度小于 1 000mm/250mm=4mm 与 10mm，满足要求。

强度计算一般设计者均会进行认真细致的计算，但往往会对挠度等正常使用极限状态缺乏必要的计算，认为正常使用极限状态不重要，其实有时候，正是由于模板支架工程在设计中未对正常使用极限状态引起足够的重视，造成如漏浆、尺寸偏差过大等质量通病

三、横向支撑钢管计算

支撑钢管按照集中荷载作用下的三跨连续梁计算，计算简图如图 3-24 所示。

集中荷载 P 取纵向板底支撑传递力，$P=2.521\text{kN}$；

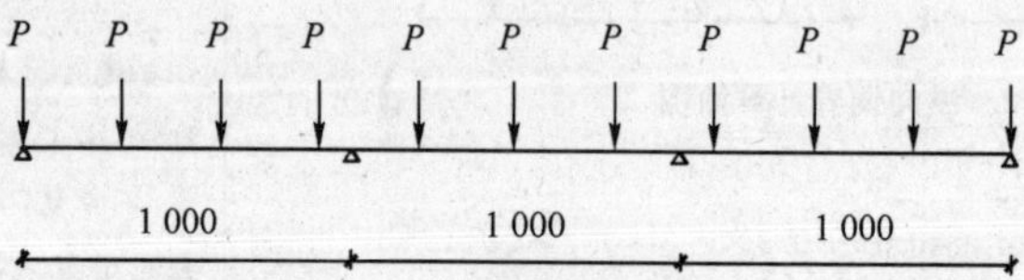

图 3-24 支撑钢管计算简图

支撑钢管内力图(图 3-25、图 3-27)和变形图(图 3-26)如下：

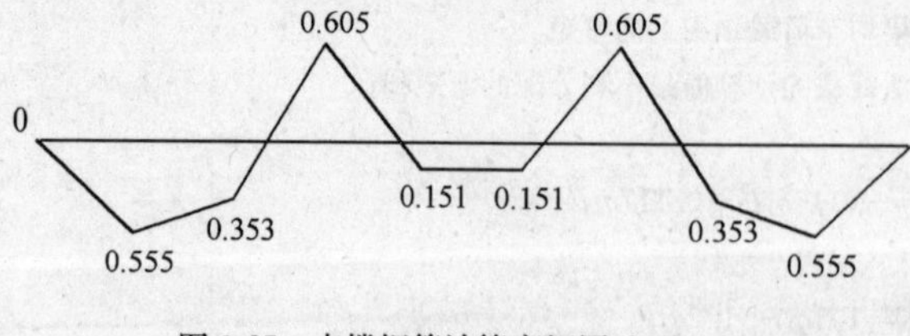

图 3-25 支撑钢管计算弯矩图(kN·m)

续上表

 图 3-26　支撑钢管计算变形图(mm) 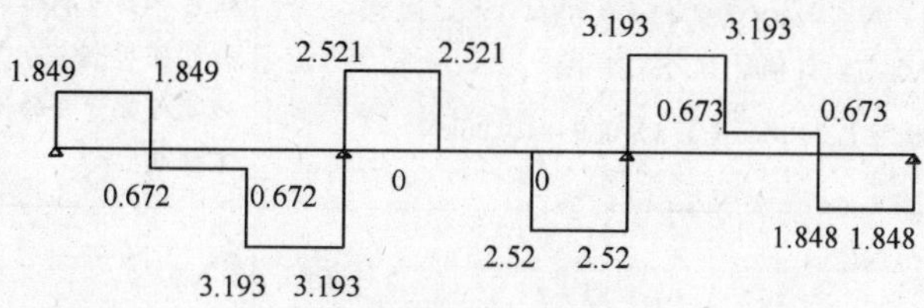 图 3-27　支撑钢管计算剪力图(kN) 最大弯矩　$M_{max}=0.605\text{kN}\cdot\text{m}$ 最大变形　$\upsilon_{max}=1.4\text{mm}$ 最大支座力　$Q_{max}=8.235\text{kN}$ 截面应力　$\sigma=119.119\text{N/mm}^2$ 横向钢管的计算强度小于 205N/mm^2,满足要求。 支撑钢管的最大挠度小于 900/150=6mm 与 10mm,满足要求。	计算过程中的注意点基本同上
四、扣件抗滑移的计算 按照《建筑施工扣件式钢管脚手架安全技术规范》的要求,双扣件承载力设计值取 16.0kN,按照扣件抗滑承载力系数 0.8,该工程实际的旋转双扣件承载力取值为 12.8kN 。 扣件的抗滑承载力按照下式计算: $$R\leqslant R_c$$ 式中:R_c——扣件抗滑承载力设计值,取 12.8kN。 纵向或横向水平杆传给立杆的竖向作用力设计值 $R=8.235\text{kN}$; $R<12.8\text{kN}$,所以双扣件抗滑承载力的设计计算满足要求。	此处的表格指的是《建筑施工扣件式钢管脚手架安全技术规范》中的表 5.1.7 计算公式是《建筑施工扣件式钢管脚手架安全技术规范》中的公式 5.2.5
五、模板支架荷载标准值 作用于模板支架的荷载包括静荷载、活荷载和风荷载。 1.静荷载标准值包括以下内容: (1)脚手架的自重: $$N_{G1}=0.129\times20=2.58\text{kN}$$ 钢管的自重计算参照《建筑施工扣件式钢管脚手架安全设计规范》附录 A 双排架自重标准值。	

续上表

(2)栏杆的自重荷载：$N_{G2}=0.15\times1=0.15\text{kN}$ (3)脚手板自重荷载：$N_{G3}=0.3\times0.9\times1=0.27\text{kN}$ (4)堆放荷载：$N_{G4}=5\times0.9\times1=4.5\text{kN}$ 经计算得到，静荷载标准值 $N_{GK}=N_{G1}+N_{G2}+N_{G3}+N_{G4}=7.5\text{kN}$ 2. 活荷载为施工荷载标准值产生的荷载。 经计算得到，活荷载标准值 $N_{QK}=1\times0.9\times1=0.9\text{kN}$ 3. 不考虑风荷载时，立杆的轴向压力设计值计算公式如下： $$N=1.2N_{GK}+1.4N_{QK}=1.2\times7.5+1.4\times0.9=10.26\text{kN}$$	此处的荷载标准值均取自《建筑施工扣件式钢管脚手架安全技术规范》中的附录A中的数值，脚手架设计人员可以根据工程的实际情况，在有确实可靠资料的情况下修改
六、立杆的稳定性计算 立杆的稳定性计算公式： $$\sigma=\frac{N}{\varphi A}\leqslant f$$ 式中：N——立杆的轴心压力设计值(kN)：$N=10.26\text{kN}$ φ——轴心受压立杆的稳定系数，由长细比 l_0/i 查表得到； l_0——计算长度 (m)； i——计算立杆的截面回转半径(cm)：$i=1.58\text{cm}$； A——立杆净截面面积(cm^2)：$A=4.89\text{cm}^2$； σ——钢管立杆抗压强度计算值 (N/mm^2)； f——钢管立杆抗压强度设计值：$[f]=205\text{N/mm}^2$。 如果完全参照《建筑施工扣件式钢管脚手架安全设计规范》不考虑高支撑架，由下列公式计算 $$l_0=k\mu h$$ 式中：k——计算长度附加系数，按照表3-6取值为：1.167； μ——计算长度系数，参照《建筑施工扣件式钢管脚手架安全设计规范》表5.3.3，$\mu=1.70$ $$l_0=k\mu h=1.167\times1.70\times1.5=2.976\text{m}$$ $$l_0/i=2\,976/15.8=188$$ 由长细比 l_0/i 的结果查表得到轴心受压立杆的稳定系数 $\varphi=0.203$ 钢管立杆受压强度计算值： $$\sigma=10\,262.4/(0.203\times489)=103.382\text{N/mm}^2$$ 立杆稳定性计算 $\sigma=103.382\text{N/mm}^2$，小于$[f]=205\text{N/mm}^2$，满足要求。 模板承重架应尽量利用剪力墙或柱作为连接连墙件，否则存在安全隐患。	稳定性计算是钢结构最重要的计算内容之一。所有的受压、压弯或拉弯钢构件，都存在失稳的可能。常常稳定性是钢结构构件设计计算的控制因素，构件的强度反而常常不是控制因素 φ——轴心受压立杆的稳定系数，由长细比 l_0/i 查《建筑施工扣件式钢管脚手架安全设计规范》的附录C得到；其他式中的各个参数是查附录B钢管截面特性得到的

第九节　模板高支撑架计算书

编制依据： 支架的计算除根据本工程实际情况以外，尚应参照以下标准规范： 《建筑施工扣件式钢管脚手架安全技术规范》(JGJ 130—2001) 《建筑结构荷载规范》(GB 50009—2001) 《钢结构设计规范》(GB 50017—2003) 《木结构设计规范》(GB 50005—2003) 《混凝土结构设计规范》(GB 50010—2002) 《建筑地基基础设计规范》(GB 50007—2002) 《建筑施工手册》第四版等	支架计算中应该简单明了地写出编制依据，以便他人核查
工程概况： 某公司综合楼工程，属于钢筋混凝土现浇框架结构，共5层，建筑总面积5 000m²，综合楼高度为22m。 支架体系选择 考虑到本工程施工工期、质量和安全要求，在选择方案时，应充分考虑以下几点： 1.支架的结构设计，力求做到结构要安全可靠，造价经济合理。 2.在规定的条件下和规定的使用期限内，能够充分满足可以预期的安全性和耐久性要求。 3.选用材料时，力求做到常见通用、可周转利用，便于保养维修。 4.结构选型时，力求做到受力明确，构造措施合理有效，搭拆方便，便于检查验收。	工程概况简单明了地写出与本支架设计计算相关的内容即可，无需可有可无的信息
主要计算内容： 1. 模板支撑方木的计算 2. 模板支撑钢管的计算 3. 模板纵向钢管计算 4. 扣件抗滑力的计算 5. 立杆的稳定性计算 支撑高度在4m以上的模板支架被称为扣件式钢管高支撑架，对于高支撑架的计算规范存在重要疏漏，使计算极容易出现不能完全确保安全的计算结果。	模板高支撑架的计算的主要内容
一、参数信息 1.脚手架参数 横向间距或排距：0.9m；纵距：1.0m；步距：1.5m； 立杆上端伸出至模板支撑点长度：0.1m；脚手架搭设高度：6.0m； 采用的钢管：ϕ48×3.5mm； 扣件连接方式：双扣件，扣件抗滑承载力系数：0.8；	支架设计的参数信息应简明地写出与设计计算相关信息，如脚手架参数、荷载参数和计算简图等

续上表

<table>
<tr><td>

板底支撑连接方式：方木支撑。

2. 荷载参数

模板与木板自重荷载：0.35kN/m²；混凝土与钢筋自重荷载：25kN/m³；

楼板浇筑厚度：0.2m；倾倒混凝土荷载标准值：2.0kN/m²；

施工均布荷载标准值：1.0kN/m²。

3. 木方参数

木方弹性模量 E：9 500 N/mm²；木方抗弯强度设计值：13N/mm²；木方抗剪强度设计值：1.3N/mm²；木方的间隔距离：300 mm；

木方的截面宽度：80mm；木方的截面高度：100mm。

模板支架立面图 3-28 如下：

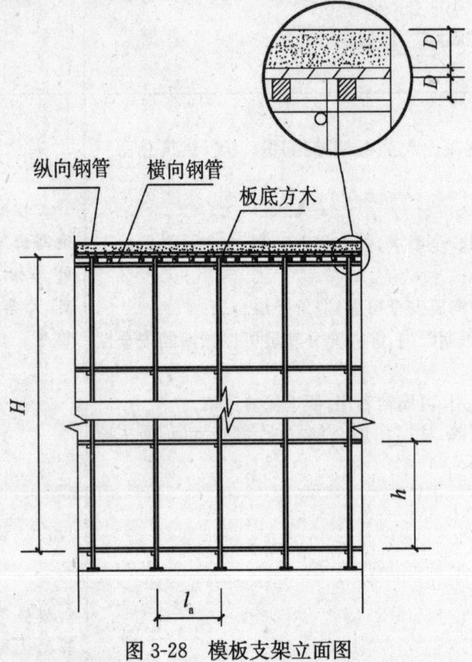

图 3-28　模板支架立面图

</td><td>

荷载参数一般取自《建筑施工扣件式钢管脚手架安全技术规范》中列出的材料相关参数，当本单位有确切经验时，也可以采用自定的值

</td></tr>
<tr><td>

二、模板支撑方木的计算

方木按照简支梁计算。

本算例中，方木的截面惯性矩 I 和截面抵抗矩 W 分别为：

$$W=8\times10\times10/6=133.33\text{cm}^3$$

$$I=8\times10\times10\times10/12=666.67\text{cm}^4$$

计算简图如图 3-29 所示。

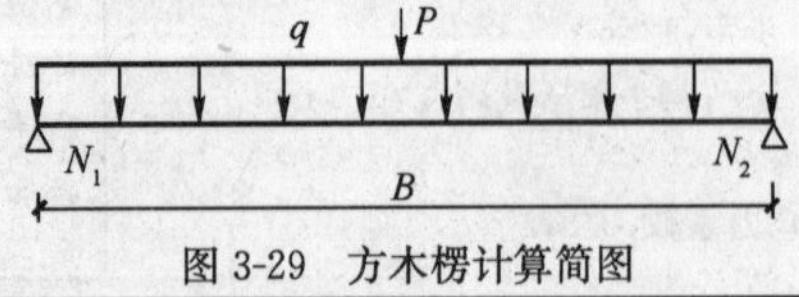

图 3-29　方木楞计算简图

</td><td>

在进行荷载计算的时候，必须做到不漏算，不重复，并保留必要的小数点，以确保设计计算的准确性

</td></tr>
</table>

续上表

1.荷载的计算 (1)钢筋混凝土板自重荷载(kN/m): $q_1=25\times0.3\times0.2=1.5$kN/m (2)模板的自重线荷载(kN/m): $q_2=0.35\times0.3=0.105$kN/m (3)活荷载为施工荷载标准值与振倒混凝土时产生的荷载(kN): $p=(1+2)\times1\times0.3=0.9$kN 2.强度计算 最大弯矩考虑为静荷载与活荷载的计算值最不利分配的弯矩和,计算公式如下: $M_{max}=\frac{Pl}{4}+\frac{ql^2}{8}$ 均布荷载　$q=1.2\times(1.5+0.105)=1.926$kN/m 集中荷载　$P=1.4\times0.9=1.26$kN 最大弯距　$M=Pl/4+ql^2/8=1.26\times1/4+1.926\times1^2/8=0.556$kN·m 截面应力　$\sigma=M/W=0.556\times10^6/133.333\times10^3=4.17$N/mm^2 方木的计算强度为4.17N/mm^2,小于13N/mm^2,满足要求。 3.抗剪计算 最大剪力的计算公式如下: $Q=ql/2+P/2$ 截面抗剪强度必须满足: $T=3Q/2bh<[T]$ 其中最大剪力:　$Q=1\times1.926/2+1.26/2=1.593$kN 截面抗剪强度计算值　$T=3\times1\,593/(2\times80\times100)=0.299$N/mm^2 截面抗剪强度设计值 $[T]=1.3$N/mm^2 方木的抗剪强度为0.299N/mm^2,小于1.3N/mm^2,满足要求。 4.挠度计算 最大弯矩考虑为静荷载与活荷载的计算值最不利分配的挠度和,计算公式如下: $\upsilon_{max}=\frac{Pl^3}{48EI}+\frac{5ql^4}{384EI}$ 均布荷载　$q=q_1+q_2=1.5+0.105=1.605$kN/m; 集中荷载　$P=0.9$kN; 最大变形　$\upsilon=5\times1.605\times1\,000^4/(384\times9\,500\times6\,666\,666.67)+900\times1\,000^3/(48\times9\,500\times6\,666\,666.67)=0.626$mm; 方木的最大挠度0.626mm,小于1 000/250=4mm,满足要求。	强度计算一般设计者均会进行认真细致的计算,但往往会对挠度等正常使用极限状态缺乏必要的计算,认为正常使用极限状态不重要,其实有时候,正是由于模板支架工程在设计中未对正常使用极限状态引起足够的重视,造成如漏浆、尺寸偏差过大等质量通病

续上表

三、木方支撑钢管计算

支撑钢管按照集中荷载作用下的三跨连续梁计算。

集中荷载 P 取纵向板底支撑传递力，$P=1.926\times1+1.26=3.186\text{kN}$

计算简图 3-30 如下：

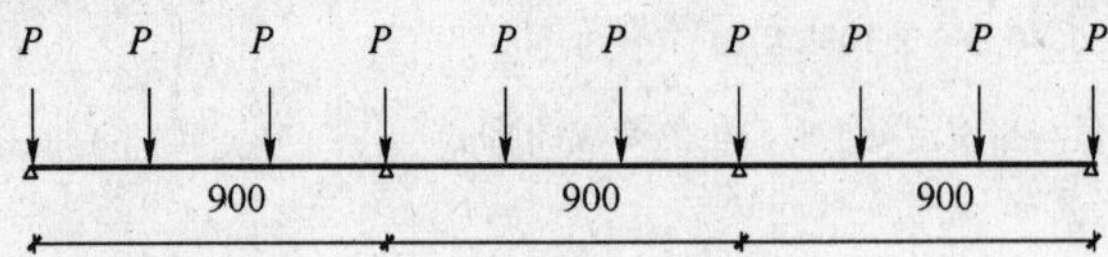

图 3-30　支撑钢管计算简图

支撑钢管内力图(图 3-31、图 3-33)和变形图(图 3-32)如下：

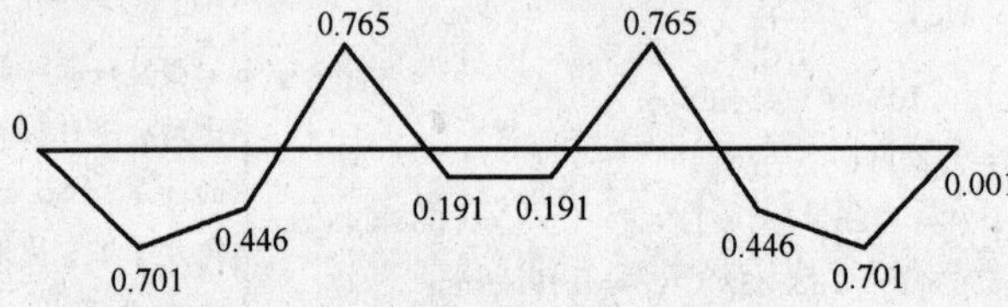

图 3-31　支撑钢管计算弯矩图(kN·m)

图 3-32　支撑钢管计算变形图(mm)

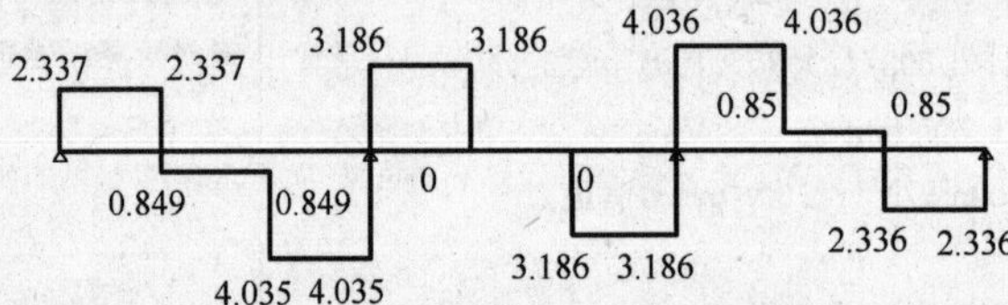

图 3-33　支撑钢管计算剪力图(kN)

最大弯矩　$M_{max}=0.765\text{kN}\cdot\text{m}$

最大变形　$\upsilon_{max}=1.769\text{mm}$

最大支座力　$Q_{max}=10.408\text{kN}$

截面应力　$\sigma=0.765\times10^{6}/5\,080=150.59\text{N/mm}^2$

支撑钢管的计算强度小于 205N/mm²，满足要求。

支撑钢管的最大挠度小于 900/150=6mm 与 10mm，满足要求。

计算过程中的注意点基本同上

续上表

四、扣件抗滑移的计算 按照《建筑施工扣件式钢管脚手架安全技术规范》的要求，双扣件承载力设计值取 16.0kN，按照扣件抗滑承载力系数 0.8，该工程实际的旋转双扣件承载力取值为 12.8kN 。 纵向或横向水平杆传给立杆的竖向作用力设计值 $R=10.408$kN； $R<12.80$kN，所以双扣件抗滑承载力的设计计算满足要求。	此处的表格指的是《建筑施工扣件式钢管脚手架安全技术规范》中的表 5.1.7
五、模板支架荷载标准值 作用于模板支架的荷载包括静荷载、活荷载和风荷载。 1.静荷载标准值包括以下内容： (1)脚手架的自重荷载(kN)： $N_{G1}=0.1298\times6=0.775$kN 钢管的自重计算参照《建筑施工扣件式钢管脚手架安全技术规范》(JGJ 130—2001)附录 A 双排架自重标准值，设计人员可根据情况修改。 (2)模板的自重荷载(kN)： $N_{G2}=0.35\times0.9\times1.0=0.315$kN (3)钢筋混凝土楼板自重荷载(kN) $N_{G3}=25\times0.2\times0.9\times1=4.5$kN 经计算得到，静荷载标准值 $N_{GK}=N_{G1}+N_{G2}+N_{G3}=5.59$kN 2.活荷载为施工荷载标准值与振倒混凝土时产生的荷载。 经计算得到，活荷载标准值 $N_{QK}=(1+2)\times0.9\times10=2.7$kN 3.不考虑风荷载时，立杆的轴向压力设计值计算公式 $N=1.2N_{GK}+1.4N_{QK}=10.488$kN	此处的荷载标准值均取自《建筑施工扣件式钢管脚手架安全技术规范》中的附录 A 中的数值，脚手架设计人员可以根据工程的实际情况，在有确实可靠资料的情况下修改
六、立杆的稳定性计算 立杆的稳定性计算公式： $\sigma=\frac{N}{\varphi A}\leqslant[f]$ 式中：N——立杆的轴心压力设计值：$N=10.488$kN φ——轴心受压立杆的稳定系数，由长细比 l_0/i 查表得到； l_0——计算长度(m)； i——计算立杆的截面回转半径：$i=1.58$cm； A——立杆净截面面积：$A=4.89\text{cm}^2$； σ——钢管立杆抗压强度计算值 (N/mm²)； $[f]$——钢管立杆抗压强度设计值 ：$[f]=205\text{N/mm}^2$。 如果完全参照《建筑施工扣件式钢管脚手架安全设计规范》不考虑高支撑架，由下列公式计算： $l_0=k\mu h$ 式中：k——计算长度附加系数，按照表 3-6 取值为 1.155 ； μ——计算长度系数，参照《建筑施工扣件式钢管脚手架安全设计规范》表 5.3.3，$\mu=1.7$	稳定性计算是钢结构最重要的计算内容之一。所有的受压、压弯或拉弯钢构件，都存在失稳的可能。常常稳定性是钢结构构件设计计算的控制因素，构件的强度反而常常不是控制因素 φ——轴心受压立杆的稳定系数，由长细比 l_0/i 查《建筑施工扣件式钢管脚手架安全设计规范》的附录 C 得到；其他式中的各个参数是查附录 B 钢管截面特性得到的

续上表

立杆计算长度： $l_0=k\mu h=1.155\times1.7\times1.5=2.945$m $l_0/i=2\,945/15.8=186$ 由长细比 l_0/i 的结果查表得到轴心受压立杆的稳定系数 $\varphi=0.207$ 钢管立杆受压强度计算值：$\sigma=10\,487.52/(0.207\times489)=103.608$N/mm^2 立杆稳定性计算 $\sigma=103.608$N/mm^2，小于[f]= 205N/mm^2，满足要求。 模板承重架应尽量利用剪力墙或柱作为连接连墙件，否则存在安全隐患。	

第十节　普通悬挑架计算示例

编制依据： 支架的计算除根据本工程实际情况以外，尚应参照以下标准规范： 《建筑施工扣件式钢管脚手架安全技术规范》(JGJ 130—2001) 《建筑结构荷载规范》(GB 50009—2001) 《钢结构设计规范》(GB 50017—2003) 《混凝土结构设计规范》(GB 50010—2002) 《建筑施工手册》第四版等	支架计算中应该简单明了地写出编制依据，以便他人核查
工程概况： 某公司综合楼工程位于江苏南京，属于钢筋混凝土现浇框架结构，共5层，建筑总面积3 900m^2。综合楼首层4.5m，标准层层高4.2m。 支架体系选择 考虑到本工程施工工期、质量和安全要求，在选择方案时，应充分考虑以下几点： 1.支架的结构设计，力求做到结构要安全可靠，造价经济合理。 2.在规定的条件下和规定的使用期限内，能够充分满足可以预期的安全性和耐久性要求。 3.选用材料时，力求做到常见通用、可周转利用，便于保养维修。 4.结构选型时，力求做到受力明确，构造措施合理有效，搭拆方便，便于检查验收。	工程概况简单明了地写出与本支架设计计算相关的内容即可，无需可有可无的信息
主要计算内容： 1.大横杆的强度、挠度计算 2.小横杆的强度、挠度计算 3.扣件抗滑力的计算 4.立杆的稳定性计算 5.连墙件的计算 6.悬挑梁的受力计算	普通悬挑架的主要计算内容

续上表

<table>
<tr>
<td>

一、参数信息

1. 脚手架参数

搭设尺寸为：立杆的纵距为 1. 2m，立杆的横距为 1. 05m，立杆的步距为 1. 80m；计算的脚手架为双排脚手架搭设高度为 15. 0m，立杆采用单立管；内排架距离墙长度为 0. 3m；大横杆在上，搭接在小横杆上的大横杆根数为 2 根；采用的钢管类型为 ϕ48×3. 5mm；横杆与立杆连接方式为单扣件；扣件抗滑承载力系数为 0. 8；连墙件采用两步三跨，竖向间距 3. 6m，水平间距 3. 6m，采用扣件连接；连墙件连接方式为双扣件。

2. 活荷载参数

施工荷载均布参数：3kN/m^2；脚手架用途：结构脚手架；同时施工层数：2 层。

3. 风荷载参数

江苏省南京市地区，基本风压为 0. 4kPa，风荷载高度变化系数 μ_z 为 0. 74，风荷载体型系数 μ_s 为 0. 649；脚手架设计中考虑风荷载的作用。

4. 静荷载参数

每米立杆数承受的结构自重标准：0. 116kN/m^2；脚手板自重标准值：0. 3kN/m^2；栏杆挡脚板自重标准值：0. 11kN/m^2；安全设施与安全网自重标准值：0. 005kN/m^2；脚手板铺设层数：4 层；脚手板类别：竹笆片脚手板；栏杆挡板类别：栏杆冲压钢。

5. 水平悬挑支撑梁

悬挑水平钢梁采用 16a 号槽钢，其中建筑物外悬挑段长度 2. 5m，建筑物内锚固段长度1. 5m。与楼板连接的螺栓直径：50mm；楼板混凝土强度等级：C35。

6. 拉绳与支杆参数

支撑数量为：1 根；

悬挑脚手架侧面、立面图如图 3-34、图 3-35 所示。

钢丝绳安全系数为：10；

钢丝绳与墙距离为：1. 2m；

支杆与墙距离为：1. 5m；

悬挑水平钢梁上面采用钢丝绳、下面采用支杆与建筑物拉结。

最里面支点距离建筑物 1. 2m，支杆采用 5. 6 号角钢 56×3×6. 0mm 钢管。

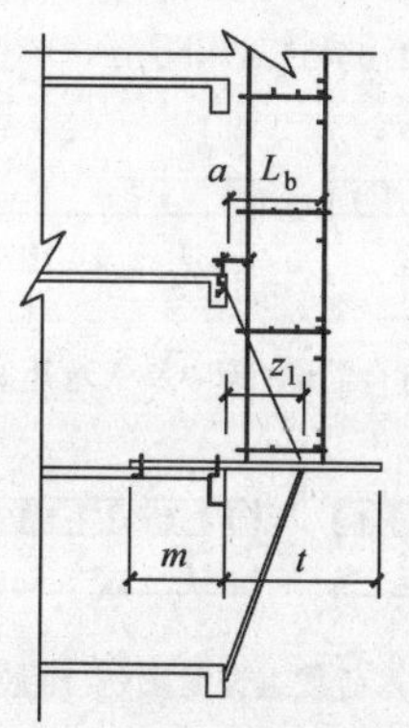

图 3-34　悬挑脚手架侧面图

a-内排架距离墙长度；L_b-立杆的横距或排距；z_1-第一道支撑距离墙的距离；m-悬挑梁锚固长度；t-悬挑梁悬挑长度

</td>
<td>

支架设计的参数信息应简明地写出与设计计算相关信息，如脚手架参数、荷载参数

荷载参数一般取自《建筑施工扣件式钢管脚手架安全技术规范》中列出的材料相关参数，当本单位有确切经验时，也可以采用自定的值

</td>
</tr>
</table>

续上表

<table>
<tr><td>
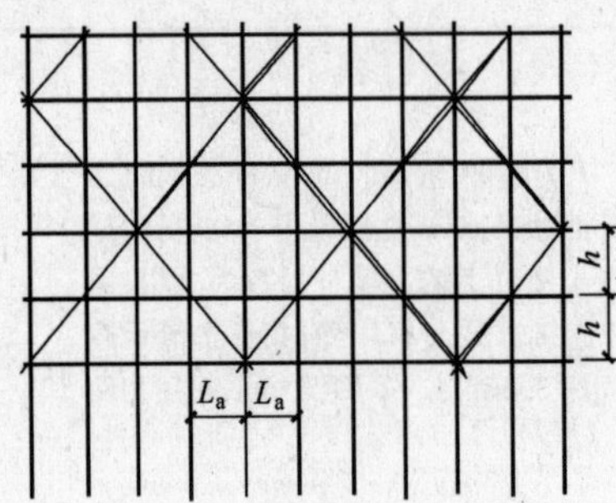

图 3-35　悬挑架正立面图

L_a-立杆纵距；h-立杆步距
</td><td></td></tr>
<tr><td>
二、大横杆的计算

大横杆按照三跨连续梁进行强度和挠度计算，大横杆在小横杆的上面。将大横杆上面的脚手板和活荷载按照均布荷载考虑，计算大横杆的最大弯矩和变形。

1.均布荷载值计算(图 3-36、图 3-37)

大横杆的自重荷载标准值：$P_{1k}=0.038\text{kN/m}$

脚手板的荷载标准值：$P_{2k}=0.3\times1.05/(2+1)=0.105\text{kN/m}$

活荷载标准值：$Q_k=3\times1.05/(2+1)=1.05\text{kN/m}$

静荷载的计算值：$q_1=1.2\times0.038+1.2\times0.105=0.172\text{kN/m}$

活荷载的计算值：$q_2=1.4\times1.05=1.47\text{kN/m}$

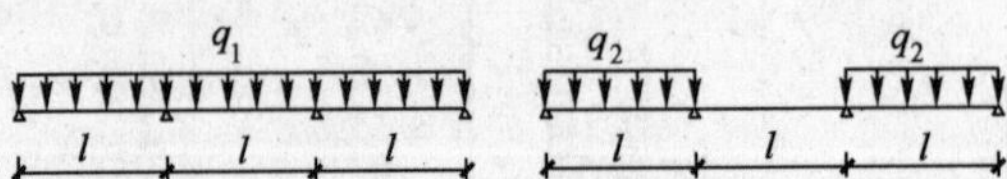

图 3-36　大横杆计算荷载组合简图(跨中最大弯矩和跨中最大挠度)

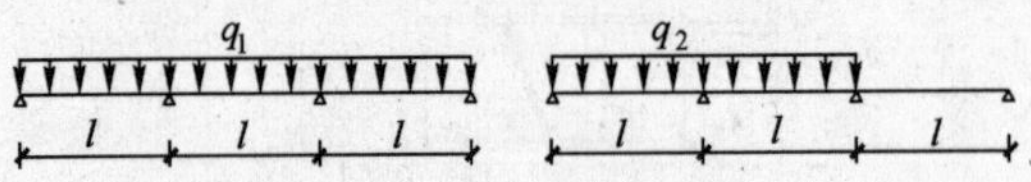

图 3-37　大横杆计算荷载组合简图(支座最大弯矩)

2.强度计算

最大弯矩考虑为三跨连续梁均布荷载作用下的弯矩。

跨中最大弯距计算公式如下：

$$M_{1\max}=0.08q_1l^2+0.1q_2l^2$$

跨中最大弯距为

$$M_{1\max}=0.08\times0.172\times1.2^2+0.1\times1.47\times1.2^2=0.232\text{kN}\cdot\text{m}$$

支座最大弯距计算公式如下：
</td><td>在进行荷载计算的时候，必须做到不漏算，不重复，并保留必要的小数点，以确保设计计算的准确性</td></tr>
</table>

续上表

<table>
<tr><td>

$$M_{2max}=-0.10q_1l^2-0.117q_2l^2$$

支座最大弯距为

$M_{2max}=-0.1\times0.172\times1.2^2-0.117\times1.47\times1.2^2=-0.272\text{kN}\cdot\text{m}$

我们选择支座弯矩和跨中弯矩的较大值进行强度验算：

$\sigma=\text{Max}(0.232\times10^6, 0.272\times10^6)/5\,080=53.543\text{N/mm}^2$

大横杆的抗弯强度 $\sigma=53.543\text{N/mm}^2$，小于$[f]=205\text{N/mm}^2$，满足要求。

3.挠度计算

最大挠度考虑为三跨连续梁均布荷载作用下的挠度。

计算公式如下：

$$\upsilon_{max}=0.677\frac{q_1l^4}{100EI}+0.99\frac{q_2l^4}{100EI}$$

静荷载标准值：$q_{1k}=P_{1k}+P_{2k}=0.038+0.105=0.143\text{kN/m}$

活荷载标准值：$q_{2k}=Q_k=1.05\text{kN/m}$

三跨连续梁均布荷载作用下的最大挠度

$\upsilon=0.677\times0.143\times1\,200^4/(100\times2.06\times10^5\times121\,900)+0.99\times1.05\times1\,200^4/(100\times2.06\times10^5\times121\,900)=0.939\text{mm}$

脚手板、纵向受弯构件的容许挠度不大于 $l/150$ 与 10mm，参考《建筑施工扣件式钢管脚手架安全技术规范》(JGJ 130—2001)表 5.1.8。

大横杆的最大挠度小于 1 200/150=8mm 且小于 10mm，满足要求。

</td><td>

强度计算一般设计者均会进行认真细致的计算，但往往会对挠度等正常使用极限状态缺乏必要的计算，认为正常使用极限状态不重要，其实有时候，正是由于模板支架工程在设计中未对正常使用极限状态引起足够的重视，造成如漏浆、尺寸偏差过大等质量通病

此处的表格指的是《建筑施工扣件式钢管脚手架安全技术规范》中的表 5.1.8

</td></tr>
<tr><td>

三、小横杆的计算

小横杆按照简支梁进行强度和挠度计算，大横杆在小横杆的上面。用大横杆支座的最大反力计算值，在最利荷载布置下计算小横杆的最大弯矩和变形。

1.荷载值计算

大横杆的自重荷载标准值：$P_{1k}=0.038\times1.2=0.046\text{kN}$

脚手板的荷载标准值：$P_{2k}=0.3\times1.05\times1.2/(2+1)=0.126\text{kN}$

活荷载标准值：$Q_k=3\times1.05\times1.2/(2+1)=1.26\text{kN}$

荷载的计算值：$P=1.2\times(0.046+0.126)+1.4\times1.26=1.97\text{kN}$

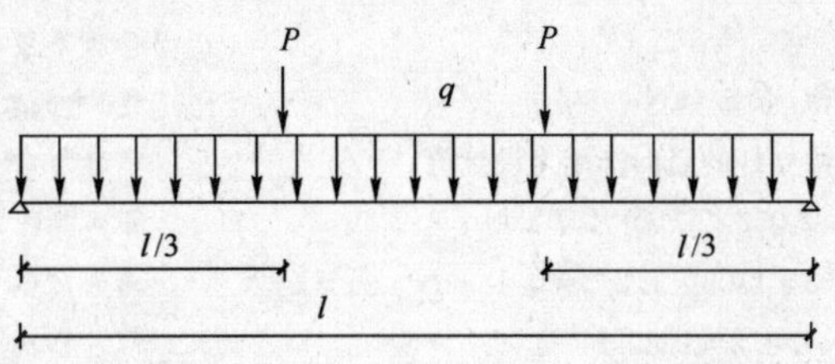

图 3-38　小横杆计算简图

</td><td>

小横杆的计算要点同上

</td></tr>
</table>

续上表

<table>
<tr><td>
2. 强度计算
最大弯矩考虑为小横杆自重均布荷载与荷载的计算值最不利分配的弯矩和。
均布荷载最大弯矩计算公式如下：
$$M_{qmax}=ql^2/8$$
$$M_{qmax}=1.2\times0.038\times1.05^2/8=0.006\text{kN}\cdot\text{m}$$
集中荷载最大弯矩计算公式如下：
$$M_{pmax}=\frac{Pl}{3}$$
$$M_{pmax}=1.97\times1.05/3=0.69\text{kN}\cdot\text{m}$$
最大弯矩　$M=M_{qmax}+M_{pmax}=0.696\text{kN}\cdot\text{m}$
$$\sigma=M/W=0.696\times10^6/5\,080=137\text{N/mm}^2$$
小横杆的计算强度小于 205N/mm^2，满足要求。
3. 挠度计算
最大挠度考虑为小横杆自重均布荷载与荷载的计算值最不利分配的挠度和。
小横杆自重均布荷载引起的最大挠度计算公式如下：
$\upsilon_{qmax}=\frac{5ql^4}{384EI}$
$\upsilon_{qmax}=5\times0.038\times1\,050^4/(384\times2.06\times10^5\times121\,900)=0.024\text{mm}$
$P=P_{1k}+P_{2k}+Q_k=0.046+0.126+1.26=1.432\text{kN}$
集中荷载标准值最不利分配引起的最大挠度计算公式如下：
$\upsilon_{pmax}=\frac{Pl(3l^2-4l^2/9)}{72EI}$
$\upsilon_{pmax}=1\,432.08\times1\,050\times(3\times1\,050^2-4\times1\,050^2/9)/(72\times2.06\times10^5\times121\,900)=2.343\text{mm}$
最大挠度和 $\upsilon=\upsilon_{qmax}+\upsilon_{pmax}=0.024+2.343=2.367\text{mm}$
小横杆的最大挠度小于(1 050/150)＝7mm 与 10mm，满足要求。
</td><td></td></tr>
<tr><td>
四、扣件抗滑力的计算
按表 5.1.7，直角、旋转单扣件承载力取值为 8kN，按照扣件抗滑承载力系数 0.8，该工程实际的旋转单扣件承载力取值为 6.4kN。
纵向或横向水平杆与立杆连接时，扣件的抗滑承载力按照下式计算：
$$R\leqslant R_c$$
式中：R_c——扣件抗滑承载力设计值，取 6.4kN；
R——纵向或横向水平杆传给立杆的竖向作用力设计值；
横杆的自重荷载标准值：$P_{1k}=0.038\times1.05=0.04\text{kN}$
脚手板的荷载标准值：$P_{2k}=0.3\times1.05\times1.2/2=0.189\text{kN}$
活荷载标准值：$Q_k=3\times1.05\times1.2/2=1.89\text{kN}$
荷载的计算值：$R=1.2\times(0.04+0.189)+1.4\times1.89=2.921\text{kN}$
$R<6.40\text{kN}$，单扣件抗滑承载力的设计计算满足要求。
</td><td>
此处的表格指的是《建筑施工扣件式钢管脚手架安全技术规范》中的表 5.1.7
计算公式是《建筑施工扣件式钢管脚手架安全技术规范》中的公式 5.2.5
</td></tr>
</table>

续上表

<table>
<tr><td>

五、脚手架荷载标准值

作用于脚手架的荷载包括静荷载、活荷载和风荷载。

静荷载标准值包括以下内容：

(1)每米立杆承受的结构自重荷载标准值(kN/m)，本例为0.116kN/m

$$N_{G1}=0.116\times15=1.74\text{kN}$$

(2)脚手板的自重荷载标准值(kN/m²)，本例采用竹笆片脚手板，标准值为0.3kN/m²，$N_{G2}=0.3\times4\times1.2\times(1.05+0.3)/2=0.972\text{kN}$

(3)栏杆与挡脚手板自重荷载标准值(kN/m)，本例采用栏杆冲压钢，标准值为0.11kN/m，$N_{G3}=0.11\times4\times1.2/2=0.264\text{kN}$

(4)吊挂的安全设施荷载，包括安全网(kN/m²)，荷载标准值为0.005kN/m²，

$$N_{G4}=0.005\times1.2\times15=0.09\text{kN}$$

经计算得到，静荷载标准值

$$N_{Gk}=N_{G1}+N_{G2}+N_{G3}+N_{G4}=3.066\text{kN}$$

活荷载为施工荷载标准值产生的轴向力总和，内、外立杆按一纵距内施工荷载总和的1/2取值。

经计算得到，活荷载标准值

$$N_{Qk}=3\times1.05\times1.2\times2/2=3.78\text{kN}$$

风荷载标准值应按照以下公式计算

$$w_k=0.7\mu_z\mu_s w_0$$

式中：w_0——基本风压(kN/m²)，按照《建筑结构荷载规范》(GB 50009—2001)的规定采用，$w_0=0.4\text{kN/m}^2$；

μ_z——风荷载高度变化系数，按照《建筑结构荷载规范》(GB 50009—2001)的规定采用，$\mu_z=0.74$；

μ_s——风荷载体型系数，$\mu_s=0.649$；

经计算得到，风荷载标准值

$w_k=0.7\times0.4\times0.74\times0.649=0.134\text{kN/m}^2$

不考虑风荷载时，立杆的轴向压力设计值计算公式

$N=1.2N_{Gk}+1.4N_{Qk}=1.2\times3.066+1.4\times3.78=8.971\text{kN}$

考虑风荷载时，立杆的轴向压力设计值计算公式

$N=1.2N_{Gk}+0.85\times1.4N_{Qk}=1.2\times3.068+0.85\times1.4\times3.78=8.18\text{kN}$

风荷载设计值产生的立杆段弯矩 M_w 计算公式

$M_w=0.85\times1.4w_kL_ah^2/10=0.85\times1.4\times0.134\times1.2\times1.8^2/10$
$=0.062\text{kN}\cdot\text{m}$

</td><td>

此处的风荷载计算是按照《建筑结构荷载规范》(GB 50009—2001)，必须采用新规范的荷载值，必要时候，可以根据当地的实际情况考虑夏季的台风的影响，适当增大基本风压的取值，以策在夏季施工安全

</td></tr>
</table>

续上表

<table>
<tr>
<td>

六、立杆的稳定性计算

1. 不组合风荷载时，立杆的稳定性计算公式为：

$$\sigma=\frac{N}{\varphi A}\leqslant[f]$$

立杆的轴心压力设计值：$N=8.973\text{kN}$

计算立杆的截面回转半径：$i=1.58\text{cm}$

计算长度附加系数：$k=1.155$

计算长度系数参照《建筑施工扣件式钢管脚手架安全技术规范》(JGJ 130—2001)表 5.3.3 得：$U=1.5$

计算长度由公式 $l_0=k\mu h$ 确定：$l_0=3.119\text{m}$

$$l_0/i=197$$

轴心受压立杆的稳定系数 φ，由长细比 l_0/i 的结果查表得到：$\varphi=0.186$；

立杆净截面面积：$A=4.89\text{cm}^2$

立杆净截面模量(抵抗矩)：$W=5.08\text{cm}^3$

钢管立杆抗压强度设计值：$[f]=205\text{N/mm}^2$

$$\sigma=8\,973/(0.186\times489)=98.654\text{N/mm}^2$$

立杆稳定性计算 $\sigma=98.654\text{N/mm}^2$，小于 $[f]=205\text{N/mm}^2$，满足要求。

2. 考虑风荷载时，立杆的稳定性计算公式

$$\sigma=\frac{N}{\varphi A}+\frac{M_w}{W}\leqslant[f]$$

立杆的轴心压力设计值　$N=8.179\text{kN}$

计算立杆的截面回转半径　$i=1.58\text{cm}$

计算长度附加系数　$k=1.155$

计算长度系数参照《建筑施工扣件式钢管脚手架安全技术规范》(JGJ 130—2001)表 5.3.3 得　$\mu=1.5$

计算长度，由公式 $l_0=k\mu h$ 确定　$l_0=3.119\text{m}$

$$l_0/i=197$$

轴心受压立杆的稳定系数 φ，由长细比 l_0/i 的结果查表得到：$\varphi=0.186$

立杆净截面面积：$A=4.89\text{cm}^2$

立杆净截面模量(抵抗矩)：$W=5.08\text{cm}^3$

钢管立杆抗压强度设计值：$[f]=205\text{N/mm}^2$

$$\sigma=8\,179.2/(0.186\times489)+62\,216.799/5\,080=102.174\text{N/mm}^2$$

立杆稳定性计算　$\sigma=102.174\text{N/mm}^2$，小于 $[f]=205\text{N/mm}^2$，满足要求。

</td>
<td>

稳定性计算是钢结构最重要的计算内容之一。所有的受压、压弯或拉弯钢构件，都存在失稳的可能。常常稳定性是钢结构构件设计计算的控制因素，构件的强度反而常常不是控制因素

φ——轴心受压立杆的稳定系数，由长细比 l_0/i 查《建筑施工扣件式钢管脚手架安全设计规范》的附录 C 得到；其他式中的各个参数是查附录 B 钢管截面特性得到的

考虑风荷载的立杆稳定性计算中，立杆按照压弯构件进行计算的

</td>
</tr>
</table>

续上表

七、连墙件的计算 连墙件的轴向力计算值应按照下式计算： $$N_l = N_{lw} + N_0$$ 风荷载基本风压值 $w_k = 0.134\text{kN/m}^2$ 每个连墙件的覆盖面积内脚手架外侧的迎风面积 $A_w = 12.96\text{m}^2$ 连墙件约束脚手架平面外变形所产生的轴向力 $N_0 = 5\text{kN}$ 风荷载产生的连墙件轴向力设计值(kN)，应按照下式计算： $$N_{lw} = 1.4 \times w_k \times A_w = 2.44\text{kN}$$ 连墙件的轴向力计算值 $N_l = N_{lw} + N_0 = 7.44\text{kN}$ 式中：φ——轴心受压立杆的稳定系数，l 为内排架离墙的距离， 由长细比 $l/i = 300/15.8$ 的结果查《建筑施工扣件式钢管脚手架安全技术规范》附表 C 得到 0.949； $$A = 4.89\text{cm}^2, [f] = 205\text{N/mm}^2$$ 连墙件轴向力设计 $N_f = \sigma \times A \times [f] = 0.949 \times 4.89 \times 10^{-4} \times 205 \times 10^3 = 95.133\text{kN}$ $N_l = 7.44\text{kN} < N_f = 95.133\text{kN}$，连墙件的设计计算满足要求。 连墙件采用双扣件与墙体连接，如图 3-39 所示。 经过计算得到 $N_l = 7.44\text{kN}$，小于双扣件的抗滑力 16kN，满足要求。 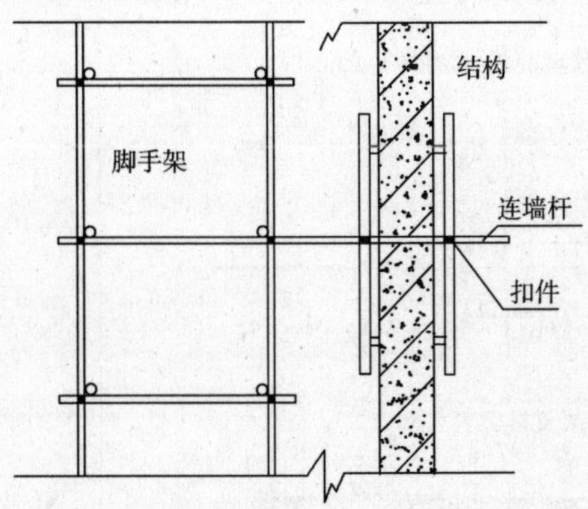 图 3-39　连墙件扣件连接示意图	连墙件的计算应该按照轴心受压构件进行计算，确保安全

续上表

八、悬挑梁的受力计算

悬挑脚手架的水平钢梁按照带悬臂的连续梁计算。悬挑脚手架示意图见图 3-40。

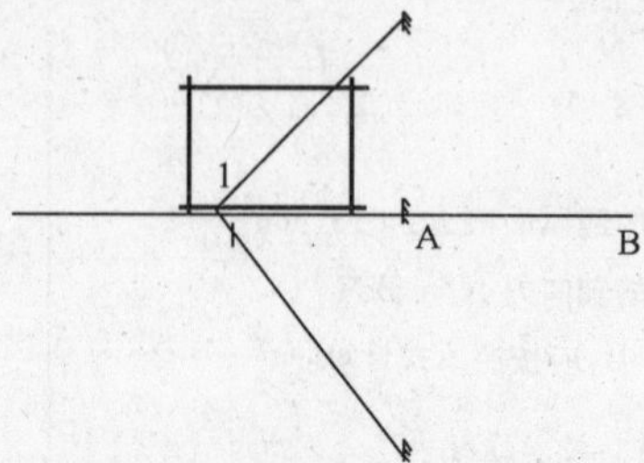

图 3-40　悬挑脚手架示意图

悬臂部分脚手架受荷载 N 的作用，里端 B 为与楼板的锚固点，A 为墙支点。

本工程中，脚手架排距为 1 050mm，内侧脚手架距离墙体 300mm，支拉斜杆的支点距离墙体为 1 200mm，水平支撑梁的截面惯性矩 $I=866.2\text{cm}^4$，截面抵抗矩 $W=108.3\text{cm}^3$，截面积 $A=21.95\text{cm}^2$。

受脚手架集中荷载　$N=1.2\times3.068+1.4\times3.78=8.973\text{kN}$

水平钢梁自重荷载　$q=1.2\times21.95\times0.0001\times78.5=0.207\text{kN/m}$

计算简图 3-41 如下：

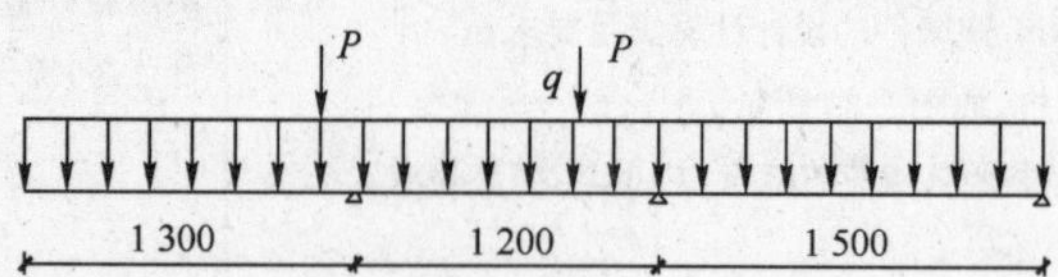

图 3-41　悬挑脚手架计算简图(尺寸单位：mm)

悬挑脚手架内力图(图 3-42、图 3-44)和变形图(图 3-43)如下：

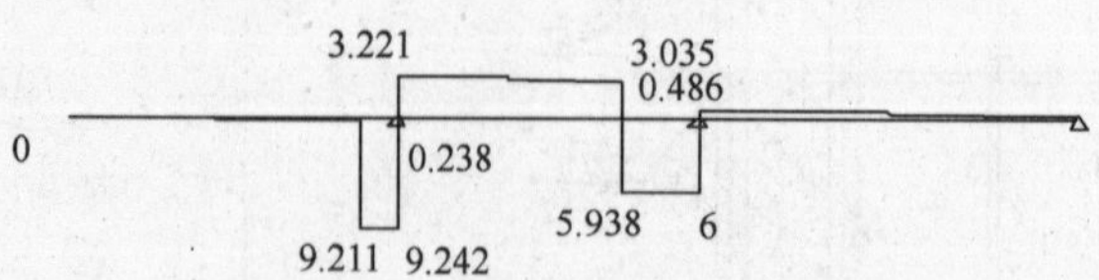

图 3-42　悬挑脚手架支撑梁剪力图(kN)

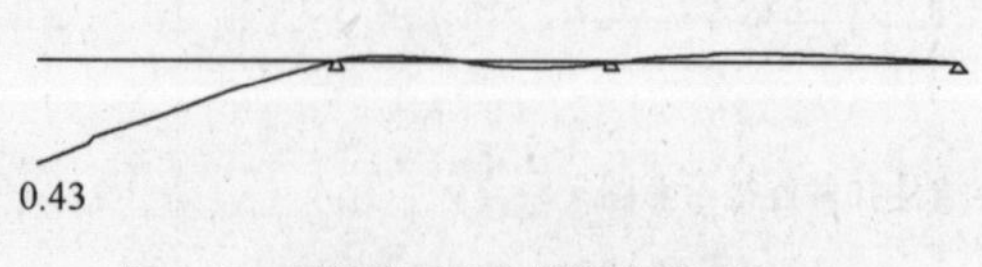

图 3-43　悬挑脚手架支撑梁变形图(mm)

悬挑梁的计算中，必须采用与实际受力情况符合的计算简图。考虑最不利截面处的应力不大于材料的设计值

续上表

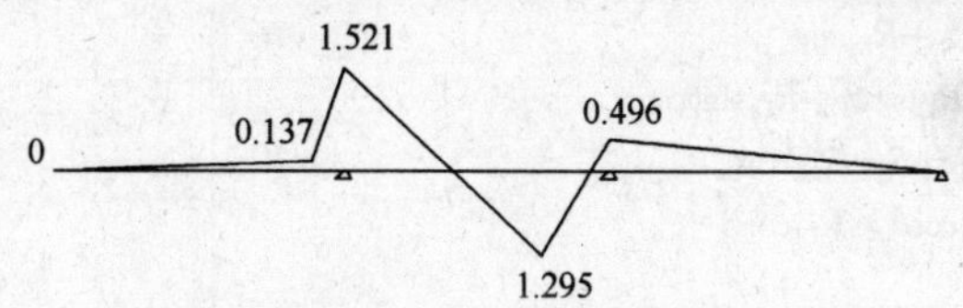 图 3-44　悬挑脚手架支撑梁弯矩图(kN·m) 经过连续梁的计算得到 各支座对支撑梁的支撑反力由左至右分别为 $R_1=12.463\text{kN}$ $R_2=6.486\text{kN}$ $R_3=-0.176\text{kN}$ 最大弯矩　$M_{max}=1.521\text{kN}\cdot\text{m}$ 截面应力 $\sigma=M/(1.05W)+N/A=1.521\times10^6/(1.05\times108\,300)+8.973\times10^3/2\,195$ $=17.463\text{N/mm}^2$ 水平支撑梁的计算强度　$\sigma=17.463\text{N/mm}^2$,小于 215N/mm^2,满足要求。	
九、悬挑梁的整体稳定性计算 水平钢梁采用 16a 号槽钢,计算公式如下 $$\sigma=\frac{M}{\varphi_b W_x}\leqslant f$$ 式中:φ_b——均匀弯曲的受弯构件整体稳定系数,按照下式计算: $$\varphi_b=\frac{570tb}{lh}\cdot\frac{235}{f_y}$$ $\varphi_b=570\times10\times63\times235/(1\,200\times160\times235)=1.87$ 由于 $\varphi_b>0.6$,查《钢结构设计规范》(GB 50017—2003)附表 B,得到 φ_b 值为 0.919。 经过计算得到强度　$\sigma=1.521\times10^6/(0.919\times108\,300)=15.275\text{N/mm}^2$ 水平钢梁的稳定性计算　$\sigma=15.275\text{N/mm}^2$,小于$[f]=215\text{N/mm}^2$ 满足要求。	悬挑梁的整体稳定性计算中,采用了《钢结构设计规范》的相关公式来进行计算。如 φ_b——均匀弯曲的受弯构件整体稳定系数,就是使用了现行钢结构规范附录 B.3 的计算公式,并应该注意参数的取值要求
十、拉绳与支杆的受力计算 水平钢梁的轴力 R_{AH} 和拉钢绳的轴力 R_{Ui}、支杆的轴力 R_{Di} 按照下面计算 $$R_{AH}=\sum_{i=1}^{n}R_{Ui}\cos\theta_i-\sum_{i=1}^{n}R_{Di}\cos\alpha_i$$ 其中,$R_{Ui}\cos\theta_i$ 为钢绳的拉力对水平杆产生的轴压力;$R_{Di}\cos\theta_i$ 为支杆的顶力对水平杆产生的轴拉力。 当 $R_{AH}>0$ 时,水平钢梁受压;当 $R_{AH}<0$ 时,水平钢梁受拉;当 $R_{AH}=0$ 时,水平钢梁不受力。	

续上表

各支点的支撑力 $R_{Ci}=R_{Ui}\sin\theta_i+R_{Di}\sin\theta_i$ $$R_{Ci}=R_{Ui}\sin\theta_i+R_{Di}\sin\theta_i$$ 且有 $$R_{Ui}\cos\theta_i=R_{Di}\cos\theta_i$$ $$R_{Ui}\cos\theta_i=R_{Di}\cos\theta_i$$ 可以得到 $$R_{Ui}=\frac{R_a\cos\alpha_i}{\sin\theta_i\cos\alpha_i+\cos\theta_i\sin\alpha_i}$$ $$R_{Di}=\frac{R_a\cos\alpha_i}{\sin\theta_i\cos\alpha_i+\cos\theta_i\sin\alpha_i}$$ 按照以上公式计算得到由左至右各杆件力分别为 $$R_{Ui}=7.833\text{kN}$$ $$R_{Di}=8.867\text{kN}$$	
十一、拉绳与支杆的强度计算 1. 钢丝拉绳（支杆）的内力计算 钢丝拉绳（斜拉杆）的轴力 R_U 与支杆的轴力 R_D 我们均取最大值进行计算，分别为 $$R_U=7.833\text{kN},R_D=8.867\text{kN}$$ 如果上面采用钢丝绳，钢丝绳的容许拉力按照下式计算： $$[F_g]=\frac{\alpha F_g}{K}$$ 式中：$[F_g]$——钢丝绳的容许拉力（kN）； F_g——钢丝绳的钢丝破断拉力总和（kN）；计算中可以近似计算 $F_g=0.5d^2$，d 为钢丝绳直径（mm）； α——钢丝绳之间的荷载不均匀系数，对 6×19、6×37、6×61 钢丝绳分别取 0.85、0.82 和 0.8； K——钢丝绳使用安全系数。 计算中取 $[F_g]=7.833\text{kN}$，$\alpha=0.82$，$K=10$， 钢丝绳最小直径必须大于 14mm 才能满足要求。 下面压杆以 5.6 号角钢 56×3×6.0mm 钢管计算，斜压杆的容许压力按照下式计算： $$\sigma=\frac{N}{\varphi A}\leqslant[f]$$ 式中：N——受压斜杆的轴心压力设计值，$N=8.867\text{kN}$； φ——轴心受压斜杆的稳定系数，由长细比 l_0/i 查表得到 $\varphi=0.248$； i——计算受压斜杆的截面回转半径，$i=1.13\text{cm}$； l_0——受最大压力斜杆计算长度，$l_0=1.921\text{m}$； A——受压斜杆净截面面积，$A=3.34\text{cm}^2$； σ——受压斜杆受压强度计算值，经计算得到结果是 107.046N/mm^2； $[f]$——受压斜杆抗压强度设计值，$[f]=215\text{N/mm}^2$。 受压斜杆的稳定性计算 $\sigma<[f]$，满足要求。	拉绳的强度计算中使用的容许应力法来进行计算的，不像其他部分采用的是极限状态法 斜撑支杆的焊缝计算使用的是《钢结构设计规范》（GB 50017—2003）中的公式进行的计算

续上表

2. 钢丝拉绳(斜拉杆)的吊环强度计算 钢丝拉绳(斜拉杆)的轴力 R_U 我们均取最大值作为吊环的拉力 N, $$N=R_U=7.833\text{kN}$$ 钢丝拉绳(斜拉杆)的吊环强度计算公式为 $$\sigma=\frac{N}{A}\leqslant[f]$$ 式中:$[f]$——吊环受力的单肢抗剪强度,取$[f]=125\text{N/mm}^2$; 所需要的钢丝拉绳(斜拉杆)的吊环最小直径 $D=(783.346\times4/3.142\times125)^{1/2}=2.8\text{mm}$; 3. 斜撑支杆的焊缝计算 斜撑支杆采用焊接方式与墙体预埋件连接,对接焊缝强度计算公式如下: $$\sigma=\frac{N}{l_w t}\leqslant f_c \text{ 或 } f_t$$ 式中:N——斜撑支杆的轴向力,$N=8.867\text{kN}$; l_w——斜撑支杆件的周长,取 224mm; t——斜撑支杆焊缝的厚度,$t=3\text{mm}$; f_t、f_c——对接焊缝的抗拉、抗压强度,取 185N/mm^2; 经过计算得到焊缝抗拉强度 $\sigma=8\,866.87/(224\times3)=13.195\text{N/mm}^2$ $<f_t=185\text{N/mm}^2$。 对接焊缝的抗拉或抗压强度计算满足要求。	拉绳的强度计算中使用的容许应力法来进行计算的,不像其他部分采用的是极限状态法 斜撑支杆的焊缝计算使用的是《钢结构设计规范》(GB 50017—2003)中的公式进行的计算
十二、锚固段与楼板连接的计算 1. 水平钢梁与楼板压点如果采用钢筋拉环,拉环强度计算如下: 水平钢梁与楼板压点的拉环受力 $R=6.486\text{kN}$; 水平钢梁与楼板压点的拉环强度计算公式为: $$\sigma=\frac{N}{A}\leqslant[f]$$ 式中:$[f]$——拉环钢筋抗拉强度,按照《混凝土结构设计规范》(GB 50010—2002)中的 10.9.8 条,$[f]=50\text{N/mm}^2$; 所需要的水平钢梁与楼板压点的拉环最小直径 $D=[6\,485.753\times4/(3.142\times50\times2)]^{1/2}=9.1\text{mm}$; 水平钢梁与楼板压点的拉环一定要压在楼板下层钢筋下面,并要保证两侧 30cm 以上搭接长度。 2. 水平钢梁与楼板压点如果采用螺栓,螺栓黏结力锚固强度计算如下: 锚固深度计算公式: $$h\geqslant\frac{N}{\pi d[f_b]}$$ 式中:N——锚固力,即作用于楼板螺栓的轴向拉力,$N=6.486\text{kN}$; d——楼板螺栓的直径,$d=50\text{mm}$; $[f_b]$——楼板螺栓与混凝土的容许黏结强度,计算中取 1.57N/mm^2; h——楼板螺栓在混凝土楼板内的锚固深度,经过计算得到 h 要大于 $6\,485.753/(3.142\times50\times1.57)=26.299\text{mm}$。	使用中要注意到《混凝土结构设计规范》(GB 50010—2002)中的 10.9.8 条是强制性条文,必须遵循。其原文如下:10.9.8 预制构件的吊环应采用 HPB235 级钢筋制作,严禁使用冷加工钢筋。吊环埋入混凝土的深度不应小于 $30d$,并应焊接或绑扎在钢筋骨架上。在构件的自重标准值作用下,每个吊环按 2 个截面计算的吊环应力不应大于 50N/mm^2;当在一个构件上设有 4 个吊环时,设计时应仅取 3 个吊环进行计算

续上表

<table>
<tr><td>3. 水平钢梁与楼板压点如果采用螺栓，混凝土局部承压计算如下：
混凝土局部承压的螺栓拉力要满足公式：
$$N \leqslant \left(b^2 - \frac{\pi d^2}{4}\right) f_{cc}$$
式中：N——锚固力，即作用于楼板螺栓的轴向拉力，N=6.486kN；
d——楼板螺栓的直径，d=50mm；
b——楼板内的螺栓锚板边长，$b=5\times d$=250mm；
f_{cc}——混凝土的局部挤压强度设计值，计算中取 $0.95f_{cc}$=16.7N/mm^2；
经过计算得到公式右边等于 1 010.96kN，大于锚固力 N=6.49kN，楼板混凝土局部承压计算满足要求。</td><td>使用中要注意到《混凝土结构设计规范》（GB 50010—2002）中的 10.9.8 条是强制性条文，必须遵循。其原文如下：10.9.8 预制构件的吊环应采用 HPB235 级钢筋制作，严禁使用冷加工钢筋。吊环埋入混凝土的深度不应小于 $30d$，并应焊接或绑扎在钢筋骨架上。在构件的自重标准值作用下，每个吊环按 2 个截面计算的吊环应力不应大于 50N/mm^2；当在一个构件上设有 4 个吊环时，设计时应仅取 3 个吊环进行计算</td></tr>
</table>

第十一节　悬挑卸料平台计算示例

<table>
<tr><td>编制依据：
支架的计算除根据本工程实际情况以外，尚应参照以下标准规范：
《建筑施工扣件式钢管脚手架安全技术规范》(JGJ 130—2001)
《建筑结构荷载规范》(GB 50009—2001)
《钢结构设计规范》(GB 50017—2003)
《混凝土结构设计规范》(GB 50010—2002)
《建筑施工手册》第四版等</td><td>支架计算中应该简单明了地写出编制依据，以便他人核查</td></tr>
<tr><td>工程概况：
某公司综合楼工程为钢筋混凝土现浇框架结构，共 5 层，建筑总面积 3 900m^2，综合楼首层 4.5m，标准层层高 4.2m。
支架体系选择
考虑到本工程施工工期、质量和安全要求，在选择方案时，应充分考虑以下几点：
1. 支架的结构设计，力求做到结构要安全可靠，造价经济合理。
2. 在规定的条件下和规定的使用期限内，能够充分满足可以预期的安全性和耐久性要求。</td><td>工程概况简单明了地写出与本支架设计计算相关的内容即可</td></tr>
</table>

续上表

3.选用材料时，力求做到常见通用、可周转利用，便于保养维修。 4.结构选型时，力求做到受力明确，构造措施合理有效，搭拆方便，便于检查验收。	工程概况简单明了地写出与本支架设计计算相关的内容即可
主要计算内容： 1.次梁的强度、挠度计算 2.主梁的强度、挠度计算 3.钢丝拉绳的计算	悬挑卸料平台的主要计算内容
一、参数信息 1.荷载参数 脚手板类别：木脚手板，脚手板自重荷载标准值：0.35 kN/m²； 栏杆、挡杆类别：栏杆冲压钢，栏杆、挡板脚手板自重荷载标准值：0.11 kN/m²； 施工人员等活荷载：2kN/m²，最大堆放材料荷载：10kN 。 2.悬挑参数 内侧钢绳与墙的距离：1m ，外侧钢绳与内侧钢绳之间的距离：0.5 m ； 上部拉绳点与墙支点的距离：5 m ； 钢丝绳安全系数 K：10，计算条件：铰接支座； 预埋件的直径：20mm。 3.水平支撑梁 主梁槽钢型号：12.6 号槽钢槽口水平； 次梁槽钢型号：10 号槽钢槽口水平； 次梁槽钢距：0.4m，最近次梁与墙的最大允许距离：0.2 m。 4.卸料平台参数 水平钢梁(主梁)的悬挑长度：2.5 m ，水平钢梁(主梁)的锚固长度：0.1m ； 计算宽度：3m。	支架设计的参数信息应简明地写出与设计计算相关信息，如脚手架参数、荷载参数等 荷载参数一般取自《建筑施工扣件式钢管脚手架安全技术规范》中列出的材料相关参数
二、次梁的计算 次梁选择 10 号槽钢槽口水平，间距 0.4m，其截面特性为： 面积 $A=12.74\text{cm}^2$，惯性距 $I_x=198.3\text{cm}^4$，转动惯量 $W_x=39.7\text{cm}^3$，回转半径 $i_x=3.95\text{cm}$， 截面尺寸：$b=48\text{mm}$，$h=100\text{mm}$，$t=8.5\text{mm}$ 1.荷载计算 (1)脚手板的自重荷载标准值：本例采用木脚手板，标准值为 0.35kN/m²； $q_{1k}=0.35\times0.4=0.14\text{kN/m}$ (2)最大的材料器具堆放荷载为 10kN，转化为线荷载： $q_{2k}=10/2.5/3\times0.4=0.53\text{kN/m}$ (3)槽钢自重荷载标准值 $q_{3k}=0.1\text{kN/m}$ 经计算得到，静荷载计算值 $q=1.2(q_{1k}+q_{2k}+q_{3k})=1.2\times(0.14+0.53+0.1)=0.93\text{kN}$ 经计算得到，活荷载计算值 $P=1.4\times2\times0.4\times3=3.36\text{kN}$ 2.内力计算 内力按照集中荷载 P 与均布荷载 q 作用下的简支梁计算。	在进行荷载计算的时候，必须做到不漏算，不重复，并保留必要的小数点，以确保设计计算的准确性

续上表

最大弯矩 M 的计算公式为：

$$M=\frac{ql^2}{8}+\frac{Pl}{4}$$

经计算得到，活荷载计算值

$$M=0.93\times3^2/8+3.36\times3/4=3.56\text{kN}\cdot\text{m}$$

3. 抗弯强度计算

$$\sigma=\frac{M}{\gamma_x W_x}\leqslant[f]$$

式中：γ_x——截面塑性发展系数，取 1.05；

f——钢材抗压强度设计值，$[f]=205\text{N/mm}^2$

经过计算得到强度 $\sigma=3.56\times10^3/(1.05\times39.7)=85.4\text{N/mm}^2$

次梁槽钢的抗弯强度计算 $\sigma<[f]$满足要求。

4. 整体稳定性计算

$$\sigma=\frac{M}{\varphi_b W_x}\leqslant f$$

式中：φ_b——均匀弯曲的受弯构件整体稳定系数，按照下式计算：

$$\varphi_b=\frac{570tb}{lh}\cdot\frac{235}{f_y}$$

经过计算得到 $\varphi_b=570\times8.5\times48\times235/(3\times100\times235)=0.78$

由于 $\varphi_b>0.6$，按照下面公式计算：

$$\varphi'_b=1.07-\frac{0.282}{lh\varphi_b}\leqslant1.0$$

得到 $\varphi_b=0.706$；

经过计算得到强度 $\sigma=3.56\times10^3/(0.706\times39.7)=127.02\text{N/mm}^2$

次梁槽钢的稳定性计算 $\sigma<[f]$，满足要求。

强度计算一般设计者均会进行认真细致的计算，但往往会对挠度等正常使用极限状态缺乏必要的计算，认为正常使用极限状态不重要，其实有时候正是，由于模板支架工程在设计中未对正常使用极限状态引起足够的重视，造成如漏浆、尺寸偏差过大等质量通病

三、主梁的计算

根据现场实际情况和一般做法，卸料平台的内钢绳作为安全储备不参与内力的计算。卸料平台示意图见图 3-45。

主梁选择 12.6 号槽钢槽口水平，其截面特性为：

面积 $A=15.69\text{cm}^2$，惯性距 $I_x=391.47\text{cm}^4$，转动惯量 $W_x=62.14\text{cm}^3$，回转半径 $i_x=4.95\text{cm}$；

截面尺寸，$b=53\text{mm}$，$h=126\text{mm}$，$t=9\text{mm}$；

1. 荷载计算

(1)栏杆与挡脚手板自重荷截标准值：本例采用栏杆冲压钢，标准值为 0.11kN/m；

$$q_{1k}=0.11\text{kN/m}$$

(2)槽钢自重荷载标准值 $q_{2k}=0.12\text{kN/m}$

经计算得到，静荷载计算值

$$q=1.2(q_{1k}+q_{2k})=1.2\times(0.11+0.12)=0.28\text{kN/m}$$

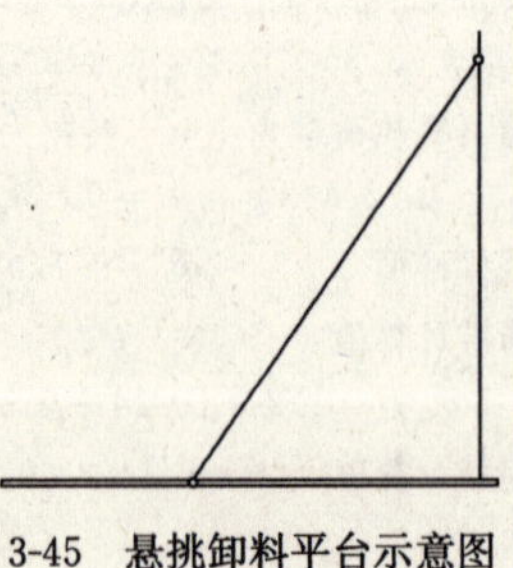

图 3-45 悬挑卸料平台示意图

续上表

经计算得到，次梁集中荷载取次梁支座力 $P=(0.93\times3+3.36)/2=3.07\text{kN}$。

2. 内力计算

卸料平台的主梁按照集中荷载 P 和均布荷载 q 作用下的连续梁计算，计算简图 3-46 如下：

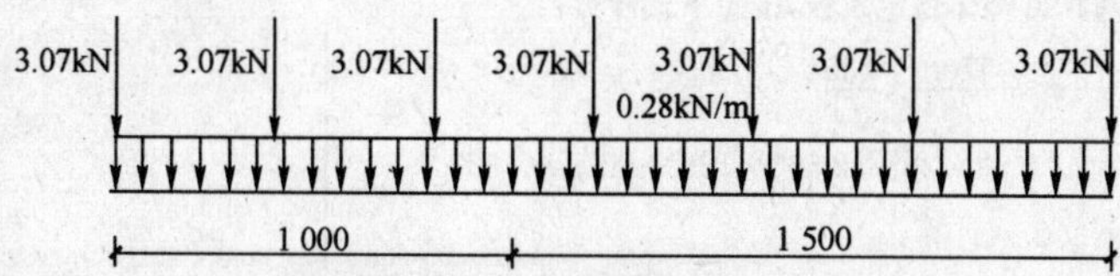

图 3-46 悬挑卸料平台水平钢梁计算简图

悬挑水平钢梁支撑梁内力图（图 3-47、图 3-48）和变形图（图 3-49）如下：

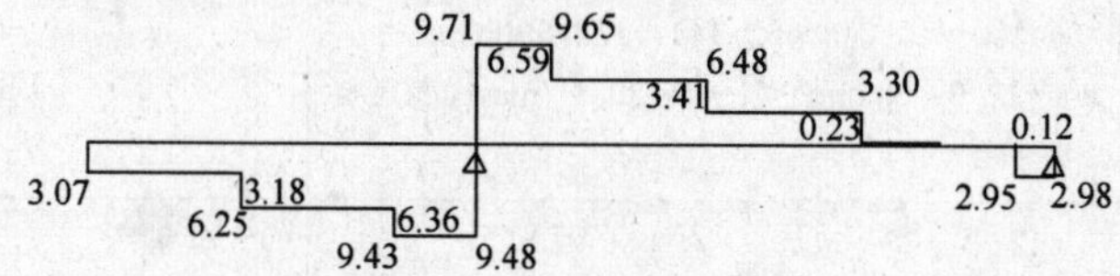

图 3-47 悬挑水平钢梁支撑梁剪力图(kN)

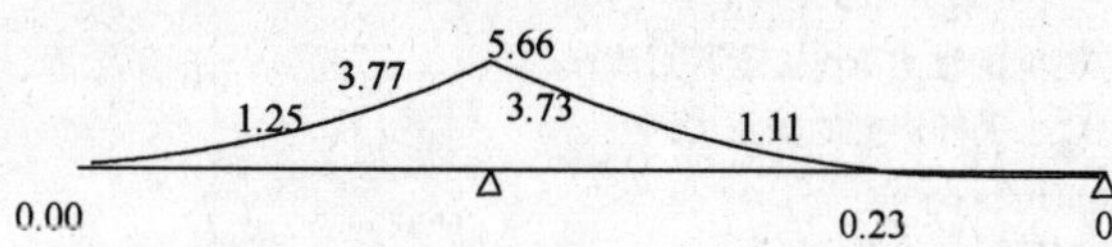

图 3-48 悬挑水平钢梁支撑梁弯矩图(kN·m)

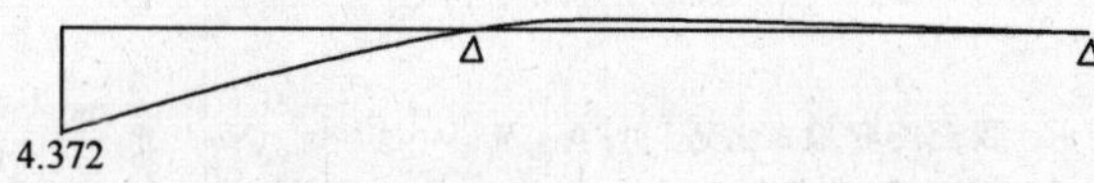

图 3-49 悬挑水平钢梁支撑梁变形图(mm)

各支座支撑反力由左至右分别为：$R_1=19.193\text{kN}R_2=6.048\text{kN}$

最大支座反力 $R_{max}=19.193\text{kN}$

最大弯矩 $M_{max}=5.662\text{kN}\cdot\text{m}$

最大挠度 $\upsilon=4.372\text{mm}$。

3. 抗弯强度计算

$$\sigma=\frac{M}{\gamma_x W_x}+\frac{N}{A}\leqslant[f]$$

式中：γ_x——截面塑性发展系数，取 1.05；

$[f]$——钢材抗压强度设计值，$[f]=205\text{N/mm}^2$；

主梁的计算与次梁基本一致

续上表

经过计算得到强度

$$\sigma=5.66\times10^6/1.05/62\,137+5.76\times10^3/1\,569=90.42\text{N/mm}^2$$

主梁的抗弯计算强度 90.42N/mm²，小于[f]=205N/mm²，满足要求。

4.整体稳定性计算

$$\sigma=\frac{M}{\varphi_b W_x}\leqslant f$$

式中：φ_b——均匀弯曲的受弯构件整体稳定系数，按照下式计算：

$$\varphi_b=\frac{570tb}{lh}\times\frac{235}{f_y}$$

经过计算得到　$\varphi_b=570\times9\times53\times235/(2\,500\times126\times235)=0.863$；

由于 φ_b 大于 0.6，按照下面公式计算：

$$\varphi'_b=1.07-\frac{0.282}{lh\varphi_b}\leqslant1.0$$

计算得到　$\varphi_b=0.743$；

经过计算得到强度　$\sigma=5.66\times10^3/(0.743\times62.14)=122.59\text{N/mm}^2$；

主梁槽钢的稳定性计算　$\sigma=122.59\ \text{N/mm}^2<[f]=205\text{N/mm}^2$，满足要求。

四、钢丝拉绳的内力计算

$$R_{AH}=\sum_{i=1}^{n}R_{Ui}\cos\theta_i$$

水平钢梁的轴力 R_{AH} 和拉钢绳的轴力 R_{Ui} 按照下面计算，

式中：$R_{Ui}\cos\theta_i$——钢绳的拉力对水平杆产生的轴压力。

各支点的支撑力：$R_{Ci}=R_{Ui}\sin\theta_i$；

根据以上公式计算得到外钢绳的拉力为：

$$R_{Ui}=20.04\text{kN};$$

五、钢丝拉绳的强度计算

钢丝拉绳(斜拉杆)的轴力 R_U 我们均取最大值进行计算，为 20.04kN；

如果上面采用钢丝绳，钢丝绳的容许拉力按照下式计算：

$$[F_g]=\frac{\alpha F_g}{K}$$

式中：[F_g]——钢丝绳的容许拉力(kN)；

F_g——钢丝绳的钢丝破断拉力总和(kN)；

计算中可以近似计算 $F_g=0.5d^2$，d 为钢丝绳直径(mm)；

α——钢丝绳之间的荷载不均匀系数，对 6×19、6×37、6×61 钢丝绳分别取 0.85、0.82 和 0.8；

K——钢丝绳使用安全系数。

计算中[F_g]取 20.038kN，$\alpha=0.82$，$K=10$，得到：$d=22.1$mm。

钢丝绳最小直径必须大于 23mm 才能满足要求。

拉绳的强度计算中使用的容许应力法来进行计算的，不像其他部分采用的是极限状态法

续上表

六、钢丝拉绳吊环的强度计算 钢丝拉绳(斜拉杆)的轴力 R_U 我们均取最大值进行计算作为吊环的拉力 N 为: $$N=R_U=20\,038.128\text{N}$$ 钢板处吊环强度计算公式为: $$\sigma=\frac{N}{A}\leqslant[f]$$ 式中:$[f]$——拉环钢筋抗拉强度,按照《混凝土结构设计规范》10.9.8,在物件的自重标准值作用下,每个吊环按2个截面计算的。吊环的应力不应大于 50N/mm^2, $$[f]=50\text{N/mm}^2$$ 所需要的吊环最小直径 $D=[20\,038.1\times4/(3.142\times50\times2)]^{1/2}=16.0\text{mm}$	使用中要注意到《混凝土结构设计规范》(GB 50010—2002)中的10.9.8条是强制性条文,必须遵循
七、操作平台安全要求: (1)卸料平台的上部位结点,必须位于建筑物上,不得设置在脚手架等施工设备上; (2)斜拉杆或钢丝绳,构造上宜两边各设置前后两道,并进行相应的受力计算; (3)卸料平台安装时,钢丝绳应采用专用的挂钩挂牢,建筑物锐角口围系钢丝绳处应加补软垫物,平台外口应略高于内口; (4)卸料平台左右两侧必须装置固定的防护栏; (5)卸料平台吊装,需要横梁支撑点电焊固定,接好钢丝绳,经过检验才能松卸起重吊钩; (6)钢丝绳与水平钢梁的夹角最好在45°～60°; (7)卸料平台使用时,应有专人负责检查,发现钢丝绳有锈蚀损坏应及时调换,焊缝脱焊应及时修复; (8)操作平台上应标明容许荷载,配专人监督,人员和物料总重量严禁超过设计容许荷载。	必须对操作平台的安全使用作出要求

第十二节　模板支架计算示例

编制依据: 支架的计算除根据本工程实际情况以外,尚应参照以下标准规范: 《建筑施工扣件式钢管脚手架安全技术规范》(JGJ 130—2001) 《建筑结构荷载规范》(GB 50009—2001) 《钢结构设计规范》(GB 50017—2003) 《混凝土结构设计规范》(GB 50010—2002) 《建筑施工手册》第四版等	支架计算中应该简单明了地写出编制依据,以便他人核查

续上表

工程概况： 某公司综合楼工程为钢筋混凝土现浇框架结构，共5层，建筑总面积3 900m²。综合楼首层4.5m，标准层层高4.2m。 支架体系选择 考虑到本工程施工工期、质量和安全要求，在选择方案时，应充分考虑以下几点： 1.支架的结构设计，力求做到结构要安全可靠，造价经济合理。 2.在规定的条件下和规定的使用期限内，能够充分满足可以预期的安全性和耐久性要求。 3.选用材料时，力求做到常见通用、可周转利用，便于保养维修。 4.结构选型时，力求做到受力明确，构造措施合理有效，搭拆方便，便于检查验收。	工程概况简单明了地写出与本支架设计计算相关的内容即可
主要计算内容： 1. 模板支撑方木的计算 2. 模板支撑钢管的计算 3. 模板纵向钢管计算 4. 扣件抗滑力的计算 5. 立杆的稳定性计算	模板高支撑架计算的主要内容
一、参数信息 1.脚手架参数 横向间距或排距：1.0 m；纵距：1.0 m；步距：1.5 m；立杆上端伸出至模板支撑点长度：0.1 m；脚手架搭设高度：3.9 m；采用的钢管：Φ48×3.5 mm；扣件连接方式：双扣件，扣件抗滑承载力系数：0.8；板底支撑连接方式：方木支撑。 2.荷载参数 模板与木板自重荷载：0.35kN/m²；混凝土与钢筋自重荷载：25.0kN/m³； 楼板浇筑厚度：0.12m；倾倒混凝土荷载标准值：1.0 kN/m²； 施工均布荷载标准值：1.0kN/m²； 3.楼板参数 钢筋级别：HRB 400；楼板混凝土强度等级：C25； 每层标准施工天数：8天；每平方米楼板截面的钢筋面积：1 440mm²； 计算楼板的宽度：4.0 m；计算楼板的厚度：0.12 m； 计算楼板的长度：4.5 m；施工平均温度：15℃； 4.木方参数 木方弹性模量E：9 500N/mm²；木方抗弯强度设计值：13N/mm²； 木方抗剪强度设计值：1.30N/mm²；木方的间隔距离：300mm； 木方的截面宽度：60mm；木方的截面高度：80mm； 模板支架立面图3-50如下：	支架设计的参数信息应简明地写出与设计计算相关信息，如脚手架参数、荷载参数和计算简图等。 荷载参数一般取自《建筑施工扣件式钢管脚手架安全技术规范》中列出的材料相关参数，当本单位有确切经验时，也可以采用自定的值

续上表

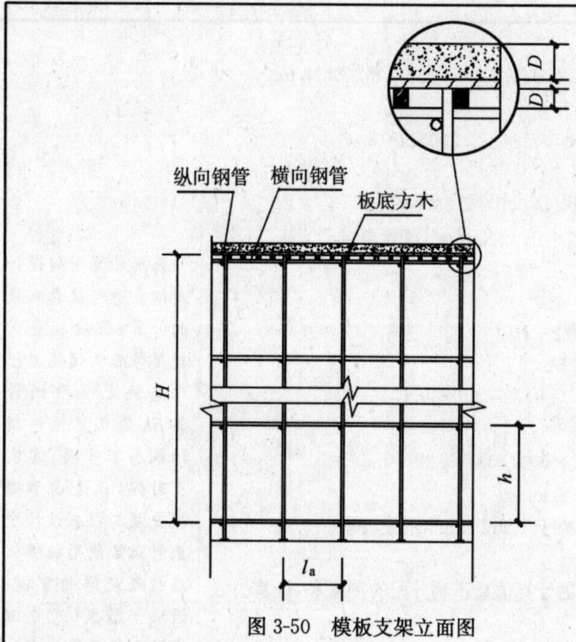

图 3-50 模板支架立面图

二、模板支撑方木的计算

方木按照简支梁计算，方木的截面惯性矩 I 和截面抵抗矩 W 分别为：

$$W=\frac{bh^2}{6}=\frac{6\times8^2}{6}=64\text{cm}^3$$

$$I=\frac{bh^3}{12}=\frac{6\times8^3}{12}=256\text{cm}^3$$

计算简图 3-51 如下：

1. 荷载的计算

(1)钢筋混凝土板自重荷载(kN/m)：

$q_1=25\times0.3\times0.12=0.9\text{kN/m}$

(2)模板的自重线荷载(kN/m)：

$q_2=0.35\times0.3=0.105\text{kN/m}$

(3)活荷载为施工荷载标准值与振倒混凝土时产生的荷载(kN)：

$P_1=(1+1)\times1\times0.3=0.6\text{kN}$

图 3-51 方木楞计算简图

在进行荷载计算的时候，必须做到不漏算，不重复，并保留必要的小数点，以确保设计计算的准确性

2. 强度计算

最大弯矩考虑为静荷载与活荷载的计算值最不利分配的弯矩和，计算公式如下：

$$M_{\max}=\frac{Pl}{4}+\frac{ql^2}{8}$$

续上表

均布荷载　$q=1.2\times(q_1+q_2)=1.2\times(0.9+0.105)=1.206\text{kN/m}$

集中荷载　$P=1.4\times0.6=0.84\text{kN}$

最大弯距　$M=Pl/4+ql^2/8=0.84\times1/4+1.206\times1^2/8$

$=0.361\text{kN}$

截面应力　$\sigma=M/W=0.361\times10^6/64\,000=5.637\text{N/mm}^2$

方木的计算强度为 5.637N/mm^2，小于 13N/mm^2，满足要求。

3. 抗剪计算

最大剪力的计算公式如下：

$$Q=ql/2+P/2$$

截面抗剪强度必须满足：$T=3Q/2bh<[T]$

其中最大剪力：$Q=1.206\times1/2+0.84/2=1.023\text{kN}$

截面抗剪强度计算值：

$$T=3\times1.023\times10^3/(2\times60\times80)=0.32\text{N/mm}^2$$

截面抗剪强度设计值：$[T]=1.3\text{N/mm}^2$

方木的抗剪强度为 0.32N/mm^2，小于 1.3N/mm^2，满足要求。

4. 挠度计算

最大挠度考虑为静荷载与活荷载的计算值最不利分配的挠度和，计算公式如下：

$$\upsilon_{\max}=\frac{Pl^3}{48EI}+\frac{5ql^4}{384EI}$$

均布荷载：$q=q_1+q_2=1.005\text{kN/m}$

集中荷载：$P=0.6\text{kN}$

最大变形：$\upsilon=5\times1.005\times1\,000^4/(384\times9\,500\times2\,560\,000)+600\times1\,000^3/(48\times9\,500\times2\,560\,000)=1.052\text{mm}$

方木的最大挠度 1.052mm，小于 1 000/250=4mm，满足要求。

强度计算一般设计者均会进行认真细致的计算，但往往会对挠度等正常使用极限状态缺乏必要的计算，认为正常使用极限状态不重要，其实有时候，正是由于模板支架工程在设计中未对正常使用极限状态引起足够的重视，造成如漏浆、尺寸偏差过大等质量通病

三、板底支撑钢管计算

支撑钢管按照集中荷载作用下的三跨连续梁计算，计算简图如图 3-52 所示。

集中荷载 P 取纵向板底支撑传递力，$P=1.206\times1+0.84=2.046\text{kN}$

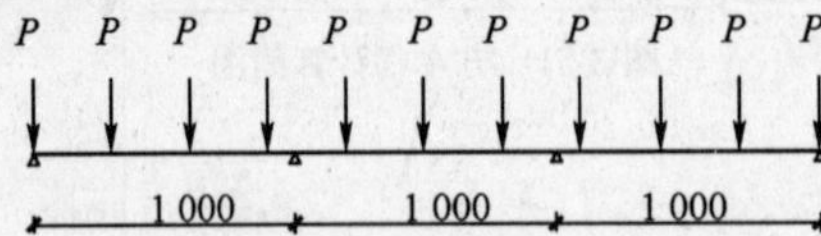

图 3-52　支撑钢管计算简图（尺寸单位：mm）

支撑钢管内力图（图 3-53、图 3-55）和变形图（图 3-54）如下：

续上表

<table>
<tr><td>

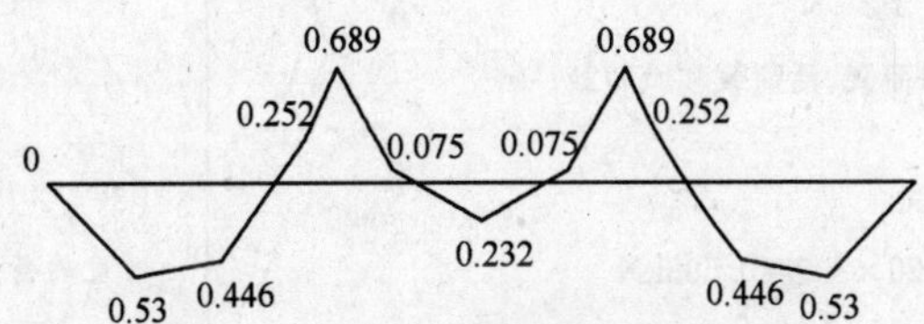

图 3-53　支撑钢管计算弯矩图(kN・m)

图 3-54　支撑钢管计算变形图(mm)

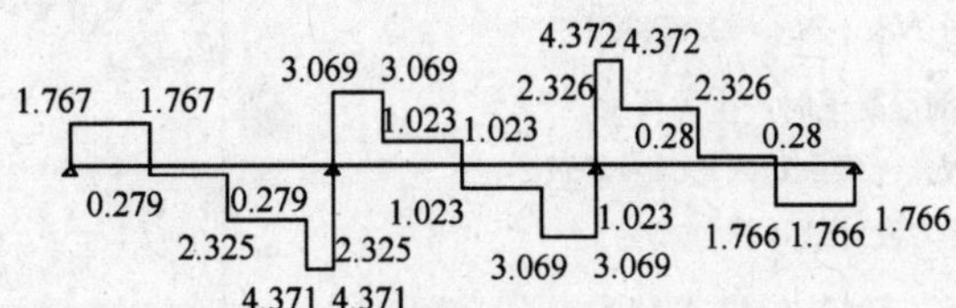

图 3-55　支撑钢管计算剪力图(kN)

最大弯矩 M_{max}=0.689kN・m;
最大变形 υ_{max}=1.761mm;
最大支座力 Q_{max}=7.441kN;
截面应力 σ=135.578N/mm²;
支撑钢管的计算强度小于 205N/mm²,满足要求。
支撑钢管的最大挠度小于 1 000/150=6.7mm 与 10mm,满足要求。

</td><td>计算过程中的注意点基本同上</td></tr>
<tr><td>

四、扣件抗滑移的计算

按照《建筑施工扣件式钢管脚手架安全技术规范》,双扣件承载力设计值取16kN,按照扣件抗滑承载力系数 0.8,该工程实际的旋转双扣件承载力取值为12.8kN。

纵向或横向水平杆与立杆连接时,扣件的抗滑承载力按照下式计算:

$$R \leqslant R_c$$

式中:R_c——扣件抗滑承载力设计值,取 12.8kN;
R——纵向或横向水平杆传给立杆的竖向作用力设计值;
计算中 R 取最大支座反力,R=7.441kN;
R<12.8kN,所以双扣件抗滑承载力的设计计算满足要求。

</td><td>此处的表格指的是《建筑施工扣件式钢管脚手架安全技术规范》中的表 5.1.7 计算公式是《建筑施工扣件式钢管脚手架安全技术规范》中的公式 5.2.5</td></tr>
</table>

续上表

五、模板支架荷载标准值 作用于模板支架的荷载包括静荷载、活荷载和风荷载。 1.静荷载标准值包括以下内容： (1)脚手架的自重荷载(kN)： $N_{G1}=0.129\times3.9=0.503\text{kN}$ (2)模板的自重荷载(kN)： $N_{G2}=0.35\times1.0\times1.0=0.35\text{kN}$ (3)钢筋混凝土楼板自重荷载(kN)： $N_{G3}=25\times0.12\times1\times1=3\text{kN}$ 经计算得到，静荷载标准值： $N_{Gk}=N_{G1}+N_{G2}+N_{G3}=3.853\text{kN}$ 2.活荷载为施工荷载标准值与振倒混凝土时产生的荷载。 经计算得到，活荷载标准值 $N_{Qk}=(1+1)\times1\times1=2\text{kN}$ 3.不考虑风荷载时，立杆的轴向压力设计值计算公式 $N=1.2N_{Gk}+1.4N_{Qk}=7.424\text{kN}$	此处的荷载标准值均取自《建筑施工扣件式钢管脚手架安全技术规范》中的附录A中的数值，脚手架设计人员可以根据工程的实际情况，在有确实可靠资料的情况下修改
六、立杆的稳定性计算 不考虑风荷载时，立杆的稳定性计算公式 $\sigma=\frac{N}{\varphi A}\leqslant[f]$ 式中：N——立杆的轴心压力设计值：$N=7.424\text{kN}$； φ——轴心受压立杆的稳定系数，由长细比 l_0/i 查表《钢结构设计规范》(GB 50017—2003)得到； i——计算立杆的截面回转半径：$i=1.58\text{cm}$； A——立杆净截面面积：$A=4.89\text{cm}^2$； σ——钢管立杆抗压强度计算值(N/mm²)； $[f]$——钢管立杆抗压强度设计值：$[f]=205\text{N/mm}^2$； l_0——计算长度(m)； 如果完全参照《建筑施工扣件式钢管脚手架安全技术规范》(JGJ 130—2001)，由公式(1)或(2)计算 $l_0=k\mu h$ (1) $l_0=(h+2a)$ (2) 式中：k——计算长度附加系数，取值为1.155；	稳定性计算是钢结构最重要的计算内容之一。所有的受压、压弯或拉弯钢构件，都存在失稳的可能。常常稳定性是钢结构构件设计计算的控制因素，构件的强度反而常常不是控制因素

续上表

<table>
<tr><td>
μ——计算长度系数，参照《建筑施工扣件式钢管脚手架安全技术规范》表5.3.3；$\mu=1.7$；
a——立杆上端伸出顶层横杆中心线至模板支撑点的长度；$a=0.1$m；
公式(1)的计算结果：
立杆计算长度 $l_0=k\mu h=1.155\times1.7\times1.5=2.945$m
$$l_0/i=2\,945/15.8=186$$
由长细比 l_0/i 的结果查表得到轴心受压立杆的稳定系数 $\varphi=0.207$；
钢管立杆受压强度计算值 $\sigma=7\,424.188/(0.207\times489)=73.345\text{N/mm}^2$；
立杆稳定性计算 $\sigma=73.345\text{N/mm}^2$，小于$[f]=205\text{N/mm}^2$，满足要求。
公式(2)的计算结果：
立杆计算长度 $l_0=h+2a=1.5+2\times0.1=1.7$m
$$l_0/i=1\,700/15.8=108$$
由长细比 l_0/i 的结果查表得到轴心受压立杆的稳定系数 $\varphi=0.53$；
钢管立杆受压强度计算值 $\sigma=7\,424.188/(0.53\times489)=28.646\text{N/mm}^2$；
立杆稳定性计算 $\sigma=28.646\text{N/mm}^2$，小于$[f]=205\text{N/mm}^2$，满足要求。
</td><td>φ——轴心受压立杆的稳定系数，由长细比 l_0/i 查《建筑施工扣件式钢管脚手架安全设计规范》的附录C得到；其他式中的各个参数是查附录B钢管截面特性得到的</td></tr>
<tr><td>
七、楼板强度的计算
1.计算楼板强度说明
验算楼板强度时按照最不利考虑，楼板的跨度取4.5m，楼板承受的荷载按照均布荷载考虑。
宽度范围内配筋HRB400级钢筋，配筋面积 $A_s=1\,440\text{mm}^2$，$f_y=360\text{N/mm}^2$。
板的截面尺寸为 $b\times h=4\,000\text{mm}\times120\text{mm}$，截面有效高度 $h_0=100$mm。
按照楼板每8天浇筑一层，所以需要验算8天、16天、24天的承载能力是否满足荷载要求。
2.计算楼板混凝土8天的强度是否满足承载力要求
楼板计算长边4.5m，短边为4.0m；
楼板计算范围跨度内摆放5×5排脚手架，将其荷载转换为计算宽度内均布荷载。
第2层楼板所需承受的荷载为
$$\begin{aligned}q&=2\times1.2\times(0.35+25\times0.12)+1\times1.2\\&\quad\times(0.503\times5\times5/4.5/4)+1.4\times(1+1)\\&=11.679\text{kN/m}^2\end{aligned}$$
计算单元板带所承受均布荷载 $q=4.5\times11.679=52.556$kN/m；
</td><td></td></tr>
</table>

续上表

板带所需承担的最大弯矩按照四边固接双向板计算 $$M_{max}=0.0596\times52.56\times4^2=50.118\text{kN}\cdot\text{m}$$ 验算楼板混凝土强度的平均气温为15℃，查温度、龄期对混凝土强度影响曲线得到8天后混凝土强度达到62.4%，C25混凝土强度近似等效为C15.6。 混凝土抗压强度设计值为 $f_c=7.488\text{N/mm}^2$； 则可以得到矩形截面相对受压区高度： $$\xi=A_sf_y/(bh_0f_c)=1440\times360/(4000\times100\times7.488)=0.17$$ 查表得到钢筋混凝土受弯构件正截面抗弯能力计算系数为 $$a_s=0.158$$ 此楼板所能承受的最大弯矩为： $$M_1=a_sbh_0^2f_c=0.158\times4000\times100^2\times7.488\times10^6=47.335\text{kN}\cdot\text{m}$$ 结论：$\sum M_i=47.335\text{kN}\cdot\text{m}\leqslant M_{max}=50.118\text{kN}\cdot\text{m}$ 所以第8天以后的各层楼板强度和不足以承受以上楼层传递下来的荷载。 第2层以下的模板支撑必须保留。 3.计算楼板混凝土16天的强度是否满足承载力要求 楼板计算长边4.5m，短边为4.0m； 楼板计算范围跨度内摆放5×5排脚手架，将其荷载转换为计算宽度内均布荷载。 第3层楼板所需承受的荷载为 $$q=3\times1.2\times(0.35+25\times0.12)+2\times1.2\times(0.503\times5\times5/4.5/4)+1.4\times(1+1)=16.54\text{kN/m}^2$$ 计算单元板带所承受均布荷载 $q=4.5\times16.538=74.422\text{kN/m}$； 板带所需承担的最大弯矩按照四边固接双向板计算 $$M_{max}=0.0596\times74.42\times4^2=70.969\text{kN}\cdot\text{m}$$ 验算楼板混凝土强度的平均气温为15℃，查温度、龄期对混凝土强度影响曲线得到16天后混凝土强度达到83.21%，C25混凝土强度近似等效为C20.8。 混凝土抗压强度设计值为 $f_c=9.968\text{N/mm}^2$； 则可以得到矩形截面相对受压区高度： $$\xi=A_sf_y/(bh_0f_c)=1440\times360/(4000\times100\times9.968)=0.13$$ 查表得到钢筋混凝土受弯构件正截面抗弯能力计算系数为 $$a_s=0.122$$ 此楼板所能承受的最大弯矩为： $$M_1=a_sbh_0^2f_c=0.122\times4000\times100^2\times9.968\times10^6=48.464\text{kN}\cdot\text{m}$$ 结论：$\sum M_i=95.779\text{kN}\cdot\text{m}\geqslant M_{max}=70.969\text{kN}\cdot\text{m}$ 所以第16天以后的各层楼板强度和足以承受以上楼层传递下来的荷载。	

第四章　基坑工程

我国深基坑工程大量出现于20世纪80年代，由于城市建设的迅速发展，地下停车场、高层建筑、人防、地铁车站、局部区间明挖等也涉及大量的基坑工程，在工程的整个施工阶段中是难度较大的部分。

深基坑工程的出现，也大大地促进了设计计算理论的提高和施工工艺的发展，通过大量的工程实践和科学研究，逐步形成了基坑工程这一新的学科，它涉及结构、岩土、工程地质及环境等多门学科，是土木工程领域内目前发展最迅速的学科之一，也是工程实践要求最迫切的学科之一。

一、基坑工程的概念及特点

基坑工程是指建筑物基础工程或其他地下工程（如地下变电站、地下商场、地铁车站等）施工中所进行的基坑开挖、降水、支护和土体加固以及监测等综合性工程。

基坑工程具有以下特点：

（1）临时性和风险性大

一般情况下都是临时结构，安全储备相对于永久结构较小，风险系数较大。

（2）明显的区域性

基坑工程具备很强的区域性和个案性，其由场地的工程、水文地质条件和岩土的工程性质以及周边环境的差异性所决定，因此，基坑工程的设计和施工，必须因地制宜，切忌生搬硬套。

（3）综合性强

基坑工程是一项综合性很强的系统工程，它不仅涉及结构、岩土、工程地质及环境等多门学科，而且基坑开挖、降水、支护和土体加固等工作环环相扣，紧密相连。

（4）时空效应

基坑工程具有较强的时空效应，其结构所受荷载（如土压力、水压力等）及其产生的应力和变形在时间上和空间上具有较强的变异性，这在软土地区基坑工程和复杂体型基坑工程中尤为突出。

（5）环境条件要求严格

基坑工程对周边环境会产生较大影响。邻近的高大建筑、地下结构、管线和地铁等对基坑的变形严格限制，施工因素复杂多变，如气候、季节、周围水体均可能会产生重大变化。

二、基坑支护的目的与作用

1. 基坑支护的目的

(1)确保基坑开挖和基础结构施工安全、顺利。

(2)确保基坑临近建筑物或地下管道正常使用。

(3)防止地面塌陷、坑底管涌发生。

2. 基坑工程的基本技术要求

(1)保证基坑四周边坡土体的安全可靠性，同时满足地下室施工有足够空间的要求，这是土方开挖和地下室施工的必要条件。

(2)保证基坑四周相邻建(构)筑物和地下管线在基坑支护和地下室施工期间不受损害，即坑壁土体的变形，包括地面和地下土体的垂直和水平位移要控制在允许范围内。

(3)通过截水、降水、排水等措施，保证基坑工程施工便利性和工期保证性。

三、基坑支护结构的设计内容

(1)支护结构体系的选型及地下水控制方式。

(2)支护结构的强度和变形计算。

(3)基坑内外土体稳定性计算。

(4)基坑降水、止水帷幕设计。

(5)基坑施工监测设计及应急措施的制定。

(6)施工期可能出现的不利工况验算。

以上设计内容，可以分成三个部分：

(1)支护结构的强度变形和基坑内外土体稳定性设计。

(2)基坑地下水的控制设计。

(3)施工监测，包括对支护结构的监测和周边环境的监测。

四、基坑工程设计依据

基坑工程设计时，首先应掌握以下设计资料。

(1)岩土工程勘察报告。区分基坑工程的安全等级进行专门的岩土工程勘察，或与主体建筑勘察一并进行，但应满足基坑工程勘察的深度和要求。根据基坑工程的规模和地质环境条件复杂程度，进行分阶段勘察和施工勘察。

(2)建筑总平面图、工程用地红线图、地下工程的建筑、结构设计图。

(3)邻近建筑物的平面位置,基础类型及结构图、埋深及荷载,周围道路、地下设施、市政管道及通信工程管线图、基坑周围环境对基坑支护结构系统的设计要求。

在基坑工程的设计中,支护结构、降水井、观测井及止水帷幕、锚拉系统等构件,均不得超越工程用地红线范围。

第一节　支护结构的类型和选型

一、支护结构的类型和组成

支护结构(包括围护墙和支撑)按其工作机理和围护墙的形式分为下列几种类型:

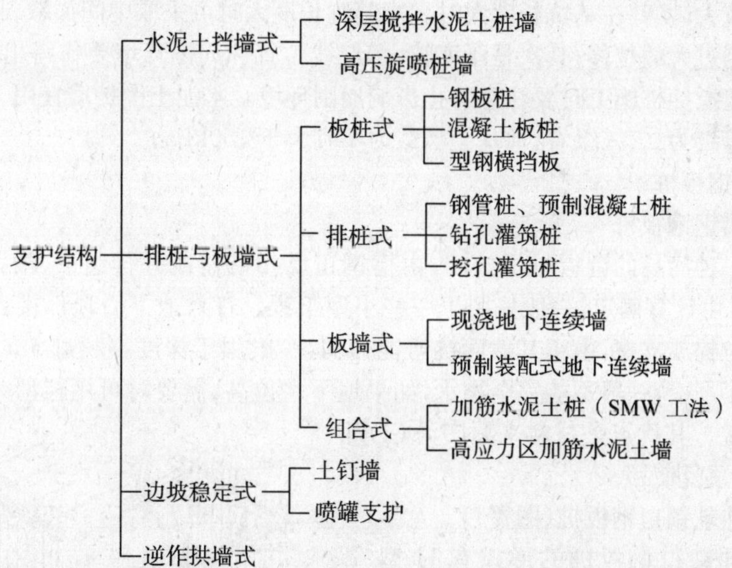

水泥土挡墙式,依靠其本身自重和刚度保护坑壁,一般可不设支撑,特殊情况下经采取措施后亦可局部加设支撑。

排桩与板墙式,通常由围护墙、支撑(或土层锚杆)及防渗帷幕等组成。

土钉墙由密集的土钉群、被加固的原位土体、喷射的混凝土面层等组成。

现将常用的几种支护结构介绍如下。

二、支护结构的选型

1. 围护墙选型

(1)深层搅拌水泥土桩墙

深层搅拌水泥土桩墙围护墙是用深层搅拌机就地将土和输入的水泥浆强制搅拌,形成连续搭接的水泥土柱状加固体挡墙。

水泥土加固体的渗透系数不大于 10^{-7} cm/s,能止水防渗,因此这种围护墙属重力式挡墙,利用其本身重量和刚度进行挡土和防渗,具有双重作用。

水泥土围护墙截面呈格栅形,相邻桩搭接长宽不小于 200mm,截面置换率对淤泥不宜小于 0.8,淤泥质土不宜小于 0.7,一般黏性土、黏土及砂土不宜小于 0.6。格栅长度比不宜大于 2。

水泥土围护墙的优点:由于坑内无支撑,便于机械化快速挖土;具有挡土、挡水的双重功能;一般比较经济。其缺点是不宜用于深基坑、一般不宜大于 6m;位移相对较大,尤其在基坑长度大时。当基坑长度大时可采取中间加墩、起拱等措施以限制过大的位移;其次是厚度较大,红线位置和周围环境要作得出才行,而且水泥土搅拌桩施工时要注意防止影响周围环境。水泥土围护墙宜用于基坑侧壁安全等级为二、三级者;地基土承载力不宜大于 150kPa。

(2)钢板桩

①槽钢钢板桩

是一种简易的钢板桩围护墙,由槽钢正反扣搭接或并排组成,槽钢长 6~8m,型号由计算确定,一般只用于一些小型工程。打入地下后顶部接近地面处设一道拉锚或支撑,由于其截面抗弯能力弱,一般用于深度不超过 4m 的基坑。搭接处不严密,一般不能完全止水,如果地下水位高,需要时可用轻型井点降低地下水位。其优点是材料来源广,施工简便,可以重复使用。

②热轧锁口钢板桩(图 4-1)

热轧锁口钢板桩的形式有 U 型、L 型、一字型、H 型和组合型。

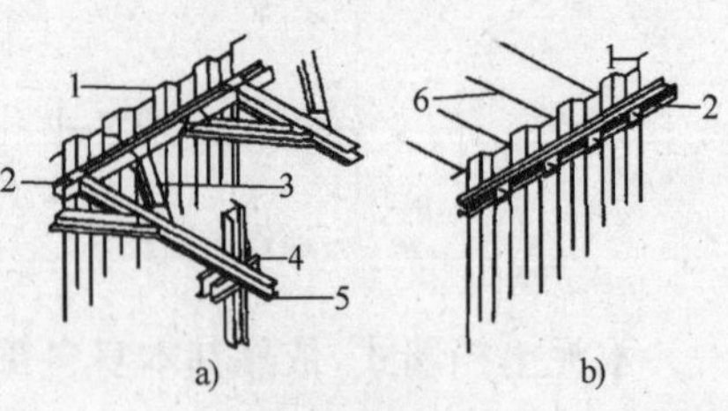

图 4-1 钢板桩支护结构

a)内撑方式;b)锚拉方式

1-钢板桩;2-围檩;3-角撑;4-立柱与支撑;5-支撑;6-锚拉杆

钢板桩的优点是材料质量可靠,在软土地区打设方便,施工速度快;有一定的挡水能力(小趾口者挡水能力更好);可多次重复使用;一般费用较低。其缺点是一般的钢板桩刚度不够大,用于较深的基坑时支撑(或拉锚)工作量大,否则变形较大;在透水性较好的土层中不能完全挡水;拔除时易带土,如处理不当会引起土层移动,可能危害周围的环境。

常用的U型钢板桩,多用于周围环境要求不甚高的深5~8m的基坑,视支撑(拉锚)加设情况而定。

(3)型钢横挡板(图4-2)

型钢横挡板围护墙亦称桩板式支护结构。这种围护墙由工字钢(或H型钢)桩和横挡板(亦称衬板)组成,再加上围檩、支撑等的一种支护体系。施工时先按一定间距打设工字钢或H型钢桩,然后在开挖土方时边挖边加设横挡板。施工结束拔出工字钢或H型钢桩,并在安全允许条件下尽可能回收横挡板。

横挡板直接承受土压力和水压力,由横挡板传给工字钢桩,再通过围檩传至支撑或拉锚。横挡板长度根据工字钢桩的间距和厚度由计算确定,多用厚度60mm的木板或预制钢筋混凝土薄板。

型钢横挡板围护墙多用于土质较好、地下水位较低的地区,曾应用在我国北京地下铁道工程和某些高层建筑的基坑工程中。

(4)钻孔灌筑桩(图4-3)

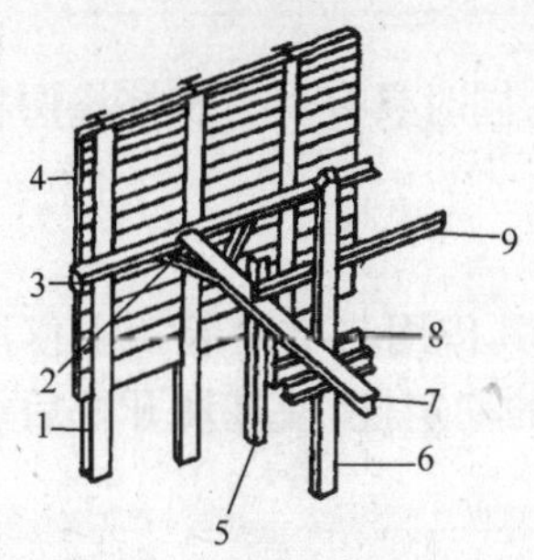

图4-2 型钢横挡板支护结构

1-工字钢(H型钢);2-八字撑;3-腰梁;4-横挡板;5-垂直联系杆件;6-立柱;7-横撑;8-立柱上的支撑件;9-水平联系杆

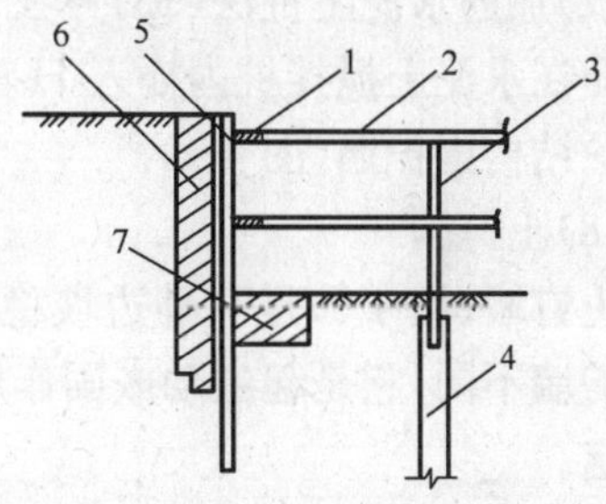

图4-3 钻孔灌筑桩排围护墙

1-围檩;2-支撑;3-立柱;4-工程桩;5-钻孔灌筑桩围护墙;6-水泥土搅拌桩挡水帷幕;7-坑底水泥土搅拌桩加固

根据目前的施工工艺,钻孔灌筑桩为间隔排列,缝隙不小于100mm,因此它不具备挡水功能,需另做挡水帷幕。

钻孔灌筑桩施工无噪声、无振动、无挤土,刚度大,抗弯能力强,变形较小,几乎在全国都有应用。多用于基坑侧壁安全等级为一、二、三级,坑深7~15m的基坑工程,在土质较好地区已有8~9m悬臂桩,在软土地区多加设内支撑(或拉锚),悬臂式结构不宜大于5m。桩径和配筋计算确定,常用直径600mm、

700mm、800mm、900mm、1 000mm。

(5)挖孔桩

成孔是人工挖土,多为大直径桩,宜用于土质较好地区。如土质松软、地下水位高时,需边挖土边施工衬圈,衬圈多为混凝土结构。在地下水位较高地区施工挖孔桩,还要注意挡水问题,否则地下水大量流入桩孔,大量的抽排水会引起邻近地区地下水位下降,导致土体固结而出现较大的地面沉降。

(6)地下连续墙

地下连续墙是于基坑开挖之前,用特殊挖槽设备、在泥浆护壁之下开挖深槽,然后下钢筋笼浇筑混凝土形成地下土中的混凝土墙。目前常用的厚度为600mm、800mm、1 000mm,多用于12m以下的深基坑。

地下连续墙用作围护墙的优点是:施工时对周围环境影响小,能紧邻建(构)筑物等进行施工;刚度大、整体性好,变形小,能用于深基坑;处理好接头能较好地抗渗止水;如用逆作法施工,可实现两墙合一,能降低成本。

地下连续墙如单纯用作围护墙,只为施工挖土服务则成本较高;泥浆需妥善处理,否则影响环境。

(7)加筋水泥土桩法(SMW 工法)

即在水泥土搅拌桩内插入 H 型钢,使之成为同时具有受力和抗渗两种功能的支护结构围护墙(图 4-4)。

(8)土钉墙

土钉墙(图 4-5)是一种边坡稳定式的支护,其作用与被动起挡土作用的上述围护墙不同,它是起主动嵌固作用,增加边坡的稳定性,使基坑开挖后坡面保持稳定。

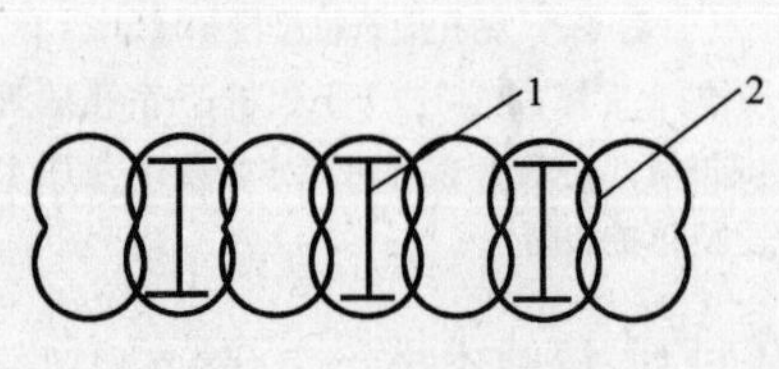

图 4-4　SMW 工法围护墙

1-插在水泥土桩中的 H 型钢;2-水泥土桩

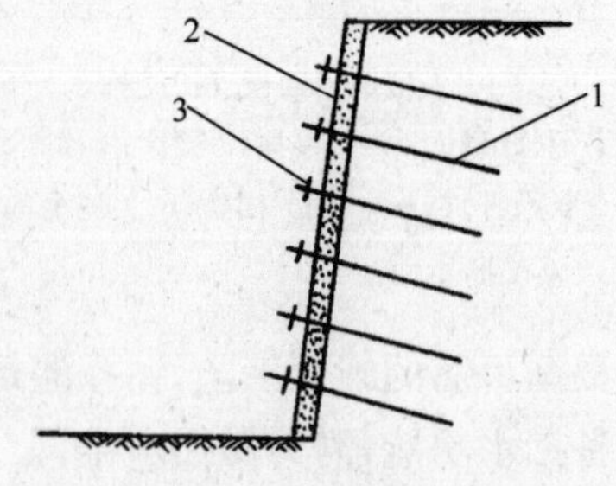

图 4-5　土钉墙

1-土钉;2-喷射细石混凝土面层;3-垫板

施工时,每挖深 1.5m 左右,挂细钢筋网,喷射细石混凝土面层厚 50～100mm,然后钻孔插入钢筋(长 10～15m 之间,纵、横间距 1.5m×1.5m 之间),

加垫板并灌浆，依次进行直至坑底。基坑坡面有较陡的坡度。

土钉墙宜用于基坑侧壁安全等级为二、三级的非软土场地；基坑深度不宜大于12m；当地下水位高于基坑底面时，应采取降水或截水措施。

(9)逆作拱墙

当基坑平面形状适合时，可采用拱墙作为围护墙。拱墙有圆形闭合拱墙、椭圆形闭合拱墙和组合拱墙。对于组合拱墙，可将局部拱墙视为两铰拱。

拱墙截面宜为Z字型(图4-6)，拱壁的上、下端宜加肋梁(图4-6a)；当基坑较深，一道Z字型拱墙不够时，可由数道拱墙叠合组成(图4-6b)，或沿拱墙高度设置数道肋梁(图4-6c)，肋梁竖向间距不宜小于2.5m。亦可不加设肋梁而用加厚肋壁(图4-6d)的办法解决。

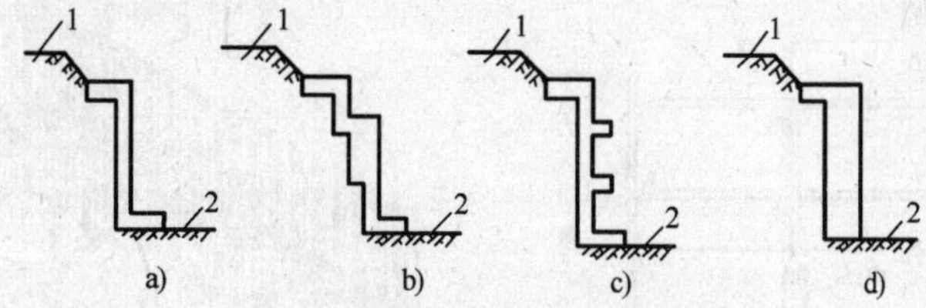

图4-6　拱墙截面示意图

1-地面；2-基坑底

圆形拱墙壁厚不宜小于400mm，其他拱墙壁厚不宜小于500mm。混凝土强度等级不宜低于C25。拱墙水平方向应通长双面配筋，钢筋总配筋率不小于0.7%。

逆作拱墙宜用于基坑侧壁安全等级为三级者；淤泥和淤泥质土场地不宜应用；拱墙轴线的矢跨比不宜小于1/8；基坑深度不宜大于12m；地下水位高于基坑底面时，应采取降水或截水措施。

2. 支撑体系选型

对于排桩、板墙式支护结构，当基坑深度较大时，为使围护墙受力合理和受力后变形控制在一定范围内，需沿围护墙竖向增设支承点，以减小跨度。如在坑内对围护墙加设支承称为内支撑；如在坑外对围护墙设拉支承，则称为拉锚(土锚)。

内支撑受力合理、安全可靠、易于控制围护墙的变形，但内支撑的设置给基坑内挖土和地下室结构的支模和浇筑带来一些不便，需通过换撑加以解决。用土锚拉结围护墙，坑内施工无任何阻挡，位于软土地区土锚的变形较难控制，且土锚有一定长度，在建筑物密集地区如超出红线尚需专门申请。一般情况下，在土质好的地区，如具备锚杆施工设备和技术，应采用土锚；在软土地区为便于控制围护墙的变形，应以内支撑为主。对撑式的内支撑见图 4-7。

支护结构的内支撑体系包括腰梁或冠梁（围檩）、支撑和立柱。腰梁固定在围护墙上，将围护墙承受的侧压力传给支撑（纵、横两个方向）。支撑是受压构件，长度超过一定限度时稳定性不好，所以中间需加设立柱。立柱下端需稳固插入工程桩内，若实在对不准工程桩，则需另外专门设置桩（灌筑桩）。

(1)内支撑类型

内支撑按照材料分为钢支撑和混凝土支撑两类。

①钢支撑：钢支撑常用的有钢管支撑和型钢支撑两种。钢管支撑多用ϕ609mm 钢管，有多种壁厚（10mm、12mm、14mm）可供选择，壁厚大者承载能力高。亦有用较小直径钢管者，如 ϕ580mm、ϕ406mm 钢管等；型钢支撑（图 4-8）多用 H 型钢。

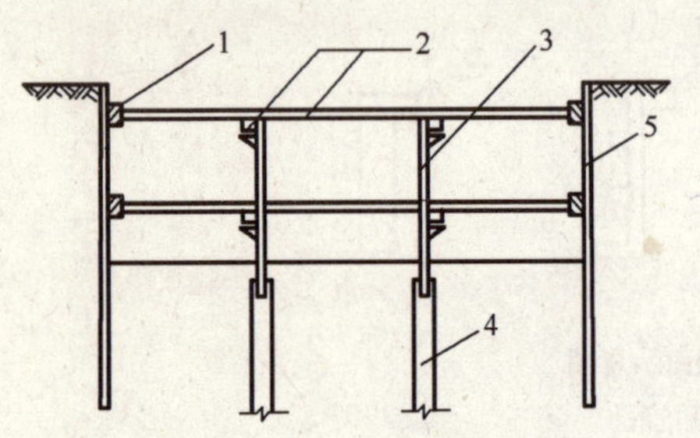

图 4-7　对撑式的内支撑

1-腰梁；2-支撑；3-立柱；4-桩（工程桩或专设桩）；5-围护墙

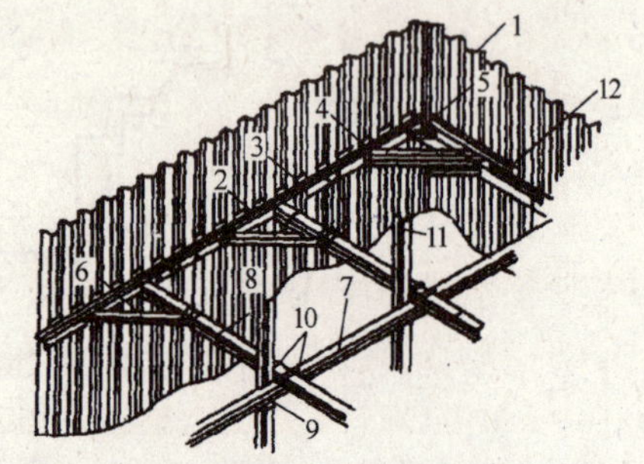

图 4-8　型钢支撑构造示意图

1-钢板桩；2-型钢围檩；3-连接板；4-斜撑连接件；5-角撑；6-斜撑；7-横向支撑；8-纵向支撑；9-三角托架；10-交叉部紧固件；11-立柱；12-角部连接件

钢支撑的优点是安装和拆除方便、速度快，能尽快发挥支撑的作用，减小时间效应，使围护墙因时间效应增加的变形减小；可以重复使用，多为租赁方式，便于专业化施工；可以施加预紧力，还可根据围护墙变形发展情况，多次调整预紧力值以限制围护墙变形发展。其缺点是整体刚度相对较弱，支撑的间距相对较小；由于两个方向施加预紧力，使纵、横向支撑的连接处处于铰接状态。

②混凝土支撑：是随着挖土的加深，根据设计规定的位置现场支模浇筑而成。其优点是形状多样性，可浇筑成直线、曲线构件，可根据基坑平面形状，浇筑成最优化的布置型式；整体刚度大，安全可靠，可使围护墙变形小，有利于保护周围环境；可方便地变化构件的截面和配筋，以适应其内力的变化。其缺点是支撑成型和发挥作用时间长，时间效应大，使围护墙因时间效应而产生的变形增大；属一次性的，不能重复利用；拆除相对困难，如用控制爆破拆除，有时周围环境不允许，如用人工拆除，时间较长、劳动强度大。

混凝土支撑的混凝土强度等级多为C30，截面尺寸经计算确定。腰梁的截面尺寸常用600mm×800mm（高×宽）、800mm×1 000mm和1 000mm×1 200mm；支撑的截面尺寸常用600mm×800mm（高×宽）、800mm×1 000mm，800mm×1 200mm和1 000mm×1 200mm。支撑的截面尺寸在高度方向要与腰梁高度相匹配。配筋要经计算确定。

对平面尺寸大的基坑，在支撑交叉点处需设立柱，在垂直方向支承平面支撑。立柱可为四个角钢组成的格构式钢柱、圆钢管或型钢。考虑到承台施工时便于穿钢筋，格构式钢柱较好，应用较多。立柱的下端最好插入作为工程桩使用的灌筑桩内，插入深度不宜小于2m，如立柱不对准工程桩的灌筑桩，立柱就要设置专用的灌筑桩基础。

在软土地区有时在同一个基坑中，上述两种支撑同时应用。为了控制地面变形，保护好周围环境，上层支撑用混凝土支撑；基坑下部为了加快支撑的装拆、加快施工速度，采用钢支撑。

从发展看，仍需继续完善和推广钢支撑，使钢支撑实现标准化、工具化，建立钢支撑制作、装拆、使用、维修一体化的专业队伍。

(2)内支撑的布置和型式

内支撑的布置要综合考虑下列因素：

①基坑平面形状、尺寸和开挖深度；

②基坑周围的环境保护要求和邻近地下工程的施工情况；

③主体工程地下结构的布置；

④土方开挖和主体工程地下结构的施工顺序和施工方法。

支撑布置不应妨碍主体工程地下结构的施工，为此应事先详细了解地下结构的设计情况。对于大的基坑，基坑工程的施工速度，在很大程度上取决于土方开挖的速度，为此，内支撑的布置应尽可能便利土方开挖，尤其是机械下坑开挖。相邻支撑之间的水平距离，在结构合理的前提下，应尽可能扩大其间距，以便挖土机运作。

支撑体系在平面上的布置形式（图4-9），有角撑、对撑、桁架式、框架式、环形等。有时在同一基坑中，多种布置形式混合使用，如角撑加对撑、环梁加边桁（框）架、环梁加角撑等。主要是因地制宜，根据基坑的平面形状和尺寸设置最适合的支撑。

一般情况下，对于平面形状接近方形且尺寸不大的基坑，宜采用角撑，使基坑中间留有较大的空间，便于组织挖土。对于形状接近方形但尺寸较大的基坑，宜采用环形或桁架式、边框架式支撑，受力性能较好，亦能提供较大的空间便于挖土。对于长片形的基坑宜采用对撑或对撑加角撑，安全可靠，便于控制变形。

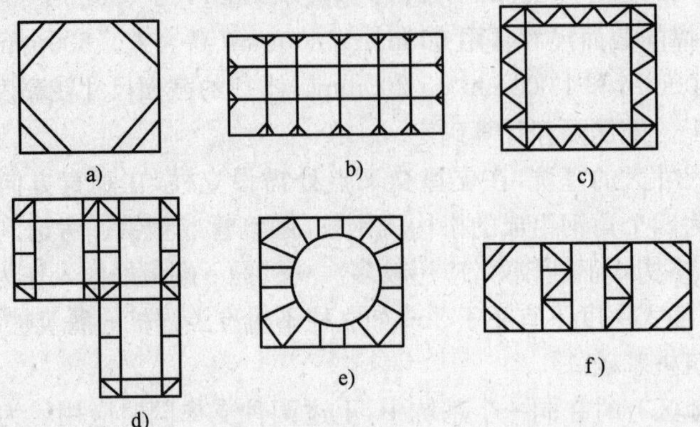

图 4-9　支撑的平面布置形式

a)角撑；b)对撑；c)边桁架式；d)框架式；e)环梁与边框架；f)角撑加对撑

钢支撑多为角撑、对撑等直线杆件的支撑。混凝土支撑由于为现浇，任何型式的支撑皆便于施工。

第二节　设计基本原则

一、基坑支护结构的极限状态

根据行业标准《建筑基坑支护技术规程》(JGJ 120—99)的规定，基坑支护结构应采用以分项系数表示的极限状态设计方法进行设计。

基坑支护结构的极限状态可以分为下列两类：

1. 承载能力极限状态

这种极限状态，对应于支护结构达到最大承载能力或土体失稳、过大变形导致支护结构或基坑周边环境破坏。

2. 正常使用极限状态

这种极限状态，对应于支护结构的变形已妨碍地下结构施工，或影响基坑周边环境的正常使用功能。

基坑工程的承载能力极限状态要求不出现以下各种状况。

(1)支护结构的结构性破坏——挡土结构、锚撑结构折断、压屈失稳，锚杆的断裂、拔出，挡土结构地基基础承载力不足等使结构失去承载能力的破坏形式。

(2)基坑内外土体失稳——基坑内外土体整体滑动，坑底隆起，结构倾倒或踢脚失稳等破坏形式。

(3)止水帷幕失效——坑内出现管涌、流土或流砂。

基坑的正常使用极限状态,要求不出现以下各种状况。

(1)基坑变形影响基坑正常施工、工程桩产生破坏或变位;影响相邻地下结构、相邻建筑、管线、道路等正常使用。

(2)影响正常使用的外观或变形。

(3)因地下水抽降而导致过大的地面沉降。

根据承载能力极限状态和正常使用极限状态的设计要求,基坑支护应按下列规定进行计算和验算。

(1)基坑支护结构均应进行承载能力极限状态的计算,计算内容包括:

①根据基坑支护形式及其受力特点进行土体稳定性计算;

②基坑支护结构的受压、受弯、受剪承载力计算;

③当有锚杆或支撑时,应对其进行承载力计算和稳定性验算。

(2)对于安全等级为一级以及对支护结构变形有限定的二级建筑基坑侧壁,尚应对基坑周边环境及支护结构变形进行验算。

(3)地下水控制计算和验算:

①抗渗透稳定性验算;

②基坑底突涌稳定性验算;

③根据支护结构设计要求进行地下水控制计算。

二、基坑支护结构的安全等级

《建筑基坑支护技术规程》(JGJ 120—99)规定,其坑侧壁的安全等级及重要性系数。

基坑侧壁安全等级及重要性系数 表 4-1

安全等级	破坏后果	重要性系数 γ_0
一级	支护结构破坏、土体失稳或过大变形对基坑周边环境及地下结构施工影响很严重	1.1
二级	支护结构破坏、土体失稳或过大变形对基坑周边环境及地下结构施工影响一般	1.0
三级	支护结构破坏、土体失稳或过大变形对基坑周边环境及地下结构施工影响不严重	0.9

注:有特殊要求的建筑基坑侧壁安全等级可根据具体情况另行确定。

支护结构设计，应考虑其结构水平变形、地下水的变化对周边环境的水平与竖向变形的影响。对于安全等级为一级以及对周边环境变形有限定要求的二级建筑基坑侧壁，应根据周边环境的重要性、对变形适应能力和土的性质等因素，确定支护结构的水平变形限值。

当场地内有地下水时，应根据基坑及周边区域的工程地质条件、水文地质条件、周边环境情况和支护结构与基础型式等因素，确定地下水的控制方法。当基坑周围有地表水汇流、排泄或地下水管渗漏时，应对基坑采取保护措施。

《建筑地基基础工程施工质量验收规范》(GB 50202—2002)规定基坑(槽)、管沟土方工程必须以确保支护结构安全和周围环境安全为前提。当有设计指标时，以设计要求为依据，如无设计指标时，应按表 4-2 的规定执行。

基坑变形的监控值(cm) 表 4-2

基 坑 类 别	围护结构墙顶位移监控值	围护结构墙体最大位移监控值	地面最大沉降监控值
一级基坑	3	5	3
二级基坑	6	8	6
三级基坑	8	10	10

注：1. 符合下列情况之一，为一级基坑：
(1)重要工程或支护结构做主体结构的一部分；
(2)开挖深度大于 10m；
(3)与临近建筑物、重要设施的距离在开挖深度以内的基坑；
(4)基坑范围内有历史文物、近代优秀建筑、重要管线等需严加保护的基坑。
2. 三级基坑为开挖深度小于 7m，且周围环境无特别要求的基坑。
3. 除一级和三级外的基坑属二级基坑。
4. 周围已有的设施有特殊要求时，尚应符合这些要求。

第三节 荷载与抗力计算

作用于围护墙上的水平荷载，主要是土压力、水压力和地面附加荷载产生的水平荷载。根据我国《建筑基坑支护技术规程》(JGJ 120—99)，水平荷载标准值和水平抗力标准值可按相应公式进行计算。

一、水平荷载标准值

作用于围护墙上的土压力、水压力和地面附加荷载产生的水平荷载标准值 e_{ajk}(图 4-10)，应按当地可靠经验确定，当无经验时按下列规定计算：

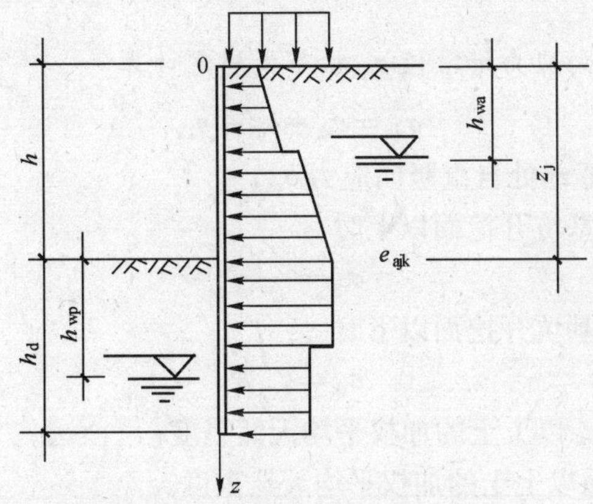

图 4-10 水平荷载标准值计算图

1. 对于碎石土和砂土

(1)当计算点位于地下水位以上时

$$e_{ajk}=\sigma_{ajk}K_{ai}-2c_{ik}\sqrt{K_{ai}} \tag{4-1}$$

(2)当计算点位于地下水位以下时

$$e_{ajk}=\sigma_{ajk}K_{ai}-2c_{ik}\sqrt{K_{ai}}+[(z_i-h_{wa})-(m_j-h_{wa})\eta_{wa}K_{ai}]\gamma_w \tag{4-2}$$

式中：σ_{ajk}——作用于深度 z_i 处的竖向应力标准值，按式(4-9)计算；

K_{ai}——第 i 层土的主动土压力系数；

$$K_{ai}=\tan^2\left(45°-\frac{\varphi_{ik}}{2}\right) \tag{4-3}$$

φ_{ik}——第 i 层土的内摩擦角标准值；

c_{ik}——三轴试验(当有可靠经验时，可采用直接剪切试验)确定的第 i 层土固结不排水(快)剪黏聚力标准值；

z_i——计算点深度；

m_j——计算参数，当 $z_j<h$ 时，取 z_j；当 $z_j\geqslant h$ 时，取 h；

h_{wa}——基坑外侧地下水位深度；

η_{wa}——计算系数，当 $h_{wa}\leqslant h$ 时，取 1；当 $h_{wa}>h$ 时，取零；

γ_w——水的重度。

2. 对于粉土和黏土

$$e_{ajk}=\sigma_{ajk}K_{ai}-2c_{ik}\sqrt{K_{ai}} \tag{4-4}$$

当按上述公式计算的基坑开挖面以上水平荷载标准值小于零时，则取其值为零。

3. 基坑外侧竖向应力标准值 σ_{ajk} 按下式规定计算

$$\sigma_{ajk}=\sigma_{rk}+\sigma_{0k}+\sigma_{1k} \tag{4-5}$$

(1)计算点深度 z_i 处自重竖向应力 σ_{rk}：

当计算点位于基坑开挖面以上时

$$\sigma_{rk}=\gamma_{mj}z_j \tag{4-6}$$

当计算点位于基坑开挖面以下时

$$\sigma_{rk}=\gamma_{mh}h \tag{4-7}$$

式中：γ_{mj}——深度 z_j 以上土的加权平均天然重度；

γ_{mh}——开挖面以上土的加权平均天然重度。

(2)当支护结构外侧地面作用均布荷载 q_0 时(图 4-11)，基坑外侧任意深度处竖向应力标准值 σ_{0k} 可按下式确定：

$$\sigma_{0k}=q_0 \tag{4-8}$$

(3)当距离支护结构外侧 b_1 处地表作用有宽度为 b_0 的条形附加荷载 q_1 时(图 4-12)，基坑外侧深度 CD 范围内的附加竖向应力标准值 σ_{1k}，按下式确定：

$$\sigma_{1k}=q_1\frac{b_0}{b_0+2b_1} \tag{4-9}$$

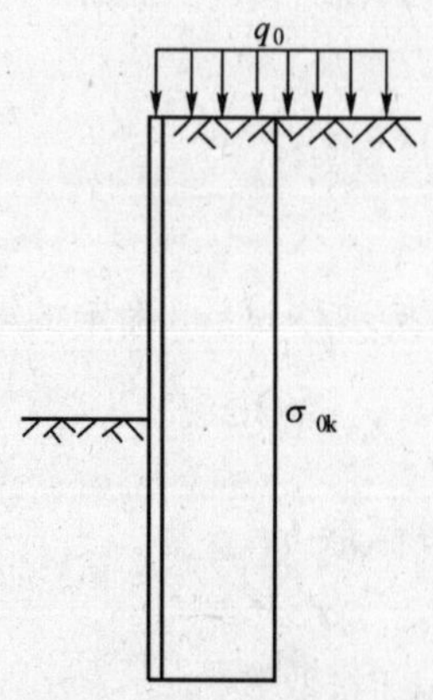

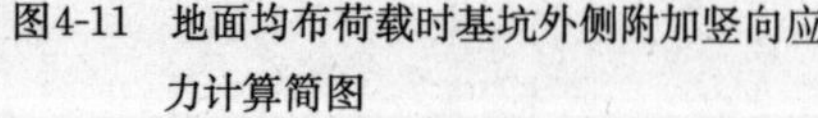
图4-11 地面均布荷载时基坑外侧附加竖向应力计算简图

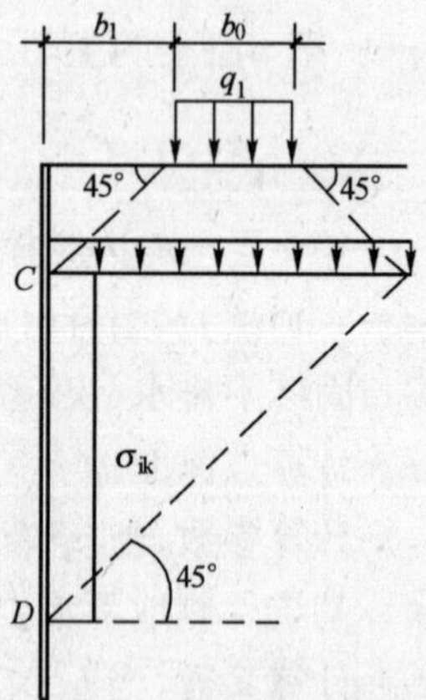

图4-12 局部荷载作用下基坑外侧附加竖向应力计算简图

(4)按上述规定，坑外侧附加荷载作用于地表以下一定深度时，将计算点深度相应下移，其竖向应力也可确定。

二、水平抗力标准值

1. 基坑内侧水平抗力标准值 e_{pjk} 宜按下列规定计算(图 4-13)

(1)对于砂土和碎石土,基坑内侧水平抗力标准值按下列规定计算:

$$e_{pjk}=\sigma_{pjk}K_{pi}+2c_{ik}\sqrt{K_{pi}}+(z_j-h_{wp})(1-K_{pj})\gamma_w \tag{4-10}$$

式中:σ_{pjk}——作用于基坑底面以下深度 z_j 处的竖向应力标准值;

$$\sigma_{pjk}=\gamma_{mj}z_j \tag{4-11}$$

K_{pi}——第 i 层土的被动土压力系数;

$$K_{pi}=\tan^2\left(45°+\frac{\varphi_{ik}}{2}\right) \tag{4-12}$$

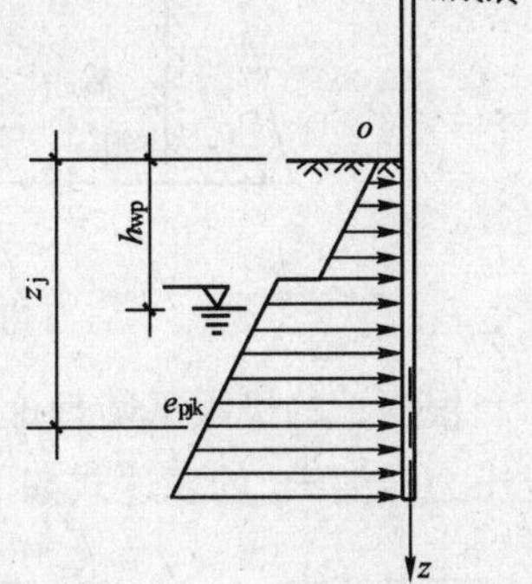

图 4-13　水平抗力标准值计算简图

(2)对于黏性土及粉土,基坑内侧水平抗力标准值按下列规定计算:

$$e_{pjk}=\sigma_{pjk}K_{pi}+2c_{ik}\sqrt{K_{pi}} \tag{4-13}$$

2. 作用于基坑底面以下深度 z_j 处的竖向应力标准值 σ_{pjk},可按下式计算

$$\sigma_{pjk}=\gamma_{mj}z_j \tag{4-14}$$

式中:γ_{mj}——深度 z_j 以上土的加权平均天然重度。

第四节　朗肯土压力理论

1857 年英国学者朗肯(Rankine)从研究弹性半空间体内的应力状态,根据土的极限平衡理论,得出计算土压力的方法,又称极限应力法。土压力理论属于古典土压力理论之一,但其概念明确,方法简便,故一直沿用至今。它是根据半无限空间土体处于极限平衡状态下的大小主应力间的关系,导出土压力的计算公式。

一、基本原理

朗肯理论的基本假设:

1. 墙本身是刚性的,不考虑墙身的变形;

2. 墙后填土延伸到无限远处,填土表面水平($\beta=0°$);

3. 墙背垂直光滑(墙与垂向夹角 $\varepsilon=0°$,墙与土的摩擦角 $\delta=0°$)。

二、主动土压力计算(图 4-14)

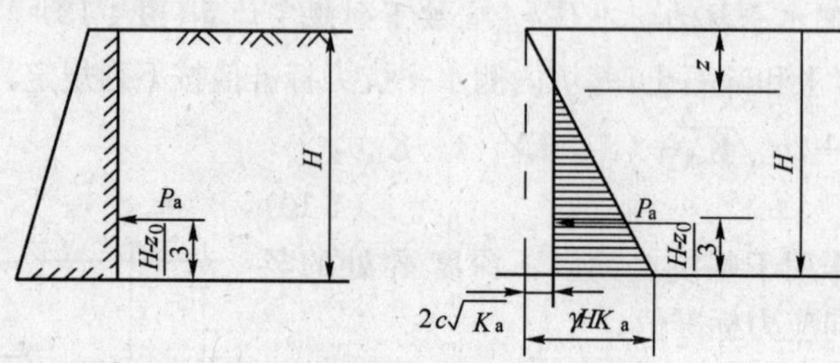

图 4-14　黏性土主动土压力分布图

根据土的极限平衡理论,当土内某点达到主动极限平衡状态时,该点的主动土压力强度 P_a 的表达式如下:

无黏性土：$$P_a=\sigma_3=\gamma z\tan\left(45°-\frac{\varphi}{2}\right)=\gamma zK_a \tag{4-15}$$

黏性土：$$P_a=\sigma_3=\gamma z\tan^2\left(45°-\frac{\varphi}{2}\right)-2\cot\left(45°-\frac{\varphi}{2}\right)$$

$$=\gamma zK_a-2c\sqrt{K_a} \tag{4-16}$$

式中:K_a 为主动土压力系数,由

$$K_a=\tan^2\left(45°-\frac{\varphi}{2}\right) \tag{4-17}$$

对于无黏性土,主动土压力强度与深度 z 成正比,土压力分布图呈三角形(图 4-15b)。据此可以求出墙单位长度总主动土压力为

$$P_a=\frac{1}{2}\gamma H^2K_a \tag{4-18}$$

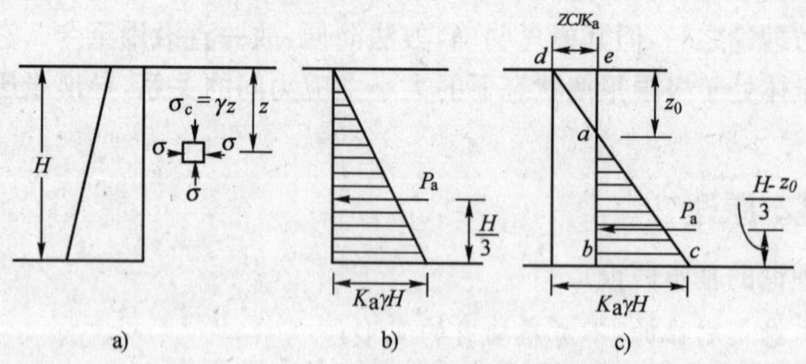

图 4-15　主动土压力强度分布图

a)主动图文压力计算;b)无黏性土;c)黏性土

作用点位置在墙高的 $H/3$ 处。

黏性土的土压力强度由两部分组成，一部分是由土的自重引起的土压力 $\gamma z K_a$，随深度 z 呈三角形变化；另一部分是由黏聚力 c 引起的土压力 $2c\sqrt{K_a}$，为一负值，不随深度变化。叠加的结果如图 4-15c)所示，图中 ade 部分为负侧压力。由于墙面光滑，土对墙面产生的拉力会使土脱离墙，出现深度为 z_0 的裂隙。因此，略去这部分土压力后，实际土压力分布为 abc 部分。

a 点至填土表面的高度 z_0 称为临界深度，可由 $P_a=0$ 求得，

$$z=z_0=\frac{2c}{\gamma\sqrt{K_a}} \tag{4-19}$$

则总主动土压为：

$$\begin{aligned}P_a&=\frac{1}{2}(H-z_0)(\gamma HK_a-2c\sqrt{K_a})\\&=\frac{1}{2}\gamma H^2K_a-2cH\sqrt{K_a}+\frac{2c^2}{\gamma}\end{aligned} \tag{4-20}$$

作用点位置在墙底往上 $(H-z_0)/3$ 处。

例题 4-1 有一高 7m 的挡土墙，墙背直立光滑、填土表面水平。填土的物理力学性质指标为：$c=12\text{kPa}$，$\phi=15°$，$\gamma=18\text{kN/m}^3$，试求主动土压力及作用点位置，并绘出主动土压力分布图。

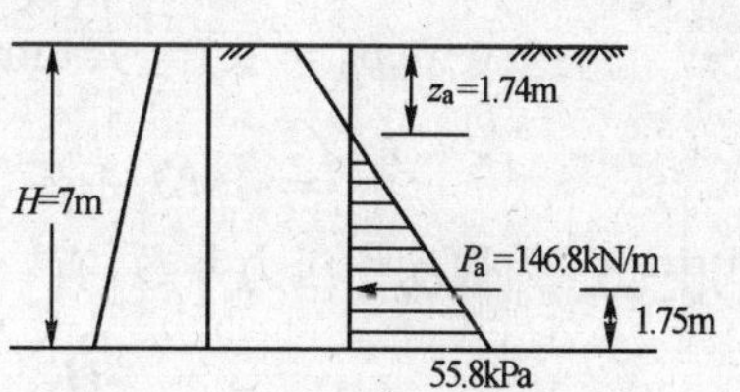

例题 4-1 图

解：(1)总主动土压力为

$$\begin{aligned}P_a&=\frac{1}{2}\gamma H^2K_a-2cH\sqrt{K_a}+\frac{2c^2}{\gamma}\\&=\frac{1}{2}\times18\times7^2\times\tan^2\left(45°-\frac{15°}{2}\right)-2\times12\times7\times\tan\left(45°-\frac{15°}{2}\right)+\frac{2\times12^2}{18}\\&=146.8\text{kN/m}\end{aligned}$$

(2)临界深度 z_0 为

$$z_0=\frac{2c}{\gamma\sqrt{K_a}}=\frac{2\times12}{18\times\tan\left(45°-\frac{15°}{2}\right)}=1.74\text{m}$$

(3)主动土压力 P_a 作用点距墙底的距离为

$$\frac{H-z_0}{3}=\frac{7-1.74}{3}=1.75\text{m}$$

(4)在墙底处的主动土压力强度为

$$P_{\mathrm{a}}=\gamma z\tan^{2}\left(45^{\circ}-\frac{\varphi}{2}\right)-2\cot\left(45^{\circ}-\frac{\varphi}{2}\right)$$

$$=18\times7\times\tan^{2}\left(45^{\circ}-\frac{15^{\circ}}{2}\right)-2\times12\times\tan\left(45^{\circ}-\frac{15^{\circ}}{2}\right)$$

$$=55.8\mathrm{kPa}$$

(5)主动土压力分布曲线如例题4-1图所示。

三、被动土压力计算

计算被动土压力时可取 σ_{h} 为最大主应力，σ_{v} 为最小主应力。根据极限平衡理论，当墙移向土体的位移达到朗肯被动土压力状态时，在深度 z 处任意一点的被动土压力强度 P_{p} 的表达式为：

无黏性土：

$$p_{\varphi}=\sigma_{1}=\gamma z\tan^{2}\left(45^{\circ}+\frac{\varphi}{2}\right)=\gamma zK_{\varphi} \tag{4-21}$$

黏性土：

$$p_{\varphi}=\sigma_{1}=\gamma z\tan^{2}\left(45^{\circ}+\frac{\varphi}{2}\right)+2\cot\left(45^{\circ}+\frac{\varphi}{2}\right)$$

$$=\gamma zK_{\mathrm{p}}+2c\sqrt{K_{\mathrm{p}}} \tag{4-22}$$

式中：K_{p} 为被动土压力系数，有

$$K_{\mathrm{p}}=\tan^{2}\left(45^{\circ}+\frac{\varphi}{2}\right) \tag{4-23}$$

由式(4-21)和(4-22)可知，无黏性土被动土压力分布呈三角形(图4-16b)，黏性土的土压力的分布呈梯形(图4-16c)。单位墙长度总被动土压力为

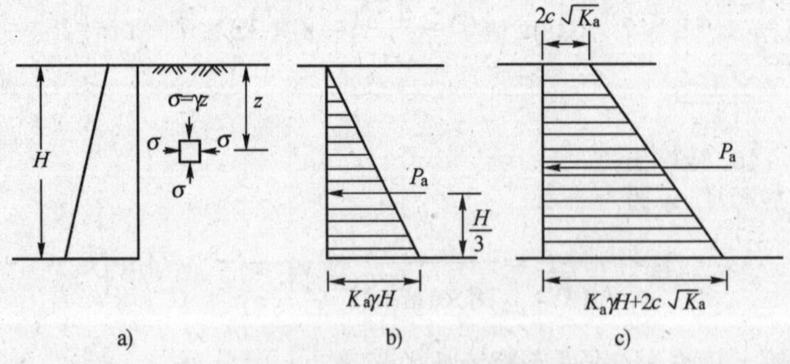

图4-16　被动土压力强度分布图

a)被动土压力计算；b) 无黏性土；c)黏性土

无黏性土：

$$P_p=\frac{1}{2}\gamma H^2 K_\varphi \tag{4-24}$$

作用点位置在墙高的 $H/3$ 处。

黏性土：

$$P_p=\frac{1}{2}\gamma H^2 K_\varphi+2cH\sqrt{K_\varphi} \tag{4-25}$$

作用位置通过梯形面积重心。

例题 4-2 有一重力式挡土墙高 5m，墙背垂直光滑，墙后填土水平。填土的性质指标为：$c=0$，$\varphi=40°$，$\gamma=18\text{kN/m}^3$，试求出作用于墙上的静止、主动及被动土压力的大小和分布。

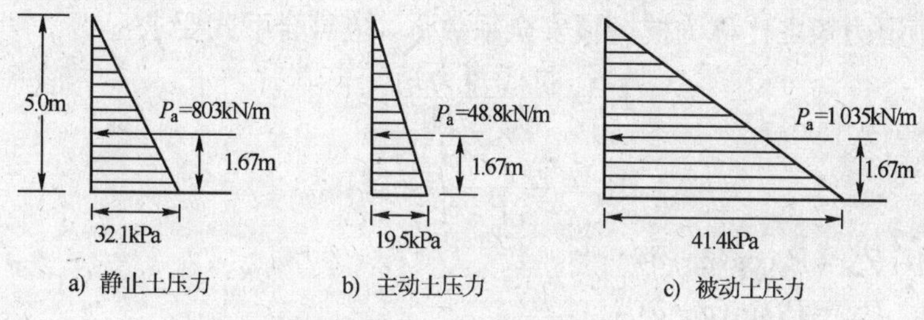

例题 4-2 图　土压力强度分布图

解：(1)计算土压力系数

静止土压力系数　$K_0=1-\sin\varphi=1-\sin40°=0.357$

主动土压力系数　$K_a=\tan^2\left(45°-\frac{\varphi}{2}\right)=\tan^2(45°-20°)=0.217$

被动土压力系数　$K_p=\tan^2\left(45°+\frac{\varphi}{2}\right)=\tan^2(45°+20°)=4.6$

(2)计算墙底处土压力强度

静止土压力　$P_0=\gamma HK_0=18\times5\times0.357=32.13\text{kPa}$

主动土压力　$P_a=\gamma HK_a=18\times5\times0.217=19.53\text{kPa}$

被动土压力　$P_p=\gamma HK_p=18\times5\times4.6=414\text{kPa}$

(3)计算单位墙长度上的总土压力

总静止土压力　$P_0=\frac{1}{2}\gamma H^2K_0=\frac{1}{2}\times18\times5^2\times0.357=80.33\text{kN/m}$

总主动土压力　$P_a=\frac{1}{2}\gamma H^2K_a=\frac{1}{2}\times18\times5^2\times0.217=48.8\text{kN/m}$

总被动土压力 $P_p=\frac{1}{2}\gamma H^2 K_p=\frac{1}{2}\times 18\times 5^2\times 4.6=1\,035\text{kN/m}$

三者比较可以看出 $P_a<P_0<P_p$。

(4)土压力强度分布如例图所示。总土压力作用点均在距墙底 $H/3=5/3=1.67\text{m}$ 处。

四、挡土墙的计算

重力式挡土墙的计算,包括抗倾覆验算、抗滑移验算、地基承载力验算、墙身强度验算和抗震验算。

1. 挡土墙抗倾覆验算

设在挡土墙自重 G 和主动土压力 P_a 作用下,可能绕墙趾 0 点倾覆,抗倾覆力矩与倾覆力矩之比称为抗倾覆安全系数 K_t,应符合下式要求:

$$K_t=\frac{\text{抗倾覆力矩}}{\text{倾覆力矩}}\geqslant 1.5$$

即:

$$K_t=\frac{Gx_0+P_{az}x_f}{P_{ax}z_f}\geqslant 1.5 \tag{4-26}$$

其中:$P_{az}=P_a\cos(\alpha-\delta)$

$P_{ax}=P_a\sin(\alpha-\delta)$

$x_f=b-z\cos\alpha'$

$z_f=z-b\tan\alpha_0$

式中:P_{az}、P_{ax}——主动土压力 P_a 的竖直,水平分量(kN/m);

G——自重线荷载(kN/m);

x_0——挡土墙重心离墙趾的水平距离(m);

α'——挡土墙墙背与水平面的倾角;

α_0——挡土墙基府的倾角;

δ——土对挡土墙墙背的摩擦角;

z——土压力任用点离墙踵的高度;

b——基底的水平投影宽度;

z_f——土压力任用点离 0 点的高度。

2. 挡土墙抗滑验算

在滑动稳定性验算中,将 G 和 P_a 都分解为垂直和平行于基底的分力,抗滑力与滑动力之比称为抗滑安全系数 K_s,应符合下式要求:

$$\text{抗滑安全系数 } K_a=\frac{\text{抗滑力}}{\text{滑动力}}\geqslant 1.3$$

即：
$$K_s=\frac{(G_n+P_{an})\mu}{P_{at}-G_t}\geqslant 1.3 \quad (4\text{-}27)$$

例题 4-3 某挡土墙高 7m，墙背竖直光滑，墙后填土面水平，并作用均布荷载 $q=20\text{kPa}$，填土分两层，上层厚 3m，$\gamma'=18.0\text{kN/m}^3$，$\varphi'=20°$，$c_1=12\text{kPa}$，地下水埋深 3m，水位以下 $\gamma_{sat}=19.2\text{kN/m}^3$，$\varphi_2=26°$，$C_2=6\text{kPa}$；试绘出墙背的主动土压力分布图，确定总侧压力三要素。

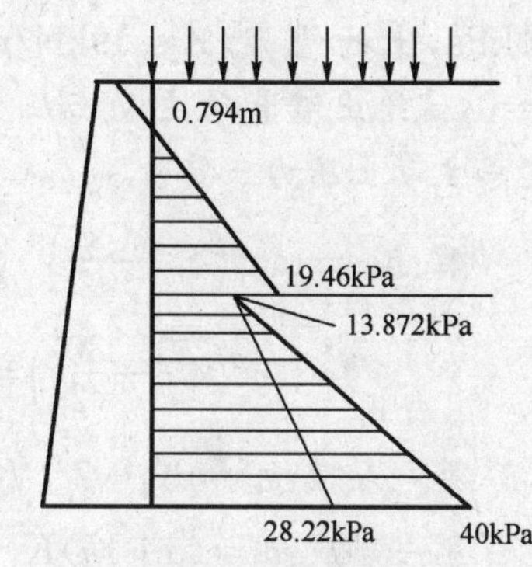

例题 4-3 图

解：$K_{a1}=\tan^2\left(45°-\frac{\varphi_1}{2}\right)$

$=\tan^2\left(45°-\frac{20°}{2}\right)=0.49$

$K_{a2}=\tan^2\left(45°-\frac{\varphi_2}{2}\right)=\tan^2\left(45°-\frac{26°}{2}\right)=0.39$

第一层顶：$\sigma_a=qK_{a1}-2c_1\sqrt{K_{a1}}=20\times0.49-2\times12\times0.7=-7.0\text{kPa}$

第一层底：$\sigma_a=(q+\gamma_1h_1)K_{a1}-2c_1\sqrt{K_{a1}}=(20+18\times3)\times0.49-2\times12\times0.7=19.46\text{kPa}$

第二层顶：$\sigma_a=(q+\gamma_1h_1)K_{a2}-2c_2\sqrt{K_{a2}}=(20+18\times3)\times0.39-2\times6\times\sqrt{0.39}=21.366\text{kPa}$

第二层底：$\sigma_a=(q+\gamma_1h_1+\gamma_2h_2)K_{a2}-2c_2\sqrt{K_{a2}}$

$=[20+18\times3+(19.2-10)\times4]\times0.39-2\times6\times\sqrt{0.39}$

$=35.718\text{kPa}$

第二层底水压力：$\sigma_w=\gamma_wh_2=10\times4=40\text{kPa}$

又设临界深度为 z_0，则有：

$$\sigma_a=(q+\gamma_1z_0)K_{a1}-2c_1\sqrt{K_{a1}}=0$$

即：$(20+18\times z_0)\times0.49-2\times12\times\sqrt{0.49}=0$

得：$z_0=0.794\text{m}$

$$E_a=\frac{1}{2}[19.46\times(3-0.794)]+21.366\times4+(40+35.718-21.366)\times4/2$$

$$=21.46438+85.464+108.704=215.632\text{kPa}$$

$$y_a=\frac{21.464\times[4+(3-0.794)/3]+85.464\times4/2+108.704\times4/3}{215.632}$$

$$=1.93\text{m}$$

例题 4-4 某挡土墙高 9m，墙背竖直光滑，墙后填土面水平，并作用均布荷载 $q=20\text{kPa}$，土的重度 $\gamma=19\text{kN/m}^3$，$\varphi=30°$，$c=0$，试绘出墙背的主动土压力分布图，确定总主动土压力三要素。

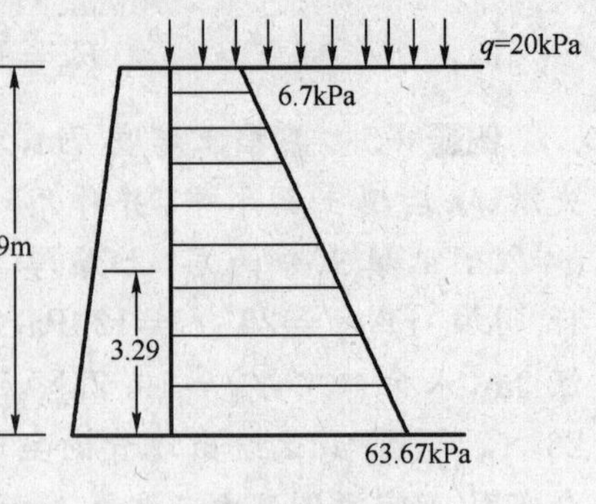

例题 4-4 图

解：$K_a=\tan^2\left(45°-\dfrac{\varphi}{2}\right)$

$$=\tan^2\left(45°-\frac{30°}{2}\right)=\frac{1}{3}$$

第一层顶：$\sigma_a=qK_a-2c\sqrt{K_a}=20\times1/3=6.7\text{kPa}$

第一层底：$\sigma_a=(q+\gamma h)K_a-2c\sqrt{K_a}=(20+19\times9)\times1/3=63.67\text{kPa}$

$E_a=6.7\times9+(63.67-6.7)\times9/2=60.3+256.5=316.8\text{kPa}$

$$y_a=\frac{60.3\times9/2+256.5\times9/3}{316.8}=3.286\text{m}$$

例题 4-5 有一毛石混凝土重力式挡土墙，如图所示，墙高 5.5m，墙顶宽度为 1.2m，墙底宽度为 2.7m，墙后填土表面水平并与墙齐高，填土的干密度为 1.9t/m^3，毛石混凝土容重 24kN/m^3，墙背粗糙，排水良好，土对墙背的摩擦角 $\delta=10°$，已知主动土压力系数 $K_a=0.2$，挡土墙埋置深度为 0.5m，土对挡土墙基底的摩擦系数 $\mu=0.45$。

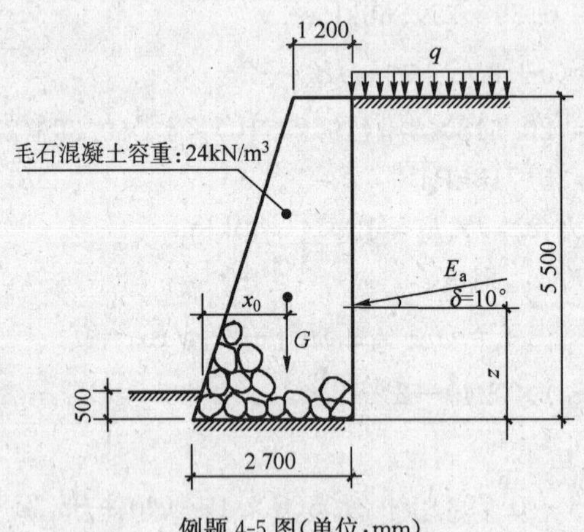

例题 4-5 图(单位：mm)

假定主动土压力 $P_a=93\text{kN/m}$，作用在距基底 $z=2.10\text{m}$ 处，试问，挡土墙抗滑移稳定性安全系数 K_s 应为多少？

解：$\alpha_0=0°$，$\alpha=90°$，$\delta=10°$

$$G_1=\frac{1}{2}\times 5.5\times(2.7-1.2)\times 24=99\text{kN/m}$$

$$G_2=5.5\times 1.2\times 24=158.4\text{kN/m}$$

$$G=G_1+G_2=257.4\text{kN/m}$$

$$G_n=G\cos\alpha_0=257.4\text{kN/m},G_t=G\sin\alpha_0=0$$

$$P_{at}=P_a\sin(\alpha-\alpha_0-\delta)=93\times\sin(90^\circ-0^\circ-10^\circ)=91.59\text{kN/m}$$

$$P_{an}=P_a\cos(\alpha-\alpha_0-\delta)=93\times\cos(90^\circ-0^\circ-10^\circ)=16.15\text{kN/m}$$

土对挡土墙基底的摩擦系数 $\mu=0.45$，

则：$k_s=\frac{(G_n+P_{an})\mu}{P_{at}-G_t}=\frac{(257.4+16.15)\times 0.45}{91.59-0}=1.34$

例题 4-6 条件同题 4-5 且假定挡土墙重心离墙趾的水平距离 $x_0=1.677$m，挡土墙每延米自重 $G=257.4$kN/m，已知每米长挡土墙底面的抵抗矩 $W=1.215\text{m}^3$，试问，其基础底面边缘的最大压力 p_{kmax} 应为多少？

解：$e=x_0-\frac{b}{2}=1.677-\frac{2.7}{2}=0.327\text{m}<\frac{b}{6}=0.45\text{m}$

$$p_{k\max}=\frac{G}{A}+\frac{Ge}{W}=\frac{257.4}{2.7\times 1.0}+\frac{257.4\times 0.327}{1.215}=164.6\text{kPa}$$

第五节　水泥土墙支护结构计算

水泥土墙设计，应包括：方案选择；结构布置；结构计算；水泥掺量与外加剂配合比确定；构造处理；土方开挖；施工监测。

水泥土墙一般宜用于坑深不大于 6m 的基坑支护，特殊情况例外。

水泥土墙的全面计算应包括表 4-3 中的内容。我国《建筑基坑支护技术规程》(JGJ 120—99)规定的计算内容和方法如下所示：

水泥土墙计算内容　　表 4-3

项　目	验　算
抗倾覆稳定	必须验算
抗滑动稳定	必须验算
整体稳定	墙体下部为软弱土层时应验算
抗隆起稳定	墙体下部为软弱土层时应验算
抗管涌(抗渗透)稳定	坑底或墙体下部为砂石及砂土时应验算
桩体强度	基坑开挖深度较大时应验算
基底地基承载力	墙体下部为软弱土层时应验算
格栅稳定	格栅分格较大时应验算
位移	对支护结构及墙背土体有位移控制要求时应验算

一、嵌固深度计算

水泥土墙、多层支点排桩、多层支点地下连续墙嵌固深度计算 h_d 宜按整体稳定条件采用圆弧滑动简单条分法确定(图 4-17):

$$\sum c_{ik} l_i + \sum (q_0 b_i + W_i)\cos\theta_i \tan\varphi_{ik} - \gamma_k \sum (q_0 b_i + W_i)\sin\theta_i \geqslant 0 \quad (4\text{-}28)$$

式中:c_{ik}、φ_{ik}——最危险滑动面上第 i 土条滑动面上土的固结不排水(快)剪黏聚力、内摩擦角标准值;

l_i——第 i 土条的弧长;

b_i——第 i 土条的宽度;

γ_k——整体稳定分项系数,应根据经验确定,当无经验时可取 1.3;

W_i——作用于滑裂面上第 i 土条的重量,按上覆土层的天然土重计算;

θ_i——第 i 土条弧线中点切线与水平线夹角。

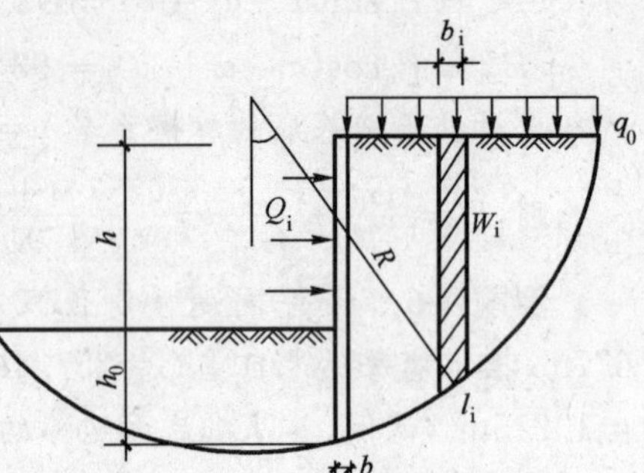

图 4-17　多层支点支护结构围护墙嵌固深度计算简图

当嵌固深度下部存在软弱土层时,应继续验算软下卧层的整体稳定性。

对于均质黏性土及地下水以上的粉土或砂类土,嵌固深度计算值 h_0,可按下式确定:

$$h_0 = n_0 h \quad (4\text{-}29)$$

式中:n_0——嵌固深度系数,当 γ_k 取 1.3 时,根据三轴试验(当有可靠经验时,可采用直接剪切试验)确定土层固结(不排水)快剪内摩擦角 φ_k 及黏聚力系数 $\delta = c_k / rh$,查表 4-4 取值。

围护墙的嵌固深度设计值,则为

$$h_d = 1.1 h_0 \quad (4\text{-}30)$$

嵌固深度系数 n_0 值(地面超载 $q_0 = 0$)　　表 4-4

δ \ φ_k	7.5	10.0	12.5	15.0	17.5	20.0	20.5	25.0	27.5	30.0	32.5	35.0	37.5	40.0	42.5
0.00	3.18	2.24	1.69	1.28	1.05	0.80	0.67	0.55	0.40	0.31	0.26	0.25	0.15	<0.1	
0.02	2.87	2.03	1.51	1.51	0.90	0.72	0.58	0.44	0.36	0.26	0.19	0.14	<0.1		
0.4	2.54	1.74	1.29	1.01	0.74	0.60	0.47	0.36	0.24	0.19	0.13	<0.1			

续上表

δ \ φ_k	7.5	10.0	12.5	15.0	17.5	20.0	20.5	25.0	27.5	30.0	32.5	35.0	37.5	40.0	42.5
0.06	2.19	1.54	1.11	0.81	0.63	0.48	0.36	0.27	0.17	0.12	<0.1				
0.08	1.89	1.28	0.94	0.69	0.51	0.35	0.26	0.15	<0.1	<0.1					
0.10	1.57	1.05	0.74	0.52	0.35	0.25	0.13	<0.1							
0.12	1.22	0.81	0.54	0.36	0.22	<0.1	<0.1								
0.14	0.95	0.55	0.35	0.24	<0.1										
0.16	0.68	0.35	0.24	<0.1											
0.18	0.34	0.24	<0.1												
0.20	0.24	<0.1													
0.22	<0.1														

注：本表格为《建筑基坑支护技术规程》(JGJ 120—99)的表 A.0.2。

二、墙体厚度计算

水泥土墙厚度设计值 b，宜根据抗倾覆稳定条件计算确定。

(1)当水泥土墙底部位于碎石土或砂土时［图 4-18a)］，墙体厚度设计值宜按式(4-31)确定，计算简图 4-18 如下：

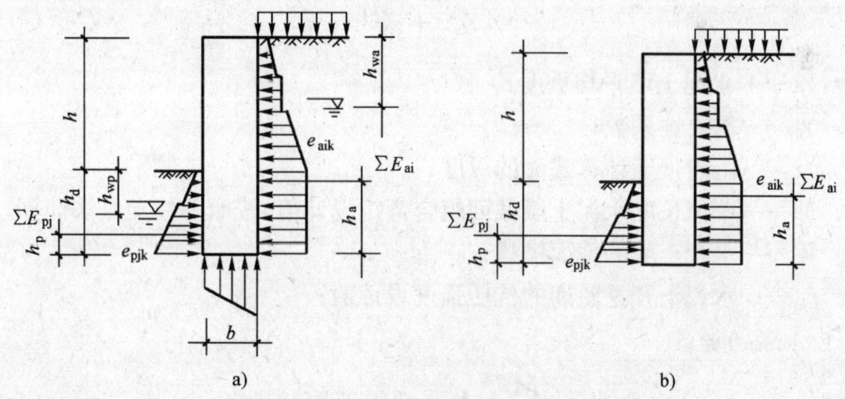

图 4-18　水泥土墙宽度计算简图

a)墙底位于碎石土或砂土；b)墙底位于黏土或粉土

$$b \geqslant \sqrt{\frac{10(1.2\gamma_0 h_a \sum E_{ai} - h_p \sum E_{pj})}{5\gamma_{cs}(h+h_d) - 2\gamma_0\gamma_w(2h+3h_d-h_{wp}-2h_{wa})}} \tag{4-31}$$

式中：$\sum E_{ai}$——水泥土墙底以上基坑外侧水平荷载标准值的合力之和；

$\sum E_{pj}$——水泥土墙底以上基坑内侧水平抗力标准值的合力之和；

h_a——合力$\sum E_{ai}$作用点至水泥土墙底的距离；

h_p——合力$\sum E_p$作用点至水泥土墙底的距离；

γ_{cs}——水泥土墙的平均重度，一般取为19kN/m；

γ_w——水的重度；

h_{wa}——基坑外侧地下水位深度；

h_{wp}——基坑内侧地下水位深度。

(2)当水泥土墙底部位于黏性土或粉土中时[图4-18b)]，墙体厚度设计值宜按下列经验公式确定：

$$b \geqslant \sqrt{\frac{2(1.2\gamma_0 h_0 \sum E_{ai} - h_p \sum E_{pj})}{\gamma_{cs}(h+h_d)}} \tag{4-32}$$

当按上述计算方法确定的水泥土墙厚度小于0.4h时宜取0.4h。

三、正截面承载力验算

水泥土墙厚度设计值，除应符合上述要求外，尚应按下列规定进行正截面承载力验算：

1.压应力验算

$$1.25\gamma_0\gamma_{cs}z + \frac{M}{W} \leqslant f_{cs} \tag{4-33}$$

式中：γ_{cs}——水泥土墙平均重度；

γ_0——重要性系数；

z——由墙顶至计算截面的深度；

M——单位长度水泥土墙截面组合弯矩设计值，按照弹性支点法计算；

W——水泥土墙的截面模量；

f_{cs}——水泥土开挖龄期的抗压强度设计值。

2.拉应力验算

$$\frac{M}{W} - \gamma_{cs}z \leqslant 0.06 f_{cs} \tag{4-34}$$

例题4-7 某建筑物的基坑属二级基坑，开挖深度为5m，地面堆载$q_0=10\text{kN/m}^2$，土的内摩擦角$\varphi=17.5°$，黏聚力$c=9\text{kN/m}^2$，土的重度$\gamma=18\text{kN/m}^3$。现拟采用水泥土墙支护结构，试计算水泥土墙的嵌固深度及墙体厚度。

解：按《建筑基坑支护技术规程》(JGJ 120—99)计算。

(1)嵌固深度计算

本工程为均质黏土且无地下水，按 $h_0=n_0h$ 计算。

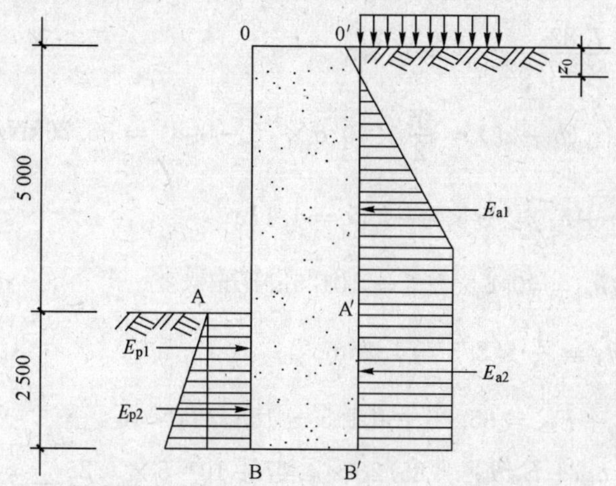

例题 4-7 图　水平荷载及抗力计算简图(单位:mm)

土层固结快剪黏聚力系数：$\delta=\dfrac{c}{\gamma h}=\dfrac{9}{18\times 5}=0.1$

根据 φ、δ 查表 4-4 得 $n_0=0.35$

嵌固深度：$h_0=n_0h=0.35\times 5=1.75\text{m}$

二级基坑重要性参数 γ_0 取 1.0，嵌固深度设计值 h_d 为

$$h_d=1.1h_0-1.1\times 1.75=1.925\text{m，取 }2.5\text{m}$$

(2)水平荷载及抗力计算

①水平荷载

$$K_{ai}=\tan^2\left(45°-\frac{\varphi}{2}\right)$$

$$=\tan^2\left(45°-\frac{17.5°}{2}\right)=0.538$$

OO′截面处：

$$\sigma_{aik}=\sigma_{\gamma k}+\sigma_{0k}+\sigma_{1k}=q_0=10\text{kN/m}^2$$

$$e'_{aik}=\sigma_{aik}K_{ai}-2c\sqrt{K_{ai}}$$

$$=10\times 0.538-2\times 9\times\sqrt{0.538}$$

$$=-7.82\text{kN/m}$$

AA′截面处：

$$\sigma_{aik}=\sigma_{\gamma k}+\sigma_{0k}+\sigma_{1k}=\gamma_{mi}z_i+q_0=18\times 5+10=100\text{kN/m}^2$$

$$e''_{aik}=\sigma_{aik}K_{ai}-2c\sqrt{K_{ai}}=100\times0.538-2\times9\times\sqrt{0.538}=40.6\text{kN/m}^2$$

$$z_0=\frac{7.82}{40.6+7.82}\times5=0.8\text{m}$$

$$E_{a1}=\frac{1}{2}e''_{aik}(h-z_0)=\frac{1}{2}\times40.6\times(5-0.8)=85.26\text{kN/m}$$

$$h_{a1}=\frac{1}{3}h+h_d=\frac{1}{3}\times5+2.5=4.17\text{m}$$

$$E_{a2}=e''_{aik}h_d=40.6\times2.5=101.5\text{kN/m}$$

$$h_{a2}=\frac{1}{2}h_d=\frac{1}{2}\times2.5=1.25\text{m}$$

$$\sum E_{ai}=E_{a1}+E_{a2}=85.26+101.5=186.76\text{kN/m}$$

$$h_a=\frac{E_{a1}h_{a1}+E_{a2}h_{a2}}{\sum E_{ai}}=\frac{85.26\times4.17+101.5\times1.25}{186.76}=2.58\text{m}$$

②水平抗力

$$K_{pi}=\tan^2\left(45^\circ+\frac{\varphi}{2}\right)=\tan^2\left(45^\circ+\frac{17.5^\circ}{2}\right)=1.86$$

AA′截面处：

$$\sigma_{pik}=0$$

$$e'_{pik}=2c\sqrt{K_{pi}}=2\times9\times\sqrt{1.86}=24.55\text{kN/m}$$

$$E_{p1}=e'_{pik}h_d=24.55\times2.5=61.4\text{kN/m}$$

$$h_{p1}=\frac{1}{2}h_d=1.25\text{m}$$

BB′截面处：

$$\sigma_{pik}=\gamma_{mi}z_i=18\times2.5=45\text{kN/m}^2$$

$$e''_{pik}=\sigma_{pik}K_{pi}=45\times1.86=83.7\text{kN/m}$$

$$E_{p2}=\frac{1}{2}e''_{pik}h_d=\frac{1}{2}\times83.7\times2.5=104.6\text{kN/m}$$

$$h_{p2}=\frac{h_d}{3}=0.83\text{m}$$

$$\sum E_{pj}=E_{p1}+E_{p2}=61.4+104.6=166\text{kN/m}$$

$$h_p=\frac{E_{p1}h_{p1}+E_{p2}h_{p2}}{\sum E_{pi}}=\frac{61.4\times1.25+104.6\times0.83}{166}=0.99\text{m}$$

(3)墙体厚度

$$b=\sqrt{\frac{2(1.2\gamma_0 h_a \sum E_{ai}-h_p \sum E_{pj})}{\gamma_{cs}(h+h_d)}}$$

$$=\sqrt{\frac{2\times(1.2\times1.0\times2.58\times186.76-0.99\times166)}{19\times(5+2.5)}}$$

$$=2.41\text{m}$$

采用 2ϕ600mm 水泥土搅拌桩，搭接长度 100mm，格栅式布置，按表 4-5 取 b=2.6m，共设置 5 排。

表 4-5 为不同桩径、不同搭接长度的水泥土墙墙体宽度。

各种布置形式的水泥土墙墙体宽度(mm) 表 4-5

d_0		700		600			500	
L_d		200	150	200	150	100	150	100
n	3	1 700	1 800	1 400	1 500	1 600	1 200	1 300
	4	2 200	2 350	1 800	1 950	2 100	1 550	1 700
	5	2 700	2 900	2 200	2 400	2 600	1 900	2 100
	6	3 200	3 450	2 600	2 850	3 100	2 250	2 500
	7	3 700	4 000	3 000	3 300	3 600	2 600	2 900
	8	4 200	4 550	3 400	3 750	4 100	2 950	3 300
	9	4 700	5 100	3 800	4 200	4 600	3 300	3 700
	10	5 200	5 650	4 200	4 650	5 100	3 650	4 100

第六节 排桩与地下连续墙支护结构计算

对于较深的基坑，排桩、地下连续墙围护墙应用最多，其承受的荷载比较复杂，一般应考虑下述荷载：土压力、水压力、地面超载、影响范围内的地面上建筑物和构筑物荷载、施工荷载、邻近基础工程施工的影响(如打桩、基坑土方开挖、降水等)；作为主体结构一部分时，还应考虑上部结构传来的荷载及地震作用，需要时应结合工程经验考虑温度变化影响和混凝土收缩、徐变引起的作用以及时空效应。

排桩和地下连续墙支护结构的破坏，包括强度破坏、变形过大和稳定性破坏(图 4-19)。其强度破坏或变形过大包括：

(1)拉锚破坏或支撑压曲：过多地增加了地面荷载引起的附加荷载，或土压

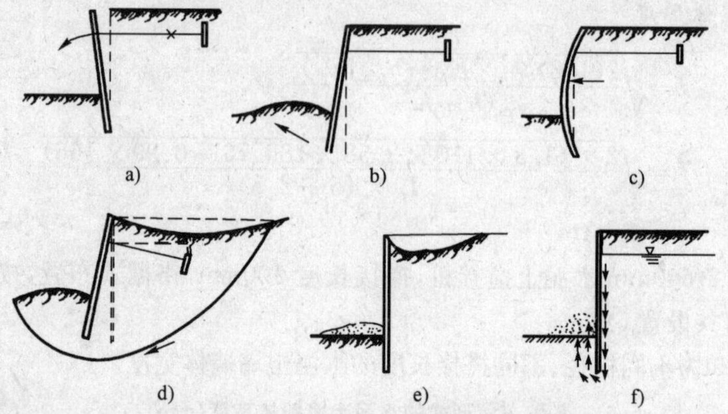

图 4-19　排桩和地下连续墙支护结构的破坏形式

a)拉锚破坏或支撑压曲；b)底部走动；c)平面变形过大或弯曲破坏；d)墙后土体整体滑动失稳；e)坑底隆起；f)管涌

力过大、计算有误，引起拉杆断裂，或锚固部分失效、腰梁(围擦)破坏，或内部支撑断面过小受压失稳。为此需计算拉锚承受的拉力和支撑荷载，正确选择其截面和锚固体。

(2)支护墙底部走动：当支护墙底部嵌固深度不够，或由于挖土超深、水的冲刷等原因都可能产生这种破坏。为此需正确计算支护结构的入土深度。

(3)支护墙的平面变形过大或弯曲破坏：支护墙的截面过小、对土压力估算不准确、墙后增加大量地面荷载或挖土超深等都可能引起这种破坏。

平面变形过大会引起墙后地面过大的沉降，亦会给周围附近的建(构)筑物、道路、管线等造成损害。

排桩和地下连续墙支护结构的稳定性破坏包括：

(1)墙后土体整体滑动失稳：如拉锚的长度不够，软黏土发生圆弧滑动，会引起支护结构的整体失稳。

(2)坑底隆起：在软黏土地区，如挖土深度大，嵌固深度不够，可能由于挖土处卸载过多，在墙后土重及地面荷载作用下引起坑底隆起。对挖土深度大的深坑需进行这方面的验算，必要时需对坑底土进行加固处理或增大挡墙的入土深度。

(3)管涌：在砂性土地区，当地下水位较高、坑深很大和挡墙嵌固深度不够时，挖土后在水头差产生的动水压力作用下，地下水会绕过支护墙连同砂土一同涌入基坑。

1. 嵌固深度计算

排桩、地下连续墙嵌固深度设计值，按下列规定计算：

1)悬臂式支护结构围护墙的嵌固深度计算

悬臂式支护结构围护墙的嵌固深度设计值 h_d(图 4-20),宜按下式确定:

$$h_p \sum E_{pj} - 1.2\gamma_0 h_a \sum E_{ai} \geqslant 0 \tag{4-35}$$

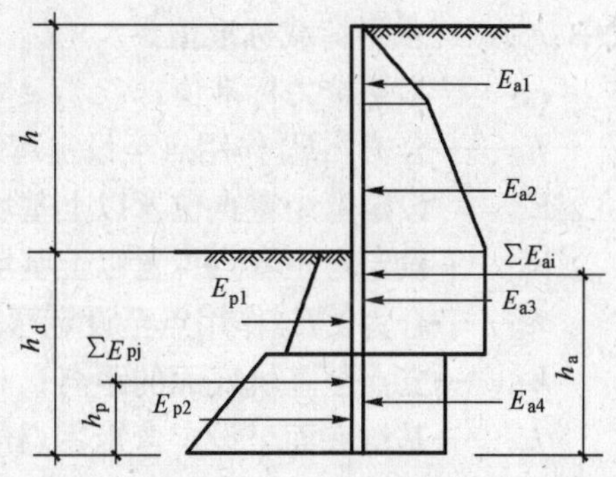

图 4-20 悬臂式支护结构围护墙嵌固深度计算简图

式中:$\sum E_{pj}$——桩、墙底以上基坑内侧各土层水平抗力标准值 e_{pjk} 的合力之和;

h_p——合力 $\sum E_{pj}$ 作用点至桩、墙底的距离;

$\sum E_{ai}$——桩、墙底以上基坑外侧各土层水平荷载标准值 e_{aik} 的合力之和;

h_a——合力 $\sum E_{ai}$ 作用点至桩、墙底的距离。

2)单层支点支护结构围护支点力及墙嵌固深度计算

单层支点支护结构围护墙的支点力(图 4-21)及嵌固深度设计值 h_d(图4-22)宜按下式计算:

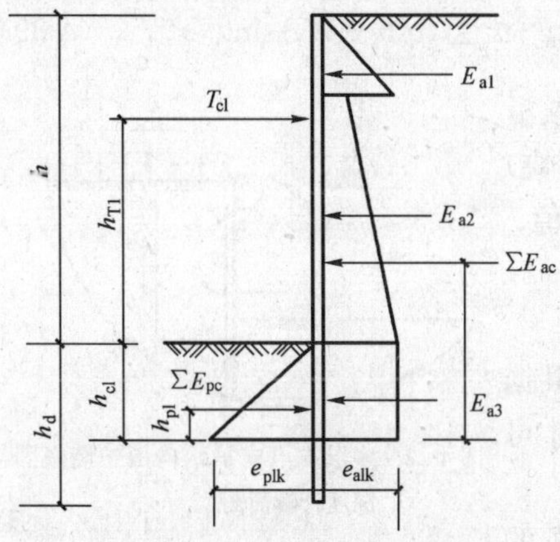

图 4-21 单层支点支护结构支点力计算简图

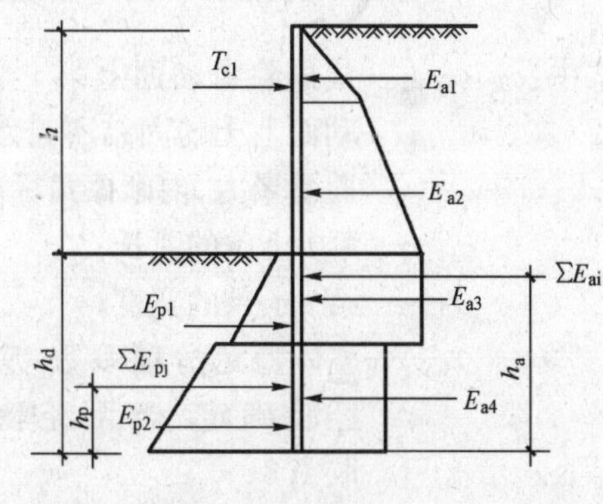

图 4-22 单层支点支护结构围护墙嵌固深度计算简图

(1)基坑底面以下,支护结构设定弯矩零点位置至基坑底面的距离 h_{c1},按下式确定:

$$e_{alk} = e_{plk} \tag{4-36}$$

(2)支点力 T_{c1} 按下式计算:

$$T_{cl}=\frac{h_{al}\sum E_{ac}-h_{pl}\sum E_{pc}}{h_{Tl}+h_{cl}} \tag{4-37}$$

式中：e_{alk}——水平荷载标准值；

e_{plk}——水平抗力标准值；

h_{al}——合力$\sum E_{ac}$作用点至设定弯矩零点的距离；

$\sum E_{ac}$——设定弯矩零点位置以上基坑外侧各土层水平荷载标准值的合力；

$\sum E_{pc}$——设定弯矩零点位置以上基坑内侧各土层水平抗力标准值的合力；

h_{pl}——合力$\sum E_{pc}$作用点至设定弯矩零点的距离；

h_{Tl}——支点至基坑底面的距离；

h_{cl}——基坑底面至设定弯矩零点位置的距离。

(3)围护墙嵌固深度设计值h_d，按下式计算：

$$h_p\sum E_{pj}+T_{cl}(h_{Tl}+h_d)-1.2\gamma_0 h_a\sum E_{ai}\geqslant 0 \tag{4-38}$$

3)多层支点支护结构围护墙嵌固深度计算

多层支点支护结构围护墙的嵌固深度设计值h_d，按整体稳定条件采用圆弧滑动简单条分法计算(图 4-23)：

$$\sum c_{ik}l_i+\sum(q_0b_i+W_i)\cos\theta\tan\varphi_{ik}-\gamma_k\sum(q_0b_i+W_i)\sin\theta_i\geqslant 0 \tag{4-39}$$

式中：c_{ik}、φ_{ik}——最危险滑动面上第 i 土条滑动面上土的固结不排水(快)剪黏聚力、内摩擦角标准值；

l_i——第 i 土条的弧长；

b_i——第 i 土条的宽度；

γ_k——整体稳定分项系数，应根据经验确定，当无经验时可取 1.3；

W_i——作用于滑裂面上第 i 土条的重量，按上覆土层的天然土重计算；

θ_i——第 i 土条弧线中点切线与水平线夹角。

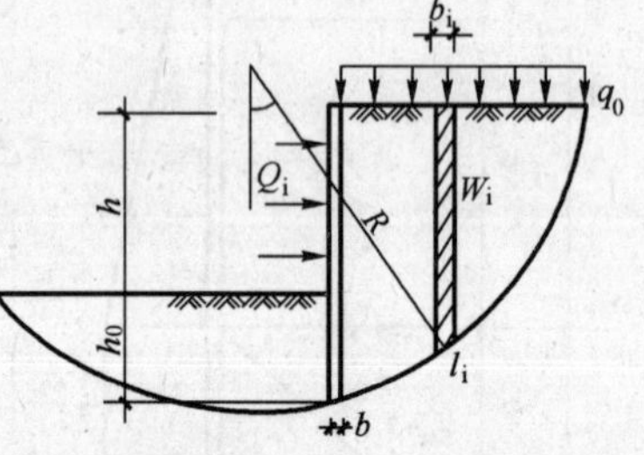

图 4-23　多层支点支护结构围护墙嵌固深度计算简图

对于均质黏性土及地下水以上的粉土或砂类土，嵌固深度计算值h_0，可按下式确定：

$$h_0=n_0h \tag{4-40}$$

式中：n_0——嵌固深度系数，当 γ_k 取 1.3 时，根据三轴试验(当有可靠经验时，可采用直接剪切试验)确定土层固结(不排水)快剪内摩擦角 φ_k 及黏聚力系数 $\delta = c_k/rh$，查表 4-4 取值。

围护墙的嵌固深度设计值，则为

$$h_d = 1.1h_0 \tag{4-41}$$

当嵌固深度下部存在软弱土层时，尚应继续验算下卧层的整体稳定性。

当按上述方法计算确定的悬臂式及单层支点支护结构围护墙的嵌固深度设计值 $h_d < 0.3h$ 时，宜取 $h_d = 0.3h$；多层支点支护结构围护墙的嵌固深度设计值 $h_d < 0.2h$ 时，宜取 $h_d = 0.2h$。

当基坑底为碎石土及砂土、基坑内排水且作用有渗透水压力时，侧向截水的排桩、地下连续墙围护墙除应满足上述计算外，其嵌固深度设计值尚应按下式抗渗透稳定条件确定(图 4-24)：

$$h_d \geqslant 1.2\gamma_0(h - h_{wa}) \tag{4-42}$$

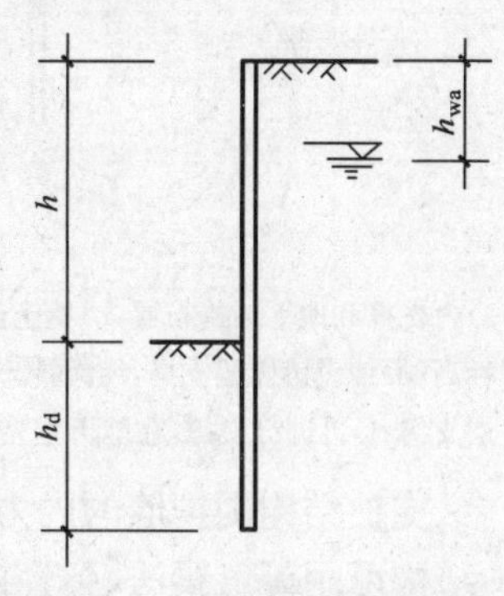

图 4-24　抗渗透稳定计算简图

2. 内力与变形计算

支护结构围护墙和支撑体系的内力和变形的计算，要根据基坑开挖和地下结构的施工过程，分别按不同的工况进行计算，从中找出最大的内力和变形值，供设计围护墙和支撑体系之用。如图 4-24 所示之基坑支护结构的支撑方案和地下结构布置情况，在计算围护墙、支撑的内力和变形时，则需计算下述各工况：第 1 次挖土至第 1 层混凝土支撑之底面(如开槽浇筑第 1 层支撑，则可挖土至第 1 层支撑顶面)，此工况围护墙为一悬臂的围护墙；待第 1 层支撑形成并达到设计规定的强度后，第 2 次挖土至第 2 层混凝土支撑之底面，此工况围护墙存在一层支撑；待第 1 层支撑形成并达到设计规定强度后，第 1 次挖土则至坑底设计标高；待底板(承台)浇筑后并达到设计规定强度后，进行换撑，即在底板顶面浇筑混凝土带形成支撑点，同时拆去第 1 层支撑，以便支设模板浇筑第 2 层的墙板和顶楼板；待第 2 层的墙板和顶楼板浇筑并达到设计规定强度后，再进行换撑，即在第 2 层顶楼板处加设支撑(一般浇筑间断的混凝土带)形成支撑点，同时拆去第 1 层支撑，以便支设模板继续向上浇筑地下室墙板和楼板。为此，图 4-25a)所示之支护结构围护墙，则需按图 4-25b)～f)5 种工况分别进行计算其内力和变形。

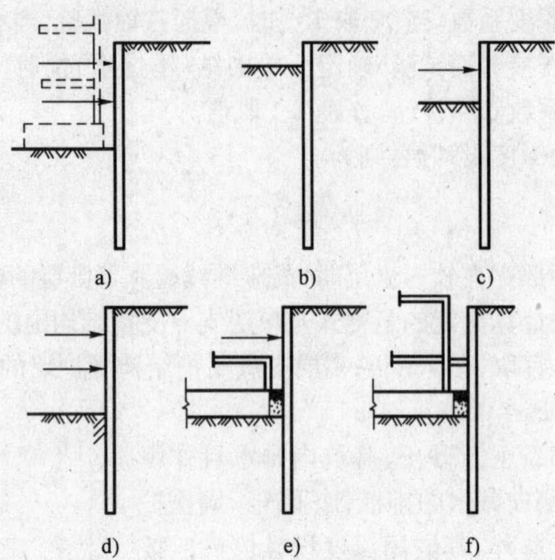

图 4-25　围护墙计算工况示意图

a)内支撑和地下结构布置；b)挖土至第 1 层支撑底标高；c)加设第 1 层支撑，继续挖土至第 2 层支撑底标高；d)加设第 2 层支撑，继续挖土至坑底设计标高；e)进行换撑，在底板顶面形成支撑，同时拆去第 2 层支撑；f)再进行换撑，在地下室楼板处再形成支撑，同时拆去第 1 层支撑

支护结构围护墙的内力和变形的计算方法很多，过去对简单的、坑不深的支护结构可用等值梁法、弹性曲线法等进行近似的计算。近年来有很大改进，多用竖向弹性地基梁基床系数法，以有限元方法利用电子计算机计算程序进行计算，计算迅速、较准确而且输出结果形象，多以图形表示，可形象的表示出各工况的弯矩、剪力值及变形情况。近年来，为反映基坑施工时的空间效应和时间效应，又在研究和改进三维的计算程序，期望计算结果更加贴近实际情况，更加精确。

下面介绍《建筑基坑支护技术规程》(JGJ 120—99)中推荐的弹性支点法：

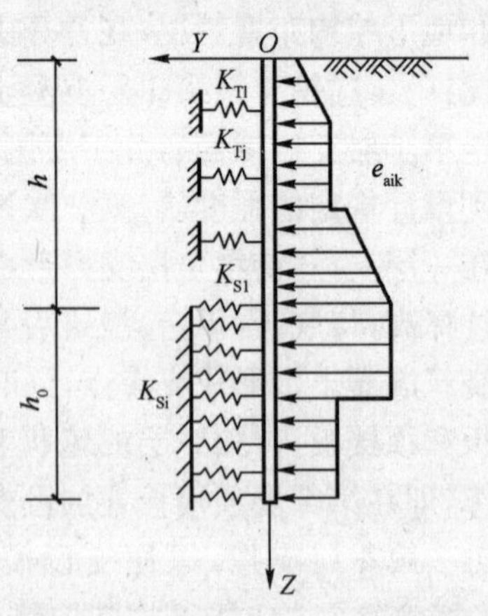

图 4-26　弹性支点法的计算简图

弹性支点法的计算简图如图 4-26 所示。围护墙外侧承受土压力、附加荷载等产生的水平荷载标准值 e_{aik}；围护墙内侧的支点化作支承弹簧，以支撑体系水平刚度系数表示；围护墙坑底以下的被动侧的水平抗力，以水平抗力刚度系数表示。

支护结构围护墙在外力作用下的挠曲方程如下所示：

$$EI\frac{d^4y}{dz}-e_{aik}b_s=0(0\leqslant z\leqslant h_n) \tag{4-43}$$

$$EI\frac{d^4y}{dz}+mb_0(z-h_n)y-e_{aik}b_s=0(z\geqslant h_n) \tag{4-44}$$

支点处的边界条件按下式确定：

$$T_j=k_{Tj}(y_i-y_{0j})+T_{0j} \tag{4-45}$$

式中：EI——结构计算宽度内的抗弯刚度；

m——地基土水平抗力系数的比例系数；

b_0——抗力计算宽度，地下连续墙取单位宽度；排桩结构，对圆形桩取 $b_0=0.9(1.5d+0.5)$（d 为桩直径），对方形桩取 $b_0=1.5b+0.5$（b 为方桩边长），如计算的抗力计算宽度大于排桩间距时，应取排桩间距；

z——支护结构顶部至计算点的距离；

h_n——第 n 工况基坑开挖深度；

y——计算点处的水平变形；

b_s——荷载计算宽度，排桩取桩中心距，地下连续墙取单位宽度；

k_{Tj}——第 j 层支点的水平刚度系数；

y_j——第 j 层支点处的水平位移值；

y_{0j}——在支点设置前，第 j 层支点处的水平位移值；

T_{0j}——第 j 层支点处的预加力。当 $T_j\leqslant T_{0j}$ 时，第 j 层支点力 T_j 应按该层支点位移为 y_{0j} 的边界条件确定。

式(4-46)中的 m 值，应根据单桩水平荷载试验结果按下式计算：

$$m=\frac{\left(\frac{H_{cr}}{X_{cr}}\upsilon_x\right)^{5/3}}{b_0(EI)^{2/3}} \tag{4-46}$$

当无试验结果或减少当地经验时，m 值按下列经验公式计算：

$$m=\frac{1}{\Delta}(0.2\varphi_{ik}^2-\varphi_{ik}+c_{ik}) \tag{4-47}$$

式中：m——地基土水平抗力系数的比例系数（MN/m^4），该值为基坑开挖面以下 $2(d+1)$m 深度内各土层的综合值；

H_{cr}——单桩水平临界荷载（MN），按《建筑桩基技术规范》（JGJ 94—94）附录 E 方法确定；

X_{cr}——单桩水平临界荷载对应的位移（m）；

υ_x——桩顶位移系数，按表 4-6 采用(先假定 m，试算 a)；

υ_x 值 表 4-6

换算深度 ah_d	≥4.0	3.5	3.0	2.8	2.6	2.4
υ_x	2.441	2.502	2.727	2.905	3.163	3.526

注：$a=\sqrt[5]{\dfrac{mb_0}{EI}}$

b_0——计算宽度；地下连续墙取单位宽度；排桩结构，对圆形桩取 $b_0=0.9(1.5d+0.5)$(d 为桩直径)，对方形桩取 $b_0=1.5b+0.5$ (b 为方桩边长)；

φ_{ik}——第 i 层土的固结不排水(快)剪内摩擦角标准值(°)；

c_{ik}——第 i 层土的固结不排水(快)剪黏聚力标准值(kPa)；

Δ——基坑底面处位移量(mm)，按地区经验取值，无经验时可取 10。

式 4-46 中的支点水平刚度系数，视支点为锚杆或支撑体系而有所不同。

当支点为锚杆时，锚杆水平刚度系数 k_T，应按锚杆的基本试验来确定。当无试验资料时，可按下式计算：

$$k_T=\frac{3AE_sE_cA_c}{3l_fE_eA_e+E_sAl_a}\cos^2\theta \tag{4-48}$$

式中：A——杆体的截面面积；

E_s——杆体的弹性模量；

E_c——锚固体组合弹性模量，按下式计算：

$$E_c=\frac{AE_s+(A_c-AE_m)}{A_c} \tag{4-49}$$

E_m——锚固体中注浆体弹性模量；

A_c——锚固体的截面面积；

l_f——锚杆自由段长度；

l_a——锚杆锚固段长度；

θ——锚杆的水平倾角。

当支点为由支撑体系时，支撑体系(含具有一定刚度的冠梁)或其与锚杆混合的支撑体系的水平刚度系数 k_T，应按支撑体系与排桩、地下连续墙的空间作用协同分析方法确定；亦可根据空间作用协同分析方法直接确定支撑体系及排桩或地下连续墙的内力与变形。

当基坑周边支护结构的荷载相同、支撑体系采用对撑并沿具有较大刚度的腰梁或冠梁等间距布置时，水平刚度系数 k_T 可按下式计算：

$$k_{\mathrm{T}} = \frac{2\alpha EA}{L}\frac{s_{\mathrm{a}}}{s} \tag{4-50}$$

式中：k_{T}——支撑结构的水平刚度系数；

α——与支撑松弛有关的系数，取0.8～1.0；

E——支撑构件材料的弹性模量；

A——支撑构件的断面面积；

L——支撑构件的受压计算长度；

s——支撑的水平间距；

s_{a}——按平面间题计算时的计算宽度。排桩取中心距，地下连续墙取单位宽度或一个墙段。

(1)悬臂式支护结构围护墙的弯矩计算值 M_{c} 和剪力计算值 V_{c} 的计算(图4-27a)M_{c} 和 V_{c} 可按下列公式计算：

$$M_{\mathrm{c}} = h_{\mathrm{mz}}\sum E_{\mathrm{mz}} - h_{\mathrm{az}}\sum E_{\mathrm{az}} \tag{4-51}$$

$$V_{\mathrm{c}} = \sum E_{\mathrm{mz}} - \sum E_{\mathrm{az}} \tag{4-52}$$

式中：$\sum E_{\mathrm{mz}}$——计算截面以上根据式(4-45)、式(4-46)确定的基坑内侧各土层弹性抗力值 $mb_0(z-h_{\mathrm{n}})y$ 的合力之和；

h_{mz}——合力 $\sum E_{\mathrm{mz}}$ 作用点至计算截面的距离；

$\sum E_{\mathrm{az}}$——计算截面以上根据式(4-43)、式(4-44)确定的基坑外侧各土层水平荷载标准值 $e_{\mathrm{aik}}b_{\mathrm{s}}$ 的合力之和；

h_{az}——合力 $\sum E_{\mathrm{az}}$ 作用点至计算截面的距离。

(2)有支点的支护结构围护墙的弯矩计算值 M_{c} 和剪力计算值 V_{c} 的计算(图4-27b)

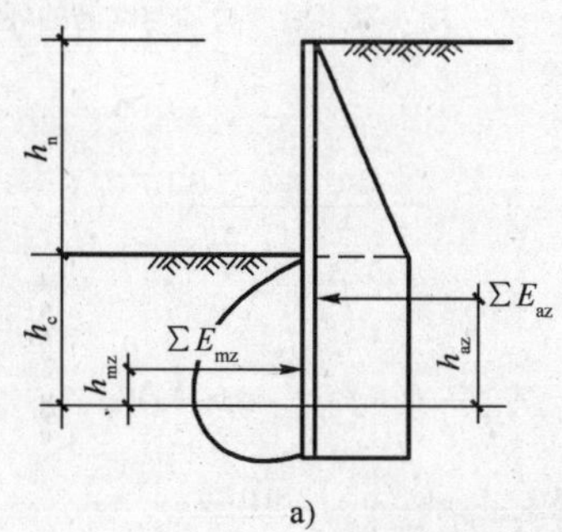

a)

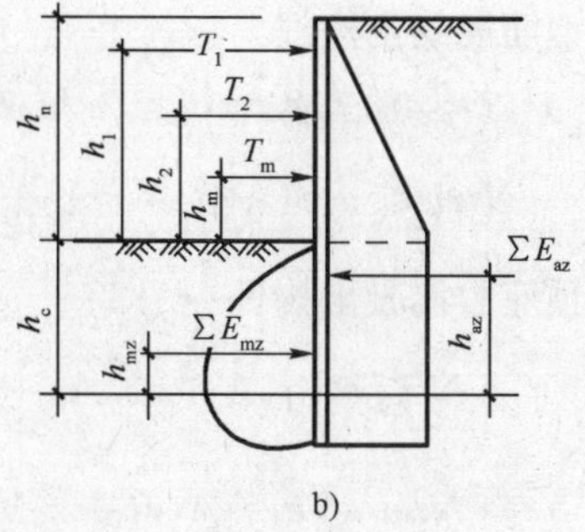

b)

图4-27 支护结构围护墙内力计算简图
a)悬臂式围护墙；b)有支点的围护墙

此种情况的 M_c 和 V_c 按下式计算：

$$M_c = \sum T_j(h_j + h_c) + h_{mz}\sum E_{mz} - h_{az}\sum E_{az} \tag{4-53}$$

$$V_c = \sum T_j + \sum E_{mz} - \sum E_{az} \tag{4-54}$$

式中：h_j——支点力作用点至基坑底的距离；

h_c——基坑底面至计算截面的距离，当计算截面在基坑底面以上时取负值。

3. 围护墙结构计算

1)内力及支点力设计值的计算

按上述方法算出截面的弯矩、剪力和支点力的计算值后，根据《建筑基坑支护技术规程》(JGJ 120—99)的规定按下列规定计算其设计值：

(1)截面弯矩设计值 M

$$M = 1.25\gamma_0 M_c \tag{4-55}$$

式中：γ_0——重要性系数，见表 4-1。

(2)截面剪力设计值 V

$$V = 1.25\gamma_0 V_c \tag{4-56}$$

(3)支点结构第 j 层支点力设计值 T_{dj}

$$T_{dj} = 1.25\gamma_0 T_{cj} \tag{4-57}$$

2)截面承载力计算(按照《混凝土结构设计规范》(GB 50010—2002)

沿周边均匀配置纵向钢筋的环形截面偏心受压构(图 4-28)，其正截面受压承载力宜符合下列规定：

图 4-28　沿周边均匀配筋的环形截面

(1)钢筋混凝土构件

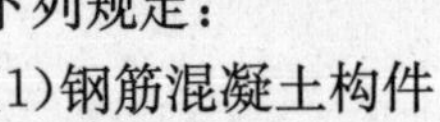

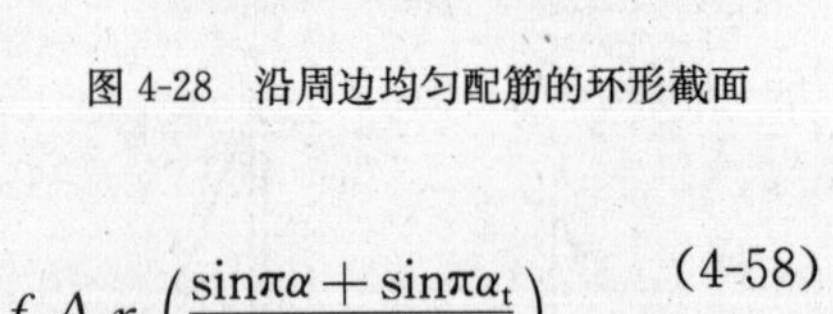

$$\begin{aligned} N &\leqslant \alpha\alpha_1 f_c A + (\alpha - \alpha_1) f_y A_s \\ N\eta e i &\leqslant \alpha_1 f_c A(r_1 + r_2)\frac{\sin\pi\alpha}{2\pi} + f_y A_s r_s\left(\frac{\sin\pi\alpha + \sin\pi\alpha_t}{\pi}\right) \end{aligned} \tag{4-58}$$

(2)预应力混凝土构件

$$\begin{aligned} N &\leqslant \alpha\alpha_1 f_c A - \sigma p_0 A_p + \alpha f'_{py} A_p - \alpha_t(f_{py} - \sigma p_0)A_p \\ N\eta e i &\leqslant a_1 f_c A(r_1 + r_2)\frac{\sin\pi\alpha}{2\pi} + f'_{py} A_p r_p \frac{\sin\pi\alpha}{\pi} \end{aligned} \tag{4-59}$$

在上述各公式中的系数和偏心距，应按下列公式计算：

$$a_t = 1 - 1.5a$$
$$e_i = e_0 + e_a \tag{4-60}$$

式中：A——环形界面面积；

A_s——全部纵向普通钢筋的截面面积；

A_p——全部纵向预应力钢筋的截面面积；

r_1、r_2——环形截面的内、外半径；

r_s——纵向普通钢筋重心所在圆周的半径；

r_p——纵向预应力钢筋重心所在圆周的半径；

e_0——轴向压力对截面重心的偏心距；

e_a——附加偏心距，按《混凝土结构设计规范》(GB 50010—2002)第 7.3.3 条确定；

a——受压区混凝土截面面积与全截面面积的比值；

a_t——纵向受拉钢筋的面积与全部纵向钢筋截面面积的比

$a < \arccos\left(\frac{2r_i}{r_1+r_2}\right)/\pi$ 时，环形界面偏心受压构件可按《混凝土结构设计规范》(GB 50010—2002)7.3.8 条规定的圆形截面偏心受压构件正截面受压承载力公式计算。

注：本条是用于截面内纵向钢筋数量不少于 6 根且 $r_1/r_2 \geq 0.5$ 的情况。

沿周边均匀配置纵向钢筋的圆形截面钢筋混凝土偏心受压构件(图 4-29)，其正截面受压承载力宜符合下列规定：

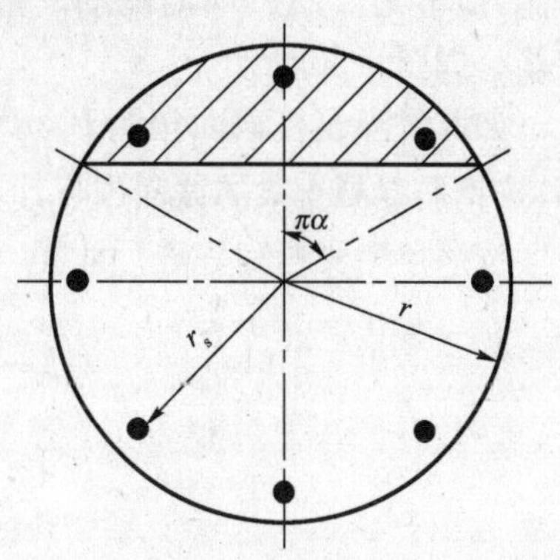

图 4-29 沿周边均匀配筋的圆形截面

$$aa_1 f_c A\left(1-\frac{\sin 2\pi\alpha}{2\pi\alpha}\right) + (a - a_1) f_y A_s = 0$$
$$M = \frac{2}{3} a_1 f_c A r \frac{\sin^3 \pi\alpha}{\pi} + f_y A_s r_s \frac{\sin\pi\alpha + \sin\pi\alpha_t}{\pi} \tag{4-61}$$
$$a_t = 1.25 - 2a$$

式中：M——单桩抗弯承载力(N·mm)；

A——桩的横截面积(mm^2)；

A_s——纵向钢筋截面积(mm^2)；

r——桩的半径(mm)；

r_s——纵向钢筋所在的圆周半径(mm),$r_s=r-a_s$,a_s 为钢筋保护层厚度(mm);

α——对应于受压区混凝土截面面积的圆心角(弧度)与 2π 的比值;

α_t——纵向受拉钢筋截面积与全部纵向钢筋截面积的比值;

f_c——混凝土强度设计值(MPa);

f_y——钢筋强度设计值(MPa)。

注:本条适用于界面纵向钢筋数量不少于 6 根的情况。

3)矩形截面配筋

灌筑桩以圆截面受弯而采用的沿周边均匀配筋的计算公式,是考虑了任何方向都要具有相同的抗弯能力,而挡土桩的受拉侧是一定的,钢筋的布置则应是有方位性的,布置在非受拉侧的钢筋实际上是没有起到受拉作用的。设想将受拉主筋配置在桩体受拉一侧,而不是沿周边均匀配筋。主筋受拉,其他为构造筋。如图 4-30 所示。

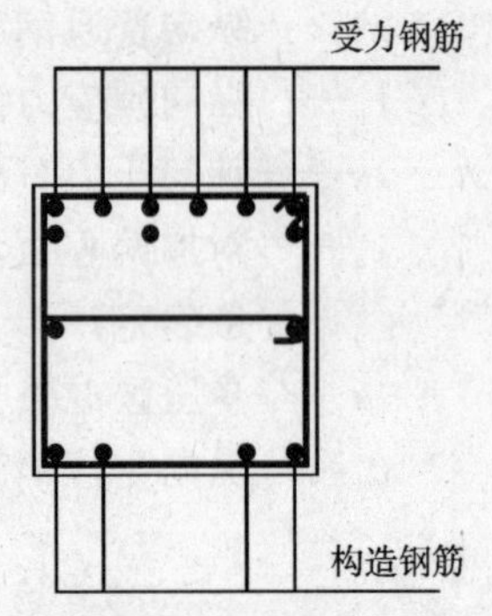

图 4-30 矩形截面配筋

如此将灌筑桩截面按照 $b\times d$ 的方形截面进行配筋,按钢筋混凝土梁的截面进行计算,便可求出受拉侧主筋的截面积。

按照单向受弯构件进行计算

$$\begin{aligned} M &= f_c bx\left(h_0-\frac{x}{2}\right) \\ f_c bx &= f_y A_s \end{aligned} \tag{4-62}$$

其中,

$$x=h_0-\sqrt{h_0^2-\frac{2M}{f_c b}}$$

$$h_0=h-a_s$$

式中各符号意义同前。

需要注意的是,采用集中受拉侧配筋方法时,施工时要特别注意钢筋笼吊装的方向,并防止钢筋笼扭转,在钢筋集中的侧向做上标志,每根钢筋笼安装完毕后,做详细检查,最好做隐蔽工程检查,以防钢筋笼方向不对而造成灌筑桩受力时破坏。

4)排桩的构造配筋

根据《建筑地基基础设计规范》(GB 50007—2002)的规定,钻孔灌筑桩的最小配筋率不宜小于 0.2%～0.65%(小直径桩取大值),主筋保护层厚度不应小于 50mm。

钢箍宜采用 $\phi6\sim\phi8$ 螺旋筋,间距一般为 200～300mm,每隔 1 500～

2 000mm 应布置一根直径不小于 12mm 的焊接加强箍筋，以增加钢筋笼的整体刚度，有利于钢筋笼吊放和浇灌水下混凝土时整体性。钢筋笼的配筋量由计算确定，钢筋笼一般离孔底 200～500mm。

具体计算步骤如下：

①根据经验取灌筑桩配筋量 A_s；

②计算系数 $K=f_yA_s/(f_cA)$，根据 K 值查表 4-7 得出系数 α 值，或据式(4-61)求得 α 值；

③将 α 值代入式(4-61)求出单桩抗弯承载力 M。

④比较 M 值与单桩承受的弯矩值，若过大则减小 A_s 值，若过小则增加 A_s 值，重复②、③步骤，直至满足为止。

α 值 表 表 4-7

K	α	α_t	K	α	α_t	K	α	α_t	K	α	α_t
0.01	0.113	1.204	0.26	0.272	0.706	0.51	0.311	0.628	0.76	0.332	0.586
0.02	0.139	0.972	0.27	0.274	0.702	0.52	0.312	0.626	0.77	0.333	0.584
0.03	0.156	0.938	0.28	0.276	0.698	0.53	0.313	0.624	0.78	0.334	0.582
0.04	0.169	0.912	0.29	0.278	0.694	0.54	0.314	0.622	0.79	0.334	0.580
0.05	0.180	0.890	0.30	0.280	0.690	0.55	0.315	0.620	0.80	0.335	0.578
0.06	0.189	0.872	0.31	0.282	0.686	0.56	0.316	0.618	0.81	0.336	0.578
0.07	0.197	0.856	0.32	0.284	0.682	0.57	0.317	0.616	0.82	0.336	0.576
0.08	0.204	0.842	0.33	0.286	0.678	0.58	0.318	0.614	0.83	0.337	0.576
0.09	0.210	0.830	0.34	0.288	0.674	0.59	0.319	0.612	0.84	0.337	0.574
0.10	0.216	0.818	0.35	0.289	0.672	0.60	0.320	0.610	0.85	0.338	0.572
0.11	0.222	0.806	0.36	0.291	0.668	0.61	0.321	0.608	0.86	0.339	0.572
0.12	0.226	0.798	0.37	0.293	0.664	0.62	0.322	0.606	0.87	0.339	0.570
0.13	0.231	0.788	0.38	0.294	0.662	0.63	0.323	0.604	0.88	0.340	0.570
0.14	0.235	0.780	0.39	0.296	0.658	0.64	0.323	0.604	0.89	0.340	0.568
0.15	0.239	0.772	0.40	0.297	0.656	0.65	0.324	0.602	0.90	0.341	0.568
0.16	0.243	0.764	0.41	0.298	0.654	0.66	0.325	0.600	0.91	0.341	0.566
0.17	0.247	0.756	0.42	0.300	0.650	0.67	0.326	0.598	0.92	0.342	0.566
0.18	0.250	0.750	0.43	0.301	0.648	0.68	0.327	0.596	0.93	0.342	0.566
0.19	0.253	0.744	0.44	0.303	0.644	0.69	0.327	0.596	0.94	0.343	0.564
0.20	0.256	0.738	0.45	0.304	0.642	0.70	0.328	0.594	0.95	0.343	0.564
0.21	0.259	0.732	0.46	0.305	0.640	0.71	0.329	0.592	0.96	0.344	0.562
0.22	0.262	0.726	0.47	0.306	0.638	0.72	0.330	0.590	0.97	0.344	0.562
0.23	0.264	0.722	0.48	0.307	0.636	0.73	0.330	0.590	0.98	0.345	0.560
0.24	0.267	0.716	0.49	0.309	0.632	0.74	0.331	0.588	0.99	0.345	0.560
0.25	0.269	0.712	0.50	0.310	0.630	0.75	0.332	0.586	1.00	0.346	0.558

5)排桩设计示例

例题 4-8 某建筑物的基坑采用 ϕ600mm 灌注桩作为围护墙，桩中心距 800mm，经计算围护墙最大弯矩为 600kN·m/m，试配筋。

解：(1)单桩承受最大弯矩 $M_{max}=600\text{kN·m/m}\times0.8\text{m}=480\text{kN·m}$

(2)按均匀周边配筋计算

取灌筑桩采用 C30，$f_c=14.3\text{MPa}$，HRB400 级钢筋 $f_y=360\text{MPa}$，保护层厚度 $a_s=50\text{mm}$，则 $r_s=r-a_s=300-50=250\text{mm}$

设钢筋配置为 16Φ22，$A_s=6\,082\text{mm}^2$，而 $A=\pi r^2=282\,600\text{mm}^2$，

则：$K=f_yA_s/(f_cA)=360\times6\,082/14.3\times282\,600=0.542$

查表 4-7 得：$\alpha=0.314\,2$，$\alpha_t=0.621\,6$

代入式(4-61)，得

$$M=\frac{2}{3}f_cr^3\sin\pi\alpha+f_yA_sr_s\frac{\sin\pi\alpha+\sin\pi\alpha_t}{\pi}$$

$$=\frac{2}{3}\times14.3\times300^3\sin(0.314\,2\pi)+360\times250\times6\,082$$

$$\times\frac{\sin(0.314\,2\pi)+\sin(0.621\,6\pi)}{\pi}$$

$$=1.49\times10^8+3.07\times10^8$$

$$=4.56\times10^8\text{N·mm}$$

$$=456\text{kN·m}<480\text{kN·m}$$

可知 16Φ22 配筋不满足要求，须重新计算。

设钢筋配置为 18Φ22，$A_s=6\,842\text{mm}^2$，而 $A=\pi r^2=282\,600\text{mm}^2$，

则：$K=f_yA_s/(f_cA)=360\times6\,842/14.3\times282\,600=0.61$

查表 4-7 得：$\alpha=0.321$，$\alpha_t=0.608$

代入式(4-61)，得

$$M=\frac{2}{3}f_cr^3\sin\pi\alpha+f_yA_sr_s\frac{\sin\pi\alpha+\sin\pi\alpha_t}{\pi}$$

$$=\frac{2}{3}\times14.3\times300^3\sin(0.321\pi)+360\times250\times6\,842$$

$$\times\frac{\sin(0.321\pi)+\sin(0.608\pi)}{\pi}$$

$$= 1.557 \times 10^8 + 3.505 \times 10^8$$

$$= 5.062 \times 10^8 \text{N} \cdot \text{mm}$$

$$= 506.2 \text{kN} \cdot \text{m} > 480 \text{kN} \cdot \text{m}$$

可知 18ϕ22 配筋满足要求。

(3)按矩形截面配置纵向钢筋计算。

设 $b=d=500$mm，采用 C30，$f_c=14.3$MPa，HRB400 级钢筋 $f_y=360$MPa，保护层厚度 $a_s=50$mm，

$$h_0 = h - a_s = 500 - 50 = 450\text{mm}$$

$$x = h_0 - \sqrt{h_0^2 - \frac{2M}{f_c b}} = 450 - \sqrt{450^2 - \frac{2 \times 480\,000\,000}{14.3 \times 500}} = 188.8\text{mm}$$

$$A_s = \frac{f_c b x}{f_y} = \frac{14.3 \times 500 \times 188.8}{360} = 3\,749\text{mm}^2$$

从本例可以看出，采用矩形截面纵向配筋可以比周边均匀配筋节省主筋。

讨论：1.在进行排桩的设计中，受力主筋的级别对用钢量的减少有较大影响，应尽量采用 HRB400 级钢筋。

2.可以考虑用预制的钢筋混凝土方桩或先张法的预应力混凝土管桩来施工，保证桩体的混凝土质量和缩短施工工期。

第七节　土锚杆(土锚)计算

土锚一般由锚头、锚头垫座、钻孔、防护套管、拉杆(拉索)、锚固体、锚底板(有时无)等组成(图 4-31)。

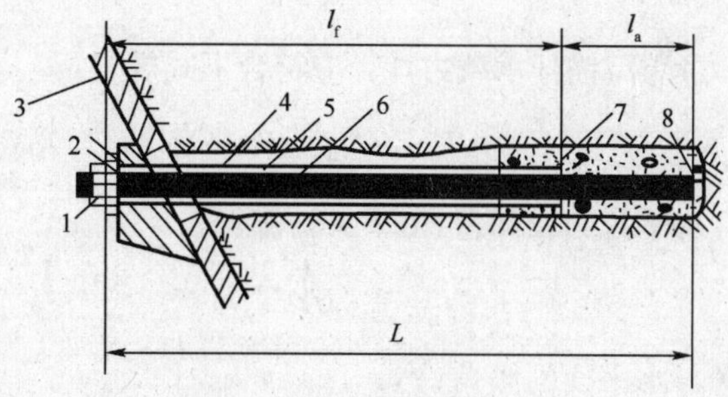

图 4-31　土锚构造

1-锚头；2-锚头垫座；3-围护墙；4-钻孔；5-防护套管；6-拉杆(拉索)；7-锚固体；8-锚底板

土锚根据潜在滑裂面，分为自由段(非锚固段)l_f 和锚固段 l_a(图 4-32)。土锚的自由段处于不稳定土层中。要使拉杆与土层脱离，一旦土层滑动，它可以自由伸缩，其作用是将锚头所承受的荷载传递到锚固段。锚固段处于稳定土层中，它通过与土层的紧密接触将锚杆所承受的荷载分布到周围土层中去。锚固段是承载力的主要来源。

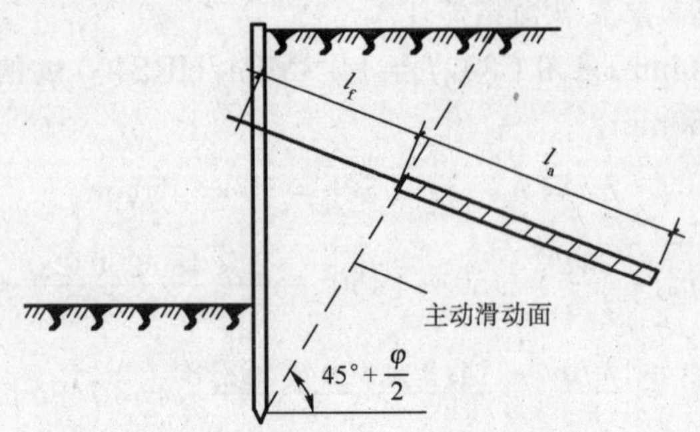

图 4-32　土锚的自由段与锚固段的划分

l_f-自由段(非锚固段)；l_a-锚固段

1. 土锚布置

根据《建筑基坑支护技术规程》，锚杆自由段长度不宜小于 5m，并应超过潜在滑裂面 1.5m；锚杆的锚固段长度不宜小于 4m。锚杆的上下排垂直间距不宜小于 2m；水平间距不宜小于 1.5m；锚杆锚固体上覆土层厚度不宜小于 4m；锚杆的倾角宜为 15°～25°，且不应大于 45°。

锚杆杆体下料长度应为锚杆自由段、锚固段及外露长度之和，外露长度须满足台座、腰梁尺寸及张拉作业的要求。锚杆的锚固体宜采用水泥浆或水泥砂浆，其强度等级不宜低于 M10。

2. 土锚计算

1)土锚承载力计算：锚杆承载力计算应符合下式规定：

$$T_d \leqslant N_u \cos\theta \tag{4-63}$$

式中：T_d——锚杆水平拉力设计值，由下式计算

$$T_d = 1.25\gamma_0 T_c \tag{4-64}$$

θ——锚杆与水平面的倾角；

N_u——锚杆轴向受拉承载力设计值。

《建筑基坑支护技术规程》规定，安全等级为一级及缺乏地区经验的二级基

坑侧壁，应按规程进行锚杆的基本试验，锚杆轴向受拉承载力设计值取基本试验确定的极限承载力除以受拉抗力分项系数 γ_s，受拉抗力分项系数可取 1.3。

基坑侧壁安全等级为二级且有邻近工程经验时，可按下式(4-65)计算锚杆轴向受拉承载力设计值，并按规程要求进行锚杆验收试验：

$$N_u=\frac{\pi}{\gamma_s}[d\sum q_{sik}l_i+d_1\sum q_{sjk}l_j+2c_k(d_1^2-d^2)] \tag{4-65}$$

式中：N_u——锚杆轴向受拉承载力设计值；

d_1——扩孔锚固体直径；

d——非扩孔锚杆或扩孔锚杆的直孔段锚固体直径；

l_i——第 i 层土中直孔部分的锚固段长度；

l_j——第 j 层土中扩孔部分的锚固段长度；

q_{sik}、q_{sjk}——土体与锚固体的极限摩阻力标准值，应根据当地经验取值；当无经验时可按下表 4-8 取值；

γ_s——锚杆轴向受拉抗力分项系数，可取 1.3；

c_k——扩孔部分土体黏聚力标准值。

土体与锚固体之间的极限摩阻力标准值 表 4-8

土层种类	土的状态	q_{sik}(kPa)
淤泥质土		20～30
黏性土	软塑	35～45
	坚硬	65～80
	硬塑	55～65
	可塑	45～55
粉土	中密	60～110
砂性土	松散	50～90
砂性土	密实	170～220
	中密	130～170
	稍密	90～130

注：表中数值系采用直孔一次常压灌浆工艺的计算值。当采用二次灌浆、扩孔工艺时可适当提高。

基坑侧壁安全等级为三级时，亦按式(4-63)计算 N_u 值。

对于塑性指数大于 17 的黏性土层中的锚杆，应进行徐变试验。

2)锚杆杆体的截面面积按下列公式确定：

普通钢筋的截面面积应按下式计算：

$$A_s = \frac{T_d}{f_y \cos\theta} \tag{4-66}$$

预应力钢筋的截面面积，按下式计算：

$$A_p = \frac{T_d}{f_{py} \cos\theta} \tag{4-67}$$

式中：A_s、A_p——普通钢筋、预应力钢筋拉杆的截面面积；

f_y、f_{py}——普通钢筋、预应力钢筋拉杆的抗拉强度设计值。

3)土锚的整体稳定性验算：土层锚杆的稳定性，分为整体稳定性和深部破裂面稳定性两种，其破坏形式如图 4-33 所示，需分别予以验算。

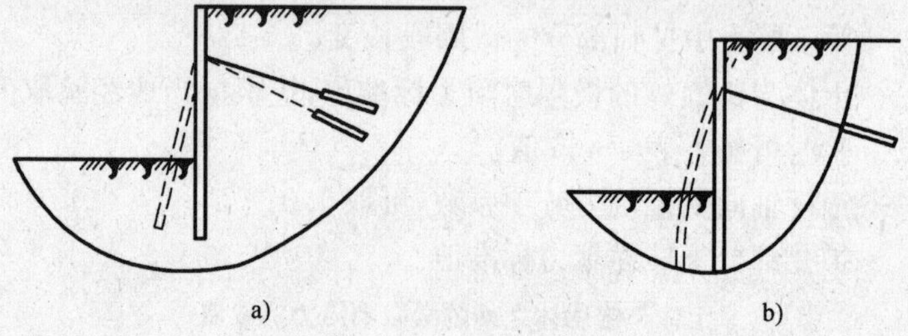

图 4-33　土层锚杆的失稳

a)整体失稳；b)深部破裂面破坏

整体失稳时，土层滑动面在支护结构的下面，由于土体的滑动，使支护结构和土层锚杆失效而整体失稳。对于此种情况可按土坡稳定的验算方法进行验算，详见边坡稳定相关内容。

深部破裂面在基坑支护结构的下端处，这种破坏形式是德国的 E. Kranz 于 1953 年提出的，可利用 Kranz 的简易计算法进行验算。

Kranz 简易计算法的计算简图如图 4-34 所示。通过锚固体的中点 c 与基坑支护结构下端的假想支承点 b(可近似取底端)连一直线 bc，假定 bc 线即为深部滑动线，再通过点 c 垂直向上作直线 cd，cd 为假想墙。这样，由假想墙、深部滑动线和支护结构包围的土体 $abcd$ 上，除土体自重 G 之外，还有作用在假想墙上的主动土压力 E_1，作用于支护结构上的主动土压力的反作用力 E_a 和作用于 bc 面上的反力 Q。当土体 $abcd$ 处于平衡状态时，即可利用力多边形求得土层锚杆所能承受的最大拉力 A 及其水平分力 A_h，如果 A_h 与土层锚杆设计的水平分力 A'_h 之比值大于或等于 1.5，就认为不会出现上述的深部破裂面破坏。

单根土层锚杆的 Kranz 力多边形如图 4-34b)所示，如果将各力化成其水平分力，则从力多边形中可得出下述计算公式：

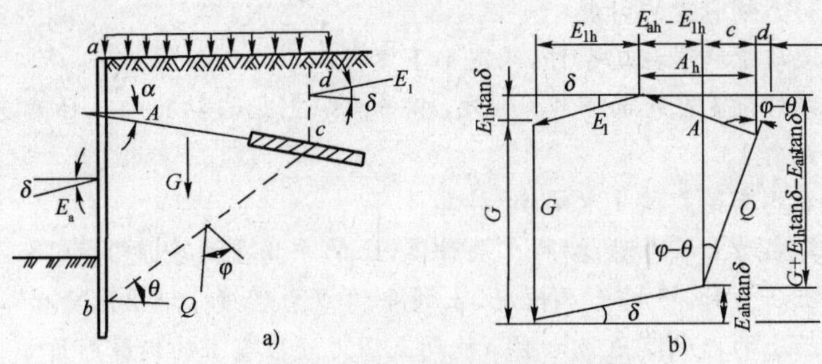

图 4-34 土层锚杆深部破裂面稳定性计算简图

a)作用于 abcd 土体上的力；b)力多边形

$$A_h = E_{ah} - E_{1h} + c$$

$$c + d = (G + E_{1h}\tan\delta - E_{ah}\tan\delta)\tan(\varphi - \theta)$$

而 $$d = A_h\tan\alpha \cdot \tan(\varphi - \theta)$$

则 $$A_h = E_{ah} - E_{1h}(G + E_{1h}\tan\delta - E_{ah}\tan\delta)\tan(\varphi - \theta) - A_h\tan\alpha\tan(\varphi - \theta)$$

由上式可得出：

$$A_h = \frac{E_{ah} - E_{1h} + (G + E_{1h}\tan\delta - E_{ah}\tan\delta)\tan(\varphi - \theta)}{1 + \tan\alpha\tan(\varphi - \theta)}$$

安全系数 $$k = \frac{A_h}{A'_h} \geqslant 1.5 \tag{4 68}$$

式中：G——假想墙与深部滑动线范围内的土体重量(N)；

φ——土的内摩擦角(°)；

δ——基坑支护结构与土之间的摩擦角(°)；

θ——深部滑动面与水平面间的夹角(°)；

α——土层锚杆的倾角(°)；

A'_h——土层锚杆设计的水平分力(N)；

E_{1h}、E_{ah}、A_h——分别为 E_1、E_a、A 的水平分力(N)；

E_a——作用在基坑支护结构上的主动土压力的反作用力(N)；

E_1——作用在假想墙上的主动土压力(N)；

Q——作用在 bc 面上反力的合力(N)。

4)土锚杆计算实例：

例题 4-9 基础挖土深度 15m，土质为砂土和卵石，桩基采用直径 800mm 的人工挖孔的灌筑桩，桩距 1.5m。工程施工场地狭窄，基础挖土不放坡大开挖，需用支护结构挡土，垂直开挖，但挡土板桩不能在地面进行拉结，如作为悬臂桩则截面不满足要求，且变形亦大，因此决定采用一道土锚杆拉结板桩。

解：(1)土锚杆受力计算

根据地质资料和施工条件，确定如下参数：

a. 土锚杆设置在地面下4.0m处，水平间距1.5m，钻孔的孔径为ϕ140mm，土锚杆的倾角13°；

b. 地面均布荷载按10kN/m^{2}计算；

c. 计算主动土压力时，按照土层种类，土的平均重力密度$\gamma_s=18.5$kN/m^3，计算被动土压力时，根据土层情况，土的平均重力密度$\gamma_p=20$kN/m^3。主动土压力处桩后土的内摩擦角$\varphi_a=40°$，被动土压力处桩前土的内摩擦角$\varphi_p=45°$，土的内聚力$c=0$。

主动土压力系数 $K_a=\tan^2\left(45°-\frac{\varphi_a}{2}\right)=\tan^2\left(45°-\frac{40°}{2}\right)=0.217$

被动土压力系数 $K_p=\tan^2\left(45°+\frac{\varphi_p}{2}\right)=\tan^2\left(45°+\frac{45°}{2}\right)=5.83$

①挡土板桩的入土深度计算

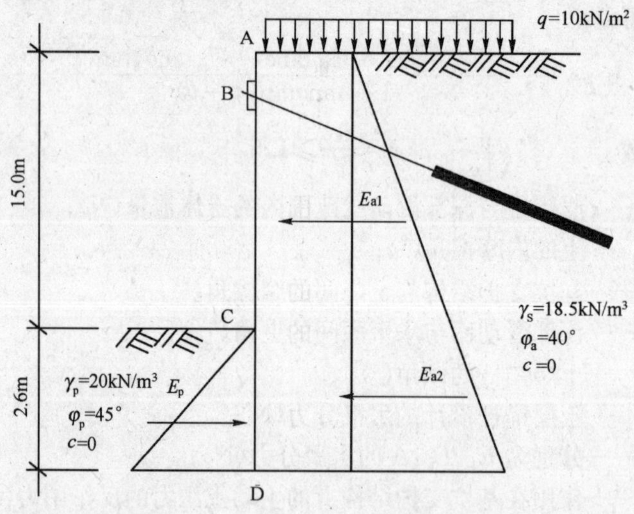

图4-35 挡土板桩入土深度计算简图

按挡土板桩纵向单位长度计算，则主动土压力：

$$E_{a1}=\frac{1}{2}\gamma_s(h+t)^2K_a=\frac{1}{2}\times18.5(15+t)^2\times0.217$$

由地面荷载引起的附加压力：

$$E_{a2}=q(h+t)K_a=10\times(15+t)\times0.217$$

被动土压力：

$$E_p=\frac{1}{2}\gamma_p t^2K_p=\frac{1}{2}\times20\times t^2\times5.83$$

对点取距，$\sum M_B=0$ 得 $E_{a1}h_{a1}+E_{a2}h_{a2}-E_ph_p=0$

即：$\frac{1}{2}\times19\times(15+t)^2\times0.217\times\left[\frac{2}{3}(15+t)-4\right]+10\times(15+t)\times0.217\times$

$$\left[\frac{1}{2}(15+t)-4\right]-\frac{1}{2}\times20\times t^2\times5.83\left(\frac{2}{3}t+15-4\right)=0$$

$$t^3+15.67t^2-18.22t-74.96=0$$

解之，得 $t=2.586$m，取板桩入土深度为 2.6m。

②计算土锚杆的水平拉力

根据板桩入土深度 $t=2.6$m，则

$$E_{a1}=\frac{1}{2}\gamma_a(h+t)^2K_a=\frac{1}{2}\times18.5(15+2.6)^2\times0.217=621.77\text{kN}$$

$$E_{a2}=q(h+t)K_a=10\times(15+2.6)\times0.217=38.19\text{ kN}$$

$$E_p=\frac{1}{2}\gamma_p t^2K_p=\frac{1}{2}\times20\times2.6^2\times5.83=394\,011\text{kN}$$

由 $\sum M_D=0$ 可求出土锚杆所承受拉力 T 的水平分力 T_d：

$$T_d(15+2.6-4)=E_{a1}\frac{15+2.6}{3}+E_{a2}\frac{15+2.6}{3}-E_p\frac{2.6}{3}$$

将上述 E_{a1}、E_{a2}、E_p 的数值代入，则求得：$T_d=267.81$kN

由于土锚杆的间距为 1.5m，所以每根锚杆所承受拉力的水平分力为：

$$T_{d1.5}=1.5\times267.81=401.7\text{kN}$$

(2)土锚杆抗拔计算

土层锚杆锚固段所在的砂土层：

$$\gamma=18.5\text{kN/m}^3,\varphi=37^\circ,K_0=1$$

①求土锚杆的非锚固段长度(BF)

由图 4-36 可知：

$$BE=(15+2.4-4)\tan^2\left(45^\circ-\frac{\varphi}{2}\right)=10.8\tan26.5^\circ=6.78\text{m}$$

根据正弦定律：

$$\frac{BE}{\sin\angle BFE}=\frac{BF}{\sin\angle BEF}$$

$$BF=\frac{BE\sin\angle BEF}{\sin\angle BFE}$$

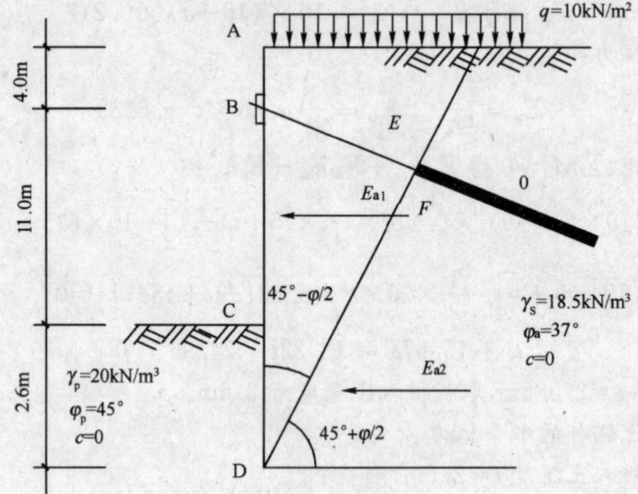

图 4-36　锚固段长度计算简图

$$\angle BEF = 90° - \left(45° - \frac{\varphi}{2}\right) = 90° - \left(45° - \frac{37°}{2}\right) = 63.5°$$

$$\angle BFE = 180° - \alpha - 63.5° = 180° - 13° - 63.5° = 103.5°$$

因此
$$BF = \frac{6.78 \times \sin 63.5°}{\sin 103.5°} = 6.24\text{m}$$

即非锚固段长度为 6.24m。

②求土锚杆的锚固段长度

土锚杆拉力的水平分力 $T_{d1.5}=401.7\text{kN}$，而土锚杆的倾角 $\alpha=13°$，则该土锚杆的轴向拉力 $T=401.7/\cos 13°=412.27\text{kN}$。

由于该土锚杆非高压灌浆，土体与锚固体之间的极限摩阻力可按表 4-8 查出，或按下式计算土体抗剪强度：

$$\tau_z = c + k_0 \gamma h \tan\varphi$$

假定锚固段长度为 10m，图 4-36 中的 O 点为锚固段的中点，则

$$BO = BF + FO = 6.24 + 5.0 = 11.24\text{m}$$

锚固段中点 O 至地面距离

$$h = 4 + BO\sin 13° = 4 + 11.24\sin 13° = 6.53\text{m}$$

$$\tau_z = c + k^0 \gamma h \tan\varphi = 0 + 1 \times 18.5 \times 6.53 \times \tan 37° = 91.03\text{kN/m}^2$$

如果取安全系数 $K=1.50$，则锚固长度：

$$l = \frac{TK}{\pi d \tau_z} = \frac{401.7 \times 1.5}{\pi \times 0.14 \times 91.03} = 15.06\text{m}$$

因此,原假定锚固长度 10m,应予以修正。所以

$$h = 4 + \left(6.24 + \frac{15.06}{2}\right)\sin13^\circ = 7.1$$

$$\tau_z = c + k^0 \gamma h \tan\varphi = 0 + 1 \times 18.5 \times 7.1 \times \tan37^\circ = 98.98\text{kN/m}$$

锚固段长度 $l = \dfrac{TK}{\pi d \tau_z} = \dfrac{401.7 \times 1.5}{\pi \times 0.14 \times 98.98} = 13.85\text{m}$

因此,最后确定取锚固段长度为 14m。

(3)钢拉杆截面选择

$$A_s = \frac{T}{f_y} = \frac{412.27 \times 10^3}{360} = 1\,145.2\text{mm}^2$$

钢拉杆选用 1 Φ 40,$A_s = 1\,256\text{mm}^2$ 满足要求。

(4)土锚杆的深部破裂面稳定性验算(图 4-37)

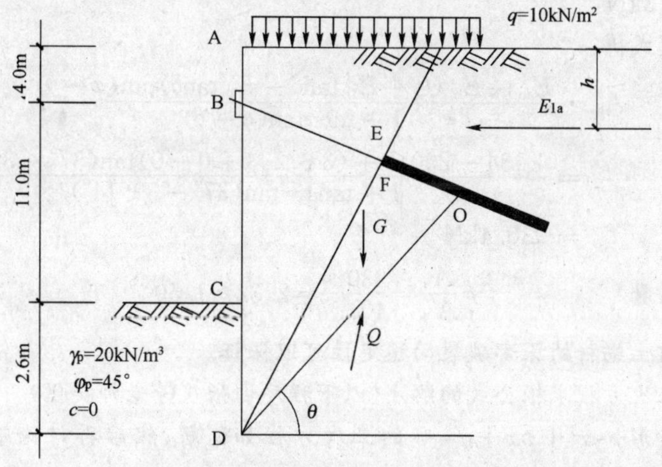

图 4-37 深部破裂面稳定性验算

每根土层锚杆的水平分力

$$T_{A1.5} = 401.7\text{kN}$$

$$\theta = \arctan\frac{(15 + 2.6) - 7.1}{\left(6.24 + \dfrac{14}{2}\right)\cos13^\circ} = 39.14^\circ$$

土体重力 $G = \dfrac{7.1 + (15 + 2.6)}{2} \times 10.67 \times 1.5 \times 18.5 = 3\,072.3\text{kN}$

设 $\delta = 0$,则作用在支护结构上主动土压力的反作用力(考虑地面荷载)为:

$$E_{ah}=\frac{1}{2}\gamma H^2K_a1.5+qHK_a1.5$$

$$=\frac{1}{2}\times18.5\times(15+2.6)^2\times\tan^2\left(45°-\frac{37°}{2}\right)\times1.5+$$

$$10\times(15+2.6)\times\tan^2$$

$$\left(45°-\frac{37°}{2}\right)\times1.5$$

$$=1\,134\text{kN}$$

作用在假想墙上的主动土压力：

$$E_{1h}=\frac{1}{2}\gamma h^2K_a1.5+qhK_a1.5$$

$$=\frac{1}{2}\times18.5\times7.1^2\times\tan^2\left(45°-\frac{37°}{2}\right)\times1.5+10\times7.1\times\tan^2\left(45°-\frac{37°}{2}\right)\times1.5$$

$$=200.3\text{kN}$$

根据下式得：

$$A_h=\frac{E_{ah}-E_{hl}(G+E_{1h}\tan\delta-E_{ah}\tan\delta)\tan(\varphi-\theta)}{1+\tan\alpha\tan(\varphi-\theta)}$$

$$=\frac{1\,134-200.3+(3\,072.3+0-0)\tan(37°-39.14°)}{1+\tan13°\tan(37°-39.14°)}$$

$$=930.4\text{kN}$$

安全系数 $f=\frac{A_h}{A'_h}=\frac{930.4}{401.7}=2.32>1.50$

所以该土锚杆的深部破裂面稳定性可以保证。

一元三次方程求根公式的解法(以下程序由张庆芳老师提供)

先来看形如 $x^3+px+q=0$ 的三次方程如何解，然后再讨论基本型 $x^3+a_2x^2+a_1x+a_0=0$ 的解法。

1. $x^3+px+q=0$ 的解法

形如 $x^3+px+q=0$ 的一元三次方程，求根公式的形式为：

$$x=A^{1/3}+B^{1/3} \tag{1}$$

将(1)式两边同时立方，得到

$$x^3=(AB)+3(AB)^{1/3}(A^{1/3}+B^{1/3})$$

将上式中的$(A^{1/3}+B^{1/3})$用 x 代替，成为：

$$x^3=(A+B)+3x(AB)^{1/3}$$

将上式移项，得到

$$x^3-3x(AB)^{1/3}-(A+B)=0$$

将其与三次方程的原型，发现

$$-3(AB)^{1/3}=p$$

$$-(A+B)=q$$

这样，就可以用 p、q 表述出 A、B。解下面的方程组：

$$AB=-\left(\frac{p}{3}\right)^3$$

$$A+B=-q$$

可以得到：

$$B=\frac{q\pm\sqrt{q^2+4\left(\frac{p}{3}\right)^3}}{-2}$$

而 $$A=-q-B$$

$$x=\left(-\frac{q}{2}-\sqrt{\left(\frac{q}{2}\right)^2+\left(\frac{p}{3}\right)^3}\right)^{\frac{1}{3}}+\left(-\frac{q}{2}+\sqrt{\left(\frac{q}{2}\right)^2+\left(\frac{p}{3}\right)^3}\right)^{\frac{1}{3}}$$

2. $x^3+a_2x^2+a_1x+a_0=0$ 的解法

只要能把 $x^3+a_2x^2+a_1x+a_0=0$ 化成 $x^3+px+q=0$ 的形式，则方程可解。如何做呢？

令 $x=y-\frac{a_2}{3}$

则基本式可以变化为

$$\left(y-\frac{a_2}{3}\right)^3+a_2\left(y-\frac{a_2}{3}\right)^2+a_1\left(y-\frac{a_2}{3}\right)+a_0=0$$

这样就能消去二次项，方程变为

$$y^3+\left(\frac{a_2^2}{3}-\frac{2a_2^2}{3}+a_1\right)y+\left(\frac{2a_2^3}{27}-\frac{a_1a_2}{3}+a_0\right)=0$$

即：
$$p=\frac{a_2^2}{3}-\frac{2a_2^2}{3}+a_1$$

$$q=\frac{2a_2^3}{27}-\frac{a_1a_2}{3}+a_0$$

通过上面的变换，则可以将基本型的三次方程变为可以求解的形式，进一步求出方程的解。

记住解出的为 y，需要再减去 $a_{2/3}$ 才是 x。

以上只是一元三方程的一个实根解，按韦达定理一元三次方程应该有三个根，不过按韦达定理一元三次方程只要求出了其中一个根，另两个根就容易求出了。

塔塔利亚发现的一元三次方程的解法

以下为解三次方程(形如 $x^3+a_2x^2+a_1x^1+a_0=0$)的程序

使用方法:打开 word,单击工具>宏,随便输入一个宏名称,点创建,进入VBA 编辑器。在一个子程序之外,粘贴进去下面的子程序(共 2 个),修改 a2 、a1、a0 的值,将鼠标落在 Sub solve_cube()程序段,按 F5 键运行,点视图>立即窗口,可以看到结果

```
Sub cube_equation(a2#, a1#, a0#, x#)
'

Dim p#, q#, A#, B#
'Dim a2!, a1!, a0!
p = a2 * a2 / 3-2 * a2 * a2 / 3 + a1
q = 2 * a2 * a2 * a2 / 27-a1 * a2 / 3 + a0

B =-(q / 2) + ((q / 2) ^ 2 + (p / 3) ^ 3) ^ (1 / 2)
A = -q-B

Dim A11#, B11#

If A < 0 Then
A11 = (-A) ^ (1 / 3) * (-1)
Else
A11 = A ^ (1 / 3)
End If

If B < 0 Then
B11 = (-B) ^ (1 / 3) * (-1)
Else
B11 = B ^ (1 / 3)
End If
x = A11 + B11-a2 / 3
End Sub
```

令 a0 = -24,a1 =-1,a2 = 0 可以解出 x=3

```
Sub solve_cube()
'Dim a2!, a1!, a0!, x!, y!
Dim a2#, a1#, a0#, x#, y#
a2 = -0
a1 = -1
a0 = -24
cube_equation a2, a1, a0, x
y = x * x * x + a2 * x * x + a1 * x + a0
Debug.Print "x="; x
'打印解
End Sub
```

迭代法

```
Sub cube_equation(a2#, a1#, a0#, x#)

Dim p#, q#, A#, B#
'Dim a2!, a1!, a0!
p = a2 * a2 / 3-2 * a2 * a2 / 3 + a1
q = 2 * a2 * a2 * a2 / 27-a1 * a2 / 3 + a0

B = -(q / 2) + ((q / 2) ^ 2 + (p / 3) ^ 3) ^ (1 / 2)
A = -q-B

Dim A11#, B11#

If A < 0 Then
A11 = (-A) ^ (1 / 3) * (-1)
Else
A11 = A ^ (1 / 3)
End If

If B < 0 Then
```

```
B11 = (-B) ^ (1 / 3) * (-1)
Else
B11 = B ^ (1 / 3)
End If
x = A11 + B11-a2 / 3
End Sub

Sub Macro2()
Dim a2!, a1!, a0!
Dim f!, f1!, i%, x0!, x!, y!

a2 = 15.67
a1 =-18.22
a0 =-74.96
x0 = 1
For i = 1 To 3000
f = x0 * x0 * x0 + x0 * x0 * a2 + x0 * a1 + a0
f1 = 3 * x0 * x0 + 2 * a2 * x0 + a1
x = x0-f / f1
x0 = x
If Abs(f) < 0.1 Then
Debug.Print x, x0
y = x0 * x0 * x0 + x0 * x0 * a2 + x0 * a1 + a0
Debug.Print "y=", y
Exit Sub
End If
Next i
Debug.Print "no found"
End Sub
```

X=2.586m

———韦达定理在更高次方程中也是可以使用的。一般的,对一个 n 次方程

$\sum AiXi=0$

它的根记作 X1,X2…,Xn

我们有

$\sum Xi=(-1)\hat{}1*A(n-1)/A(n)$

$\sum XiXj=(-1)\hat{}2*A(n-2)/A(n)$

…

$\Pi Xi=(-1)\hat{}n*A(0)/A(n)$

其中∑是求和,Π 是求积。

方程 $x^3-1=0$ 的解有 3 个

$x_1=1$

$$x_2=\omega=\frac{-1+i\sqrt{3}}{2}$$

$$x_3=\omega^2=\frac{-1-i\sqrt{3}}{2}$$

$x^3+px+q=0$ 的解有

$$x_1=\sqrt[3]{-\frac{q}{2}+\sqrt{\left(\frac{q}{2}\right)^2+\left(\frac{p}{3}\right)^3}}+\sqrt[3]{-\frac{q}{2}-\sqrt{\left(\frac{q}{2}\right)^2+\left(\frac{p}{3}\right)^3}}$$

$$x_2=\omega\sqrt[3]{-\frac{q}{2}+\sqrt{\left(\frac{q}{2}\right)^2+\left(\frac{p}{3}\right)^3}}+\omega^2\sqrt[3]{-\frac{q}{2}-\sqrt{\left(\frac{q}{2}\right)^2+\left(\frac{p}{3}\right)^3}}$$

$$x_3=\omega^2\sqrt[3]{-\frac{q}{2}+\sqrt{\left(\frac{q}{2}\right)^2+\left(\frac{p}{3}\right)^3}}+\omega\sqrt[3]{-\frac{q}{2}-\sqrt{\left(\frac{q}{2}\right)^2+\left(\frac{p}{3}\right)^3}}$$

第八节　土钉墙支护结构计算

土钉墙由密集的土钉群、被加固的原位土体、喷射的混凝土面层和必要的防水系统组成。土钉是用来加固或同时锚固现场原位土体的细长杆件。通常做法是先在土中钻孔、置入变形钢筋(或带肋钢筋、钢管、角钢等),然后沿孔全长注浆。

土钉墙用作基坑开挖的支护结构时,其墙体从上到下分层构筑,典型的施工步骤为:基坑开挖一定深度;在这一深度的作业面上设置一排土钉并灌浆;喷射混凝土面层,继续向下开挖并重复上述步骤直至设计的基坑开挖深度。

1. 基本规定

(1)土钉墙支护适用于可塑、硬塑或坚硬的粘性土;胶结或弱胶结(包括毛细水黏结)的粉土、砂土和角砾;填土;风化岩层等。

在松散砂和夹有局部软塑、流塑黏性土的土层中采用土钉墙支护时,应在开挖前预先对开挖面上的土体进行加固，如采用注浆或微型桩托换。

(2)土钉墙支护适用于基坑侧壁安全等级为二、三级者。

(3)采用土钉墙支护的基坑，深度不宜大于 12m，使用期限不宜超过 18 个月。

(4)土钉墙支护工程的设计、施工与监测宜统一由支护工程的施工单位负责，以便于及时根据现场测试与监控结果进行反馈设计。

(5)土钉支护的设计施工应重视水的影响，并应在地表和支护内部设置适宜的排水系统以疏导地表径流和地表、地下渗透水。当地下水的流量较大，在支护作业面上难以成孔和形成喷混凝土面层时，应在施工前降低地下水位，并在地下水位以上进行支护施工。

(6)土钉支护的设计施工应考虑施工作业周期和降雨、振动等环境因素对陡坡开挖面上暂时裸露土体稳定性的影响，应随开挖随支护，以减少边坡变形。

(7)土钉支护的设计施工应包括现场测试与监控以及反馈设计的内容。施工单位应制定详细的监测方案，无监测方案不得进行施工。

(8)土钉支护施工前应具备下列设计文件：

①工程调查与岩土工程勘察报告；

②支护施工图，包括支护平面、剖面图及总体尺寸；标明全部土钉(包括测试用土钉)的位置并逐一编号，给出土钉的尺寸(直径、孔径、长度)、倾角和间距，喷混凝土面层的厚度与钢筋网尺寸，土钉与喷混凝土面层的连接构造方法；规定钢材、砂浆、混凝土等材料的规格与强度等级；

③排水系统施工图，以及需要工程降水时的降水方案设计；

④施工方案和施工组织设计，规定基坑分层、分段开挖的深度和长度，边坡开挖面的裸露时间限制等；

⑤支护整体稳定性分析与土钉及喷混凝土面层的设计计算书；

⑥现场测试监控方案，以及为防止危及周围建筑物、道路、地下设施而采取的措施和应急方案。

(9)当支护变形需要严格限制且在不良土体中施工时，宜联合使用其他支护技术，将土钉支护扩展为土钉－预应力锚杆联合支护、土钉－桩联合支护、土钉－防渗墙联合支护等，并参照相应标准结合土钉规程进行设计施工。

2. 土钉墙设计计算

1)设计内容

土钉墙支护设计，一般包括下述内容：

(1)根据工程情况和以往经验，初选支护各部件的尺寸和参数。

(2)进行分析计算，主要计算内容有：

①支护的内部整体稳定性分析和外部整体性分析；

②土钉计算；

③喷射混凝土面层的设计计算，以及土钉与面层的连接计算；

通过上述计算，对各部件初选尺寸和参数进行修改和调整，绘出施工图。对重要的工程，宜采用有限元法对支护的内力和变形进行分析。

(3)根据施工过程中获得的量测和监控数据以及发现的问题，进行反馈设计。

土钉支护的整体稳定性计算和土钉的设计计算采用总安全系数设计方法，其中以荷载和材料性能的标准值作为计算值，并据此确定土压力。

喷混凝土面层的设计计算，采用以概率理论为基础的结构极限状态设计方法，设计时对作用于面层上的土压力，应乘以荷载分项系数 1.2 后作为计算值，在结构的极限状态设计表达式中，应考虑结构重要性系数。

土钉支护设计应考虑的荷载除土体自重外，还应包括地表荷载如车辆、材料堆放和起重运输造成的荷载，以及附近地面建筑物基础和地下构筑物所施加的荷载，并按荷载的实际作用值作为标准值。当地表荷载小于 $15kN/m^2$ 时则按 $15kN/m^2$ 取值。此外，当施工或使用过程中有地下水时，还应计入水压对支护稳定性、土钉内力和喷混凝土面层的作用。

土钉支护设计采用的土体物理力学性能参数以及土钉与周围土体之间的界面黏结力参数均应以实测结果作为依据，取值时应考虑到基坑施工及使用过程中由于地下水位和土体含水量变化对这些参数的影响，并对其测试值作出偏于安全的调整。

土的力学性能参数 c、φ、土钉与土体界面黏结强度 τ 的计算值取标准值，界面黏结强度的标准值可取为现场实测平均值的 0.8 倍。以上参数应按不同土层分别确定。

土钉支护的设计计算可取单位长度支护按平面应变问题进行分析。对基坑平面上靠近凹角的区段，可考虑三维空间作用的有利影响，对该处的支护参数(如土钉的长度和密度)作部分调整。对基坑平面上的凸角区段，应局部加强。

2)支护各部件的尺寸和参数

对于主要承受土体自重作用的钻孔注浆钉支护，其各部件尺寸可参考以下数据初步选用：

(1)土钉钢筋用 HPB235、HRB335 等热轧钢筋，直径在 16～32mm 的范围内，钻孔直径在 70～120mm 之间。

(2)注浆材料宜采用水泥浆或水泥砂浆，其强度等级不宜低于 M10。

(3)土钉长度为基坑深度第 0.5～1.2 倍。

(4)土钉的水平和竖向间距 s_h 和 s_v 宜在 1～2m 的范围内。

(5)喷混凝土面层内宜配置钢筋网,钢筋网的钢筋直径 6～10mm,间距宜为 150～300mm;混凝土强度等级不低于 C20,喷射混凝土面层的厚度不宜小于 80mm。

(6)土钉钻孔的向下倾角宜在 0°～20°的范围内,当利用重力向孔中注浆时,倾角不宜小于 15°,当用压力注浆且有可靠排气措施时倾角宜接近水平。当上层土软弱时,可适当加大下倾角,使土钉插入强度较高的下层土中。当遇有局部障碍物时,允许调整钻孔位置和方向。

土钉钢筋与喷混凝土面层的连接采用图 4-38 所示的方法。可在土钉端部两侧沿土钉长度方向焊上短段钢筋,并与面层内连接相邻土钉端部的通长加强筋互相焊接。对于重要的工程或支护面层受有较大侧压时,宜将土钉做成螺纹端,通过螺母、楔形垫圈及方形钢垫板与面层连接。

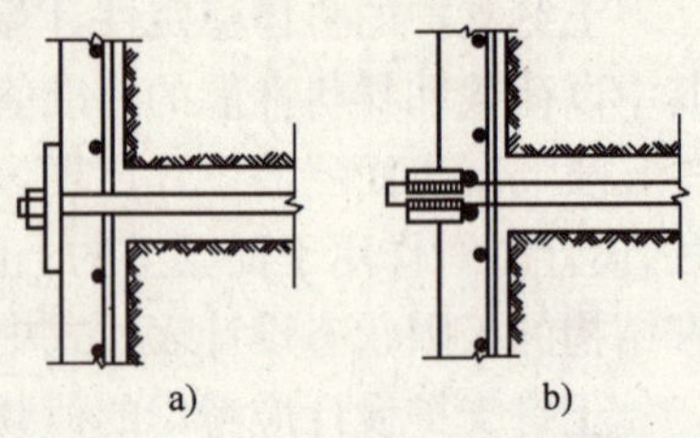

图 4-38　土钉与喷射混凝土面层的连接

土钉支护的喷混凝土面层宜插入基坑底部以下,插入深度不少于 0.2m;在基坑顶部也宜设置宽度为 1～2m 的喷混凝土护顶。

当土质较差,且基坑边坡靠近重要建筑设施需严格控制支护变形时,宜在开挖前先沿基坑边缘设置密排的竖向微型桩(图 4-39),其间距不宜大于 1m,深入基坑底部 1～3m。微型桩可用无缝钢管或焊管,直径 48～150mm,管壁上应设置出浆孔。小直径的钢管可分段在不同挖深处用击打方法置入并注浆;较大直径(大于 100mm)的钢管宜采用钻孔置入并注浆,在距孔底 1/3 孔深范围内的管壁上设置注浆孔,注浆孔直径 10～15mm,间距 400～500mm。

3)土钉墙支护整体稳定性分析

土钉墙内部整体稳定性分析,是指边坡土体中可能出现的破坏面发生在支护内部并穿过全部或部分土钉(图 4-40)。

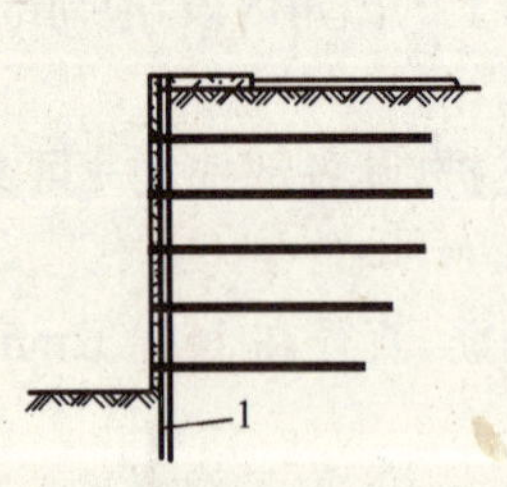

图 4-39　基坑边缘设置的密排竖向微型桩

1-注浆钢管微型桩

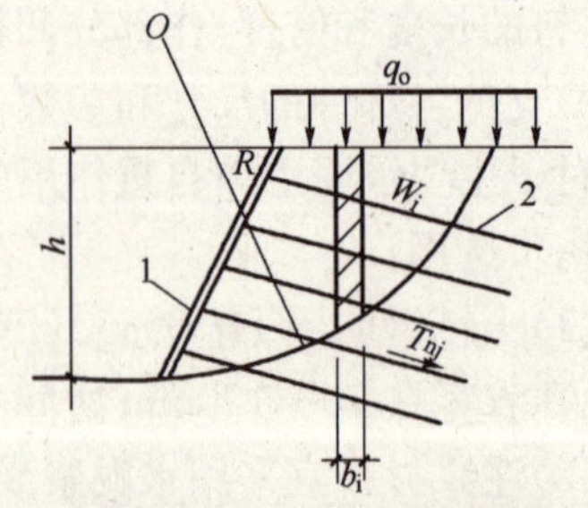

图 4-40　土钉墙内部整体稳定性验算简图

1-喷射混凝土面层;2-土钉

土钉墙应根据施工期间不同开挖深度及基坑底面以下可能发生的滑动面，采用圆弧滑动简单条分法(图 4-40)按下式进行验算：

$$\sum_{i=1}^{n} c_{ik} L_i s + s\sum_{i=1}^{n}(W_i + q_0 b_i)\cos\theta_i \tan\varphi_{ik} + \sum_{j=1}^{m} T_{nj}\left[\cos(\alpha_j + \theta_j) + \frac{1}{2}\sin(\alpha_j + \theta_j)\tan\varphi_{ik}\right] - s\gamma_k \gamma_0 \sum_{i=1}^{n}(W_i + q_0 b_i)\sin\theta_i \geqslant 0 \quad (4\text{-}69)$$

式中：n——滑动体分条数；

m——滑动体内土钉数；

γ_k——整体滑动分项系数，可取 1.3；

γ_0——基坑侧壁重要性系数；

W_i——第 i 分条土重，滑裂面位于黏性土或粉土中时，按上覆土层的饱和土重度计算；滑裂面位于砂土或碎石类土中时，按上覆土层的浮重度计算；

b_i——第 i 分条宽度；

c_{ik}——第 i 分条滑裂面处土体固结不排水(快)剪黏聚力标准值；

φ_{ik}——第 i 分条滑裂面处土体固结不排水(快)剪内摩擦角标准值；

θ_i——第 i 分条滑裂面处中点切线与水平面夹角；

α_j——土钉与水平面之间的夹角；

L_i——第 i 分条滑动面处弧长；

s——计算滑动体单元厚度；

T_{nj}——第 j 根土钉圆弧滑裂面外锚固体与土体的极限抗拉力。

$$T_{nj} = \pi d_{nj} \sum q_{sik} l_{ni} \quad (4\text{-}70)$$

式中：d_{nj}——第 j 根土钉锚固体直径；

q_{sik}——土钉穿越第 i 层土土体与锚固体间极限摩阻力标准值，应由现场试验确定；

l_{ni}——第 j 根土钉在圆弧滑裂面外穿越第 i 层稳定土体内的长度。

土钉支护的外部整体稳定性分析与重力式挡土墙的稳定分析相同，可将由土钉加固的整个土体视作重力式挡土墙，分别验算：

(1)整个支护沿底面水平滑动[图 4-41a)]。

(2)整个支护绕基坑底角倾覆，并验算此时支护底面的地基承载力[图 4-41b)]。

以上验算可参照《建筑地基基础设计规范》(GB 50007—2002)中的计算公

式。计算时可近似取墙体背面的土压力为水平作用的主动土压力，取墙体的宽度等于底部土钉的水平投影长度。抗水平滑动的安全系数应不小于1.2；抗整体倾覆的安全系数应不小于1.3，且此时的墙体底面最大竖向压应力不应大于墙底土体作为地基持力层的地基承载力设计值 f 的1.2倍。

(3)整个支护连同外部土体沿深部的圆弧破坏面失稳[图4-41c)]，可按内部整体稳定性分析进行验算，但此时的可能破坏面在土钉的设置范围以外，计算时土钉的 T_{nj} 为零。

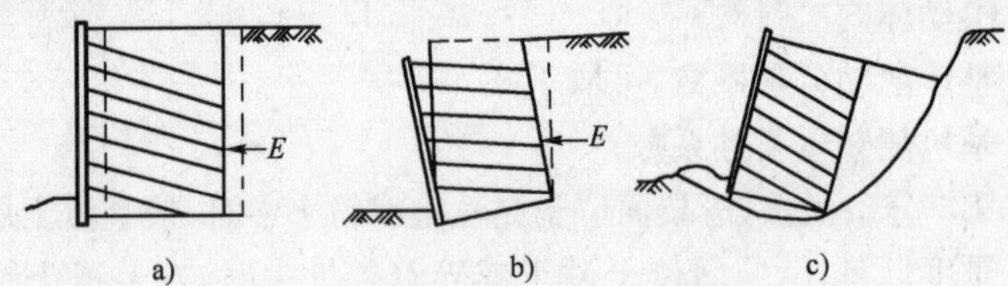

图4-41　土钉墙外部整体稳定性分析

当土体中有较薄弱的土层或薄弱层面时，还应考虑上部土体在背面土压力作用下沿薄弱土层或薄弱层面滑动失稳的可能性，其验算方法与整个支护沿底面水平滑动时相同。

4)土钉计算

土钉计算只考虑土钉的受拉作用。土钉的长度除满足设计抗拉承载力的要求外，同时还应满足土钉墙内部整体稳定性的需要。

单根土钉抗拉承载力计算应符合下式要求：

$$1.25\gamma_0 T_{jk} \leqslant T_{uj} \tag{4-71}$$

式中：γ_0——基坑侧壁重要性系数；

T_{jk}——第 j 根土钉受拉荷载标准值，按式(4-72)计算；

T_{uj}——第 j 根土钉抗拉承载力设计值，按式(4-74)计算。

单根土钉受拉荷载标准值可按下式计算：

$$T_{jk} = \xi e_{ajk} S_{xj} S_{zj} / \cos\alpha_j \tag{4-72}$$

式中：ξ——荷载折减系数，可按下式计算：

$$\xi = \tan\frac{\beta-\varphi_k}{2}\left[\frac{1}{\tan\frac{\beta+\varphi_k}{2}} - \frac{1}{\tan\beta}\right] / \tan^2\left(45° - \frac{\varphi}{2}\right) \tag{4-73}$$

β——土钉墙坡面与水平面的夹角；

φ_k——土的内摩擦角标准值；

e_{ajk}——第 j 个土钉位置处的基坑水平荷载（土压力和地面荷载产生的侧压力等）标准值；

S_{xj}、S_{zj}——第 j 根土钉与相邻土钉的平均水平、垂直间距；

α_j——第 j 根土钉与水平面的夹角。

对于基坑侧壁安全等级为二级的土钉抗拉承载力设计值应通过试验确定，基坑侧壁安全等级为三级时可按下式计算（图 4-42）：

$$T_{uj}=\frac{1}{\gamma_s}\pi d_{nj}\sum q_{sik}l_i \tag{4-74}$$

式中：γ_s——土钉抗拉抗力分项系数，取 1.3；

d_{nj}——第 j 根土钉锚固体直径；

q_{sik}——土钉穿越第 i 层土土体与锚固体间极限摩阻力标准值，应由现场试验确定，如无试验资料，可按《建筑基坑支护技术规程》（JGJ 120—99）表 6.1.4 采用；

l_i——第 j 根土钉在直线破裂面外穿越第 i 稳定土体内的长度，破裂面与水平面的夹角为$\frac{\beta+\varphi_k}{2}$。

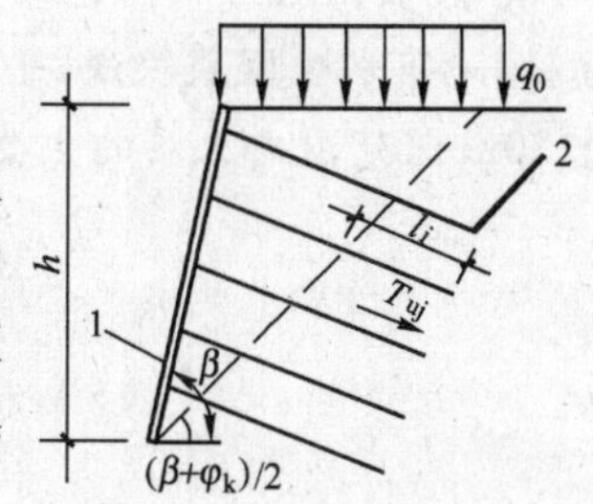

图 4-42 土钉抗拉承载力计算简图

1-喷射混凝土面层；2-土钉

5）喷射混凝土面层计算

在土体自重及地面均布荷载 q 作用下，喷射混凝土面层所受侧向压力 e_0 可按下式估算：

$$e_0=e_{01}+e_a \tag{4-75}$$

$$e_{01}=0.7\left(0.5+\frac{s-0.5}{5}\right)e_1\leqslant 0.7e_1 \tag{4-76}$$

式中：e_a——地面均布荷载 q 引起的侧压力；

e_1——土钉位置处由土体自重产生的侧压力；

s——相邻土钉水平间距和垂直间距中的较大值。

荷载分项系数取 1.2。另外，按基坑侧壁安全等级取重要性系数。

喷射混凝土面层按以土钉为支座的连续板进行强度验算，作用于面层上的侧压力，在同一间距内可按均布荷载考虑，其反力作为土钉的端部拉力。验算内容包括板在跨中和支座截面处的受弯、板在支座截面处的冲切等。

上述计算,适用于以钢筋作为中心钉体的钻孔注浆型土钉。对于其他类型的土钉如注浆的钢管击入型土钉或不注浆的角钢击入型土钉,亦可参照上述计算原则进行土钉墙支护的稳定性分析。

6)土钉支护计算实例

例题 4-10 某综合楼建筑面积 90 000m^2,工程占地面积 166m×60m。上部结构由三幢 18～20 层的塔楼组成,最大高度达 83m。塔楼群房采用框架剪力墙结构,钻孔灌注桩箱形基础,设两层地下室,挖深为 8.9m,电梯井局部挖深达 11.6m。该场地为原住宅及厂房等拆除后整平,场地基本平坦。根据地质勘测勘料,地下水位埋藏较浅,平均深度为 1.15m,其中上部土层透水性较好。该场地 30m 深范围内土层的主要物理力学指标如下:

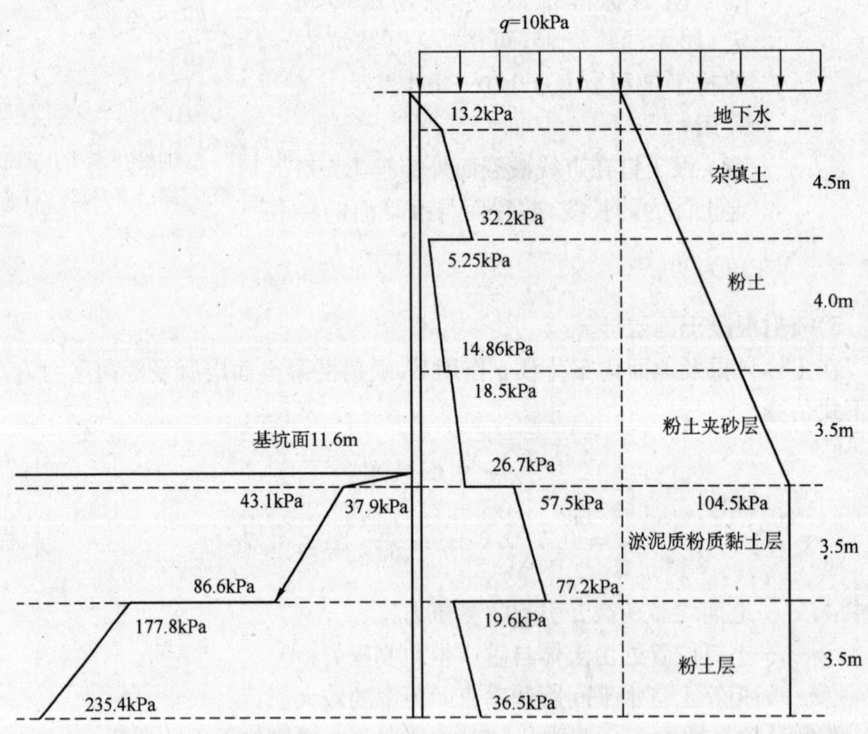

例题 4-10 图　各土层水、土压力图

层序	土层名称	层厚 (m)	天然含水量 w(%)	重度 γ(kN/m^3)	内摩擦角 φ(°)	内聚力 C(kpa)	渗透系数 K(cm/s)
1	杂填土层	3.0～4.8	30.5	18	10.0	5	5.4×104
2	粉土层	3.5～4.0	31.7	18.9	35.0	10	5.52×104
3	粉土夹沙层	3.5	30.6	18.7	35.5	6.5	5.25×104
4	淤泥质粉质黏土层	3.5	34.1	18.9	11.2	15.6	4.50×104
5	粉土层	3		18.4			
6	粉土层	1			17.3	43.0	
7	粉质黏土层	8			19.1	30.65	

解:(1)土层压力计算

因墙背竖直、光滑,填土面基本水平,符合朗肯土压力条件,计算时假定附加荷载 $q=10$kPa

$$K_{a1}=\tan^2(45°-10°/2)=0.7$$

$$\sigma_{a0}=qK_{a1}2c_1\sqrt{k_{a1}}=10\times0.7-2\times5\times\sqrt{0.7}=-1.37\text{kPa}$$

$$\sigma_{a1}=(10+18.1\times1.15)\times0.7-2\times5\sqrt{0.7}=13.2\text{kPa}$$

$$\sigma_{a2}=(10+18.1\times1.15+8.1\times3.35)\times0.7-2\times5\sqrt{0.7}-32.2\text{kPa}$$

$$K_{a3}=\tan^2(45°-35°/2)=0.27$$

$$\sigma_{a2}'=(10+18.1\times1.15+8.1\times3.35)\times0.27-2\times10\sqrt{0.27}=5.25\text{kPa}$$

$$\sigma_{a3}=(10+18.1\times1.15+8.1\times3.35+8.9\times4)\times0.27-2\times10\sqrt{0.27}$$
$$=14.86\text{kPa}$$

$$K_{a4}=\tan^2(45°-35.15°/2)=0.27$$

$$\sigma_{a3}'=(10+18.1\times1.15+8.1\times3.35+8.9\times4)\times0.27-2\times6.5\sqrt{0.27}$$
$$=18.5\text{kPa}$$

$$\sigma_{a4}=(10+18.1\times1.15+8.1\times3.35+8.9\times4+8.7\times3.5)\times0.27-2\times$$
$$6.5\sqrt{0.27}=26.7\text{kPa}$$

$K_{a5} = \tan^2(45° - 11.2°/2) = 0.67$

$\sigma_{a4}' = (10 + 18.1 \times 1.15 + 8.1 \times 3.35 + 8.9 \times 4 + 8.7 \times 3.5) \times 0.67 - 2 \times 15.6\sqrt{0.67} = 57.5\text{kPa}$

$\sigma_{a5} = (10 + 18.1 \times 1.15 + 8.1 \times 3.35 + 8.9 \times 4 + 8.7 \times 3.5 + 8.4 \times 3.5) \times 0.67 - 2 \times 15.6\sqrt{0.67} = 77.2\text{kPa}$

$K_{a6} = \tan^2(45° - 17.3°/2) = 0.54$

$\sigma_{a5}' = (10 + 18.1 \times 1.15 + 8.1 \times 3.35 + 8.9 \times 4 + 8.7 \times 3.5 + 8.4 \times 3.5) \times 0.54 - 2 \times 43\sqrt{0.54} = 19.6\text{kPa}$

$\sigma_{a6} = (10 + 18.1 \times 1.15 + 8.1 \times 3.35 + 8.9 \times 4 + 8.7 \times 3.5 + 8.4 \times 3.5 + 8.9 \times 3.5) \times 0.54 - 2 \times 43\sqrt{0.54} = 36.5\text{kPa}$

被动土压力：

$K_{pa4} = \tan^2(45° + 35.12°/2) = 3.7$

$\sigma_{p4} = 8.7 \times 0.4 \times 3.7 + 2 \times 6.5\sqrt{3.7} = 37.9\text{kPa}$

$K_{pa5} = \tan^2(45° + 11.2°/2) = 1.48$

$\sigma_{p4} = 8.7 \times 0.4 \times 1.48 + 2 \times 15.6\sqrt{1.48} = 43.1\text{kPa}$

$\sigma_{p5} = (8.7 \times 0.4 + 8.4 \times 3.5) \times 1.48 + 2 \times 15.6\sqrt{1.48} = 86.6\text{kPa}$

$K_{pa6} = \tan^2(45° + 17.3°/2) = 1.85$

$\sigma'_{p5顶} = (8.7 \times 0.4 + 8.4 \times 3.5) \times 1.85 + 2 \times 43\sqrt{1.85} = 177.8\text{kPa}$

$\sigma'_{p5底} = (8.7 \times 0.4 + 8.4 \times 3.5 + 8.9 \times 3.5) \times 1.85 + 2 \times 43\sqrt{1.85} = 235.4\text{kPa}$

土层水的压力：

$$\sigma_w = \gamma_w h_w = 10 \times (11.6 - 1.15) = 104.5\text{kPa}$$

(2)土钉计算

板面：C20 喷射混凝土，厚度 100mm；钢筋网：ϕ6@200mm×200mm。

土钉：共设 8 排土钉，水平间距为 2m，垂直间距为 1m。

土钉规格：前三排 ϕ28L4 000mm@1 000mm；

下五排 ϕ28L10 000mm@1 000mm。

土层力学指标采用加权平均值，临界破坏面为楔形划移面。

破坏面倾角为：$45°+\varphi/2$

土层平均加权内摩擦角：$\varphi=\dfrac{3.9\times10°+3.75\times35°+1.3\times35.15°}{8.9}=24.263°$

楔形划移面长度：$l=\dfrac{h}{\cos(45°-\varphi/2)}=\dfrac{8.9}{\cos(45°-24.263°/2)}=10.6\text{m}$

土层平均加权黏聚力：$c=\dfrac{3.9\times5+3.75\times10+1.3\times6.5}{8.9}=7.354\text{kPa}$

土层重度：$\gamma=18.87\text{kN/m}^3$

土层自重：$W=\dfrac{1}{2}\gamma H[\tan(45°-\varphi/2)-2.38]=0.5\times18.87\times8.9\times$

$[\tan(45°-24.263°/2)-2.38]=283.05\text{kN/m}$

地面附加载荷：$Q=qH\tan(45°-\varphi/2)=20\times8.9\times\tan(45°-24.263°/2)$

$=67.41\text{kN/m}$

土钉与水平面的夹角 ：$\theta=10°$

土钉锚固力：$T=\sum lb\times20/1.5=37\times20/1.5=493.3\text{kN/m}$

土钉内部稳定系数 K：

$$K=\frac{\left[cl+(Q+W)\sin\left(45°-\frac{\varphi}{2}\right)\tan\varphi+T\sin\left(45°+\frac{\varphi}{2}+\theta\right)\tan\varphi+T\cos\left(45°+\frac{\varphi}{2}+\theta\right)\right]}{\left[(W+Q)\cos\left(45°-\frac{\varphi}{2}\right)\right]}$$

$=2.06$

抗滑稳定计算：$K_H=\dfrac{F_T}{E_{ax}}$

$$E_{ax}=\left(\frac{1}{2}\gamma H+q\right)H\tan^2\left(45°-\frac{\varphi}{2}\right)-2CH\tan\left(45°-\frac{\varphi}{2}\right)+\frac{2C^2}{\gamma}$$

$$=(0.5\times18.87\times8.9+20)\times8.9\tan^2 33.8°-2\times7.354\times8.9\tan33.8°+$$

$$2\times7.354^2/18.87=307.5\text{kN/m}$$

$$F_T=(W+q)B\tan\varphi$$

$$B=\frac{11}{12}\times\frac{7+12+15+8}{8}\cos10°=4.75$$

$$F_T = (18.87 \times 8.9 \times 4.74 + 10 \times 4.74)\tan 24.263° = 401.5\text{kN/m}$$

则：$$K_H = \frac{F_T}{E_{ax}} = 401.5/307.5 = 1.31$$

满足稳定要求。

抗倾覆稳定计算：

$$K_Q = \frac{M_w}{M_0}$$

$$M_W = (W + q)B \times 0.5B = (18.87 \times 8.9 + 10) \times 4.74 \times 0.5 \times 4.74$$
$$= 2\,111.3\text{kN/m}$$

$$M = \frac{E_{ax}H}{3} = 307.5 \times 1/3 \times 8.9 = 912.5\text{kN/m}$$

$$K_Q = \frac{M_w}{M_0} = 2\,111.3/912.5 = 2.31$$

满足稳定要求。

参 考 文 献

1 混凝土结构设计规范 GB 50010—2002[S]. 北京:中国建筑工业出版社,2002.

2 钢结构设计规范 GB 50017—2003[S]. 北京:中国计划出版社,2003.

3 建筑结构荷载规范 GB 50009—2001[S]. 北京:中国建筑工业出版社,2001.

4 建筑地基基础设计规范 GB 50007—2002[S]. 北京:中国建筑工业出版社,2002.

5 建筑基坑支护技术规程 JGJ 120—1999[S]. 北京:中国建筑工业出版社,1999.

6 建筑施工扣件式钢管脚手架安全技术规范 JGJ 130—2001,J84—2001(2002年版)[S]. 北京:中国建筑工业出版社,2003.

7 建筑施工门式钢管脚手架安全技术规范 JGJ 128—2000,J43—2000[S]. 北京:中国建筑工业出版社,2000.

8 木结构设计规范 GB 50005—2003[S]. 北京:中国建筑工业出版社,2002.

9 建筑边坡工程技术规范 GB 50330—2002[S]. 北京:中国建筑工业出版社,2002.

10 建筑施工手册(第四版).(缩印本)[M]. 北京:中国建筑工业出版社,2003.

11 蒋正荣. 建筑施工计算手册(第二版)[M]. 北京:中国建筑工业出版社,2007.

12 现行建筑施工规范大全[M]. 北京:中国建筑工业出版社,2002.